「十二五」高职高专体验互动式创新规划教材

移动通信技术

主　审　张炎生
主　编　徐　亮
副主编　虞明宝　邓文亮
编　者　王晓雯　饶　屾
　　　　陈志贵　任元吉

哈尔滨工业大学出版社

内容简介

本书全面地阐述了现代移动通信的基本概念、基本原理、基本技术和当今广泛使用的典型数字移动通信系统,较充分地反映了当代数字移动通信新技术的发展。全书共 5 个模块,主要内容有:移动通信系统及其主要技术、移动信道中的电波传播及干扰、组网技术、GSM 数字移动通信系统、GPRS 通用分组无线业务、CDMA 移动通信系统、第三代移动通信系统(3G)、数字集群移动通信系统和移动卫星通信。每个模块后面均附有重点串联、拓展与实训、基础训练与技能实训。

本书可作为高职高专院校通信技术、电子信息技术以及其他相关专业的教材,也可以作为培训机构的教学用书,以及其他对移动通信感兴趣的读者进行自我训练和自主学习的专业指导书。

图书在版编目(CIP)数据

移动通信技术/徐亮主编. —哈尔滨:哈尔滨工业大学出版社,2013.1
ISBN 978-7-5603-3936-8

Ⅰ.①移… Ⅱ.①徐… Ⅲ.①移动通信—通信技术 Ⅳ.①TN929.5

中国版本图书馆 CIP 数据核字(2013)第 000970 号

责任编辑	李长波
封面设计	唐韵设计
出版发行	哈尔滨工业大学出版社
社　　址	哈尔滨市南岗区复华四道街 10 号　邮编 150006
传　　真	0451—86414749
网　　址	http://hitpress.hit.edu.cn
印　　刷	三河市玉星印刷装订厂
开　　本	850mm×1168mm　1/16　印张 12　字数 351 千字
版　　次	2013 年 1 月第 1 版　2013 年 1 月第 1 次印刷
书　　号	ISBN 978-7-5603-3936-8
定　　价	28.00 元

(如因印装质量问题影响阅读,我社负责调换)

前言

在 21 世纪开始的十几年里,通信技术发生了巨大的变化,特别是移动通信蜂窝小区技术的迅速发展,使用户完全摆脱终端设备的束缚而实现彻底的个人移动性、可靠性的传输和接续,移动通信已经演变成社会发展和进步不可缺少的工具。

TDMA、FDMA 与 CDMA 是实现整个移动通信系统的关键基础,是判断用户使用何种通信方式的依据,而第一代模拟、第二代数字以及第三代移动通信技术又有着本质的区别,各自特点也不尽相同,对于本教材卫星通信与集群通信部分感兴趣的读者,未来可在运营公司、原始设备制造公司、施工公司、通信网络规划等部门从事运营、维护、管理、安装等方面的工作,相应的工作任务如下:

- 负责通信设备运营、维护、检验,熟悉移动通信系统网络基本构建流程,能够按照要求完成设备的规划、采购、硬件配置以及布局,能够完成 TD-SCDMA 仿真软件的模拟网络的搭建,进行网络优化,并能掌握各种网络优化方法。
- 负责无线网络项目运营维护,熟练掌握卫星通信与数字集群通信原理与应用,拥有良好的理论基础,对数字集群与卫星通信的应用范围有着良好的认识。
- 负责设备的后期维护,熟练掌握移动通信系统中各种关键技术,能够熟练计算同频小区间复用距离;对移动网组网技术以及载干比进行计算。

本书特色

本书以劳动和社会保障部通信机务员岗位取证考核内容为参考依据,以应用职业岗位需求为中心,以培养学生能力为出发点,以职业资格取证为导向,采用基于工作项目和工作任务的形式编写,将实际工作内容与教材内容有机结合;项目化实施是本书的特色,通过项目实施,对各种移动通信技术进行专业精讲,使读者更容易从整体上把握所学内容;教材编写过程中力求适用高职院校,理论知识把握"实用加够用",突出创新意识,强调动手能力,内容翔实,实例丰富,技术全面新颖,既有理论指导作用,又有实用价值。

本书内容

本书全面地阐述了现代移动通信的基本概念、基本原理、基本技术和当今广泛使用的典型数字移动通信系统,较充分地反映了当代数字移动通信新技术的发展。全书共 5 个模块,主要内容有:移动通信系统及其主要技术、移动信道中的电波传播及干扰、组网技术、GSM 数字移动通信系统、GPRS 通用分组无线业务、CDMA 移动通信系统、第三代移动通信系统(3G)、数字集群移动通信系统和移动卫星通信。每个模块后面均附有重点串联、拓展与实训、基础训练与技能实训。

本书应用

本书可作为高职高专院校通信技术、电子信息技术以及其他相关专业的教材,也可以作为培训机构的教学用书,以及其他对移动通信感兴趣的读者进行自我训练和自主学习的专业指导书。

整体课时分配

模块	内容	建议课时	授课类型
1.1	认识移动通信系统及其主要技术	2课时	讲授、实训
1.2	GSM 系统空中接口	6课时	讲授、实训
1.3	GSM 系统移动性管理	4课时	讲授、实训
1.4	GSM 移动通信网络结构	4课时	讲授、实训
2.1	认识 GPRS 通信系统	4课时	讲授、实训
2.2	GPRS 编号方案及分组路由与业务流程	6课时	讲授、实训
3.1	认识扩频通信技术	2课时	讲授、实训
3.2	CDMA 系统的关键技术	6课时	讲授、实训
3.3	CDMA 系统的信道与网络结构	4课时	讲授、实训
4.1	认识第三代移动通信技术	2课时	讲授、实训
4.2	WCDMA 技术	4课时	讲授、实训
4.3	CDMA2000 技术	4课时	讲授、实训
4.4	TD—SCDMA 技术	4课时	讲授、实训
5.1	数字集群移动通信系统	4课时	讲授、实训
5.2	移动卫星通信技术	4课时	讲授、实训

本书在编写的过程中,参考了大量的图书资料和图片资料,在此对这些资料的作者表示衷心的感谢。除参考文献中所列的署名作品之外,部分作品的名称及作者无法详细核实,故没有注明,在此表示歉意。

由于移动通信技术发展很快,再加上编者水平有限,书中难免有疏漏和不足之处,敬请广大读者和同仁批评指正。

编　者

目录 Contents

模块1 GSM数字移动通信系统

- 知识目标/001
- 技能目标/001
- 课时建议/001
- 课堂随笔/001

1.1 认识移动通信系统及其主要技术/002
- 1.1.1 三种多址技术/002
- 1.1.2 功率控制技术/003
- 1.1.3 微蜂窝技术/004
- 1.1.4 移动通信的组网技术/006
- 1.1.5 激励方式/007
- 1.1.6 电波传播与干扰/009

1.2 GSM系统空中接口/012
- 1.2.1 GSM系统结构/012
- 1.2.2 接口和协议/014
- 1.2.3 GSM系统技术规范及其主要性能/018
- 1.2.4 无线接口/019
- 1.2.5 帧和信道/023
- 1.2.6 系统消息/027

1.3 GSM系统移动性管理/028
- 1.3.1 区域定义/028
- 1.3.2 移动识别号/029
- 1.3.3 终端设备的登记、切换与漫游/032
- 1.3.4 GSM系统的安全性管理/037

1.4 GSM移动通信网络结构/042
- 1.4.1 网络结构/042
- 1.4.2 移动信令网/045
- 1.4.3 信令网的组成和分类/046
- 1.4.4 我国信令网的结构和网络组织/047
- 1.4.5 信令网的信令点编码/048
- 1.4.6 信令路由的分类/049
- ◆ 重点串联/053
- ◆ 拓展与实训/053
  - ✱ 基础训练/053
  - ✱ 技能实训/056

模块2 GPRS通用分组无线业务

- 知识目标/060
- 技能目标/060
- 课时建议/060
- 课堂随笔/060

2.1 认识GPRS通信系统/061
- 2.1.1 GPRS基本体系结构/061
- 2.1.2 网络接口/063
- 2.1.3 移动性管理/065

2.2 GPRS编号方案及分组路由与业务流程/068
- 2.2.1 GPRS编号方案/068
- 2.2.2 分组路由与传输功能/070
- 2.2.3 业务流程/073
- ◆ 重点串联/075
- ◆ 拓展与实训/075
  - ✱ 基础训练/075
  - ✱ 技能实训/077

模块3 CDMA数字蜂窝移动通信系统

- 知识目标/080
- 技能目标/080
- 课时建议/080
- 课堂随笔/080

3.1 认识扩频通信技术/081
　　3.1.1 扩频通信的基本概念/081
　　3.1.2 扩频通信的理论基础/082
　　3.1.3 扩频通信的性能指标/082
　　3.1.4 扩频通信的实现方法/083
3.2 CDMA系统的关键技术/085
　　3.2.1 CDMA系统的特点/085
　　3.2.2 功率控制技术/089
　　3.2.3 RAKE接收技术/090
　　3.2.4 语音编码技术/091
　　3.2.5 CDMA的地址码和扩频码/091
3.3 CDMA系统的信道与网络结构/095
　　3.3.1 CDMA系统的频率配置与信道划分/095
　　3.3.2 前向逻辑信道/096
　　3.3.3 反向逻辑信道/097
　　3.3.4 CDMA系统网络结构/098
◇ 重点串联/102
◇ 拓展与实训/103
　　✦ 基础训练/103
　　✦ 技能实训/104

模块4 第三代移动通信系统

☞ 知识目标/109
☞ 技能目标/109
☞ 课时建议/109
☞ 课堂随笔/109

4.1 认识第三代移动通信技术/110
　　4.1.1 3G的演进与标准/110
　　4.1.2 第三代移动通信系统的结构/112
　　4.1.3 3G的关键技术/113
4.2 WCDMA技术/116
　　4.2.1 认识WCDMA/117
　　4.2.2 WCDMA的关键技术/117
　　4.2.3 WCDMA空中接口/119
　　4.2.4 WCDMA无线接入网体系结构/124
　　4.2.5 全IP网络/126
　　4.2.6 HSDPA技术/127
　　4.2.7 WCDMA无线资源管理/129
4.3 CDMA2000技术/131
　　4.3.1 CDMA2000的系统结构/131
　　4.3.2 CDMA2000移动通信系统的关键技术/135
4.4 TD-SCDMA技术/136
　　4.4.1 认识TD-SCDMA/136
　　4.4.2 TD-SCDMA系统的帧结构/137
　　4.4.3 TD-SCDMA的主要特点及关键技术/138
　　4.4.4 TD-SCDMA系统的干扰分析/140
　　4.4.5 TD-SCDMA网络规划的特点及流程/141
　　4.4.6 TD-SCDMA网络优化/148
◇ 重点串联/150
◇ 拓展与实训/151
　　✦ 基础训练/151
　　✦ 技能实训/152

模块5 其他移动通信系统

☞ 知识目标/157
☞ 技能目标/157
☞ 课时建议/157
☞ 课堂随笔/157

5.1 数字集群移动通信系统/158
　　5.1.1 认识数字集群移动通信系统/158
　　5.1.2 数字集群通信系统的关键技术/160
　　5.1.3 典型数字集群移动通信系统/162
5.2 移动卫星通信技术/168
　　5.2.1 移动卫星通信概况/168
　　5.2.2 几种典型移动卫星通信系统/173
　　5.2.3 移动卫星通信系统展望/178
◇ 重点串联/180
◇ 拓展与实训/180
　　✦ 基础训练/180
　　✦ 技能实训/182

参考文献/184

模块 1
GSM 数字移动通信系统

知识目标

◆ 掌握移动通信系统三种多址技术；
◆ 掌握功率控制与微蜂窝组网技术；
◆ 掌握 GSM 系统结构与重要接口；
◆ 掌握 GSM 系统编号、区域划分；
◆ 掌握移动终端设备的登记、切换与漫游；
◆ 了解移动通信网与移动信令网的结构分类等；
◆ 了解电波传播与干扰。

技能目标

◆ 熟练掌握同频小区间复用距离的计算；
◆ 熟练掌握移动网组网技术以及载干比计算。

课时建议

16 课时

课堂随笔

1.1 认识移动通信系统及其主要技术

移动通信系统中,要解决多个用户共用有限射频资源的问题,应采用什么方法?GSM通信系统采用功率控制要解决什么问题?怎么理解在移动通信组网技术中采用的激励方式?小区间同频复用有何意义?要弄清这些问题,首先要了解多址技术。

1.1.1 三种多址技术

多址技术使众多的用户共用公共的通信线路。为使信号多路化而实现多址的方法基本上有三种,它们分别采用频率、时间或代码分隔的多址连接方式,即人们通常所称的频分多址(FDMA)、时分多址(TDMA)和码分多址(CDMA)三种接入方式。图1.1用模型表示了这三种复用方式。

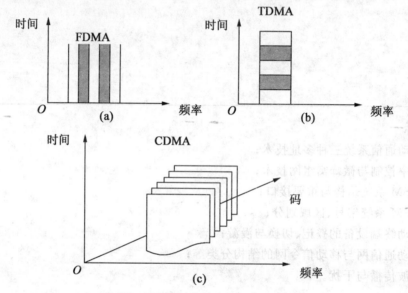

图1.1 三种多址连接方式概念示意图

FDMA是以不同的频率信道实现通信的,TDMA是以不同的时隙实现通信的,CDMA是以不同的代码序列实现通信的。

1. 频分多址

频分,有时也称为信道化,就是把整个可分配的频谱划分成许多单个无线电信道(发射和接收载频对),每个信道可以传输一路语音或控制信息。在系统的控制下,任何一个用户都可以接入这些信道中的任何一个。

模拟蜂窝系统是FDMA结构的一个典型例子,数字蜂窝系统中也同样可以采用FDMA,只是不会采用纯频分的方式,比如GSM系统就采用了FDMA。

2. 时分多址

时分多址是在一个宽带的无线载波上,按时间(或称为时隙)划分为若干时分信道,每一用户占用一个时隙,只在这一指定的时隙内收(或发)信号,故称为时分多址。此多址方式在数字蜂窝系统中采用,GSM系统也采用此种方式。

TDMA是一种较复杂的结构,最简单的情况是单路载频被划分成许多不同的时隙,每个时隙传输一路猝发式信息。TDMA中关键部分为用户部分,每一个用户分配给一个时隙(在呼叫开始时分配)。用户与基站之间进行同步通信,并对时隙进行计数。当自己的时隙到来时,手机就启动接收和解调电路,对基站发来的猝发式信息进行解码。同样,当用户要发送信息时,首先将信息进行缓存,等到自己时隙的到来。在时隙开始后,再将信息以加倍的速率发射出去,然后又开始积累下一次猝发式传输。

TDMA 的一个变形是在一个单频信道上进行发射和接收,称之为时分双工(TDD)。其最简单的结构就是利用两个时隙,一个发一个收。当手机发射时基站接收,基站发射时手机接收,交替进行。TDD 具有 TDMA 结构的许多优点:猝发式传输、不需要天线的收发共用装置等。它的主要优点是可以在单一载频上实现发射和接收,而不需要上行和下行两个载频,不需要频率切换,因而可以降低成本。TDD 的主要缺点是满足不了大规模系统的容量要求。

3. 码分多址

码分多址是一种利用扩频技术所形成的不同的码序列实现的多址方式。它不像 FDMA、TDMA 那样把用户的信息从频率和时间上进行分离,可在一个信道上同时传输多个用户的信息,也就是说,允许用户之间的相互干扰。其关键是信息在传输以前要进行特殊的编码,编码后的信息混合后不会丢失原来的信息。有多少个互为正交的码序列,就可以有多少个用户同时在一个载波上通信。每个发射机都有自己唯一的代码(伪随机码),同时接收机也知道要接收的代码,用这个代码作为信号的滤波器,接收机就能从所有其他信号的背景中恢复出原来的信息码(这个过程称为解扩)。

1.1.2 功率控制技术

由于手机用户在一个小区内是随机分布的,而且是经常变化的,同一手机用户可能有时处在小区的边缘,有时靠近基站。如果手机的发射功率按照最大通信距离设计,则当手机靠近基站时,功率必定过剩,而且形成有害的电磁辐射。解决这个问题的方法是根据通信距离的不同,实时地调整手机的发射功率,即功率控制。

当手机在小区内移动时,它的发射功率需要进行变化。当它离基站较近时,需要降低发射功率,减少对其他用户的干扰,同时可以有效节约电池能量;当它离基站较远时,就应该增加功率,克服增加了的路径衰耗。

为使小区内所有移动台到达基站时信号电平基本维持在相等水平,通信质量维持在一个可接收水平,基站要对移动台的功率进行控制。所有的 GSM 手机都可以以 2 dB 为一等级来调整它们的发射功率,GSM900 移动台的最大输出功率为 8 W(规范中最大允许功率是 20 W,但现在还没有 20 W 的移动台存在)。DCS1800 移动台的最大输出功率为 1 W。相应地,它的小区也要小一些。

功率控制的原则是,当信道的传播条件突然变好时,功率控制单元应在几微秒内快速响应,以防止信号突然增强而对其他用户产生附加干扰;相反,当传播条件突然变坏时,功率调整的速度可以相对慢一些。也就是说,宁愿单个用户的信号质量短时间恶化,也要防止对其他众多用户都产生较大的背景干扰。

> **技术提示:**
>
> 远近效应是 CDMA 所独有的,GSM 无此效应。远近效应是指当基站同时接收两个距离不同的移动台发来的信号时,由于两个移动台功率相同,则距离基站近的移动台将对另一移动台信号产生严重的干扰。CDMA 是自干扰系统,使用的是同一频率,用户之间存在干扰,如果不能有效控制功率,那么系统容量就会受限制,因此远近效应对 CDMA 来说比较重要。GSM 是利用频率和时隙区分用户,用户之间不存在干扰,因此 GSM 的功率控制比较粗糙,换言之,GSM 手机发射功率比较大,辐射也比较大。

1.1.3 微蜂窝技术

微蜂窝技术是移动通信系统采用一个叫基站的设备来提供无线服务的一种技术。基站的覆盖范围有大有小,我们把基站的覆盖范围称为蜂窝。采用大功率的基站主要是为了提供比较大的服务范围,但它的频率利用率较低,也就是说基站提供给用户的通信通道比较少,系统的容量也不大,对于话务量不大的地方可以采用这种方式,我们也称之为大区制。采用小功率的基站主要是为了提供大容量的服务范围,同时它采用频率复用技术来提高频率利用率,在相同的服务区域内增加了基站的数目,有限的频率得到多次使用,所以系统的容量比较大,这种方式称为小区制或微小区制。下面我们简单介绍频率复用技术的原理。

1. 频率复用

在全双工工作方式中,一个无线电信道包含一对信道频率,每个方向都用一个频率作为发射。在覆盖半径为 R 的地理区域 C_1 内呼叫一个小区使用无线电信道 f_1,也可以在另一个相距 D、覆盖半径也为 R 的小区内再次使用 f_1。

频率复用是蜂窝移动无线电系统的核心概念。在频率复用系统中,处在不同地理位置(不同的小区)上的用户可以同时使用相同频率的信道,如图 1.2 所示,频率复用系统可以极大地提高频谱效率。但是,如果系统设计得不好,将产生严重的干扰,这种干扰称为同信道干扰。这种干扰是由于相同信道公共使用造成的,是在频率复用概念中必须考虑的重要问题。

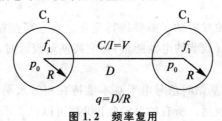

图 1.2 频率复用

2. 复用方案

可以在时域与空间域内使用频率复用的概念。在时域内的频率复用是指在不同的时隙里占用相同的工作频率,称为时分多路(TDM)。在空间域上的频率复用可分为两大类:

(1)两个不同的地理区域里配置相同的频率。例如,在不同的城市中使用相同频率的 AM 或 FM 广播电台。

(2)在一个系统的作用区域内重复使用相同的频率——这种方案用于蜂窝系统中。蜂窝式移动电话网通常是先由若干邻接的无线小区组成一个无线区群,再由若干个无线区群构成整个服务区。为了防止同频干扰,要求每个区群(即单位无线区群)中的小区,不得使用相同频率,只有在不同的无线区群中,才可使用相同的频率。单位无线区群的构成应满足两个基本条件:

①若干个单位无线区群彼此邻接组成蜂窝式服务区域。

②邻接单位无线区群中的同频无线小区的中心间距相等。

一个系统中有许多同信道的小区,整个频谱分配被划分为 N 个频率复用的模式,即单位无线区群中小区的个数,如图 1.3 所示,其中 $N=3、4、7$,当然还有其他复用方式,如 $N=9、12$ 等。允许同频率重复使用的最小距离取决于许多因素,如中心小区附近的同信道小区数、地理地形类别、每个小区基站的天线高度及发射功率。

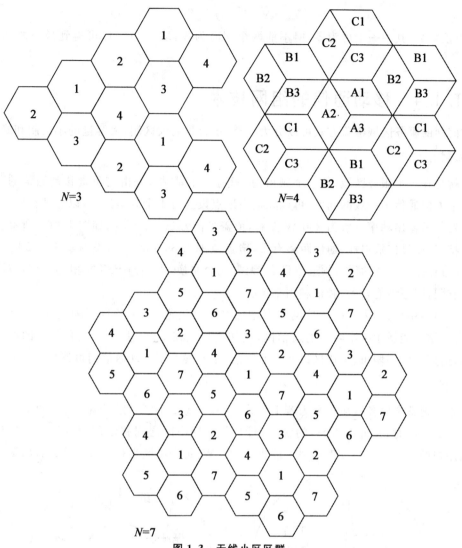

图 1.3 无线小区区群

3. 复用距离

频率复用距离 D 由下式确定

$$D=\sqrt{3N}R$$

其中，N 是图 1.3 中所示的频率复用模式。则

$$D=3.46R \quad (N=4)$$
$$D=4.6R \quad (N=7)$$

如果所有小区基站发射相同的功率，则 N 增加，频率复用距离 D 也增加。增加了的频率复用距离将减小同信道干扰发生的可能。

从理论上来说，N 应该大些，然而，分配的信道总数是固定的。如果 N 太大，则 N 个小区中分配给每个小区的信道数将减少，如果随着 N 的增加而划分 N 个小区中的信道总数，则中继效率就会降低。同样道理，如果在同一地区将一组信道分配给两个不同的工作网络，系统频率使用率也将降低。

因此，现在面临的问题是，在满足系统性能的条件下如何得到一个最小的 N 值。解决它必须估算同信道干扰，并选择最小的频率复用距离 D 以减小同信道干扰。在满足条件的情况下，构成单位无线区群的小区个数为

$$N=i^2+ij+j^2$$

i、j 均为正整数,其中一个可为零,但不能两个同时为零,取 $i=j=1$,可得到最小的 N 值为 $N=3$(图 1.3)。

1.1.4 移动通信的组网技术

移动通信网的服务区域覆盖方式可以分为三类:小容量的大区制,大容量的小区制和蜂窝小区。

1. 大区制

大区制就是在一个服务区域(如一个城市内)只有一个基站,并由它负责移动通信的联络和控制。为了解决两个方向通信不一致的问题,可以在适当地点设立若干个分集接收,以保证在服务区内的双向通信质量。发射机输出功率一般为 200 W 左右,覆盖半径为 30~50 km,如图 1.4(a)所示。

大区制特点:信号传输损耗,通信距离有限,覆盖范围为 30~50 km,发射功率为 50~200 W,天线很高(大于 30 m);网络结构简单,频道数目少,无需无线交换,直接与 PSTN 相连,覆盖范围有限;服务的用户容量有限,服务性能较差,频谱利用率低。

为了增大通信用户量,大区制通信网只有增加基站的信道数(装备量也随之加大),但这总是有限的。因此,大区制只能适用于小容量的通信网,例如用户数在 1 000 以下。这种制式的控制方式简单,设备成本低,适用于中小城市、工矿区以及专业部门,是发展专用移动通信网可选的制式。

2. 小区制

小区制就是把整个服务区域划分为若干个无线小区,每个小区分别设置一个基站,负责本区移动通信的联络和控制。同时,又可在 MSC 的统一控制下,实现小区之间移动用户的通信的转接,以及移动用户与市话用户的联系。基站发射功率一般为 5~20 W,每个小区半径为 2~20 km,如图 1.4(b)所示。

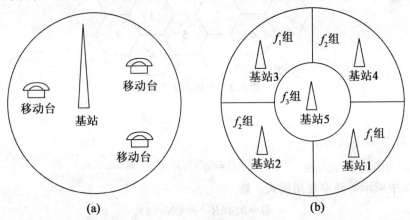

图 1.4 大区制和小区制

小区制的特点:频率的利用率高,组网灵活;能够有效地解决频道数量有限和用户数增大的矛盾。

无线小区的范围不宜过小,在移动台通话过程从一个小区转入另一个小区时,移动台需要经常地更换工作频道。无线小区的范围越小,通话中转换频道的次数就越多,这样对控制交换功能的要求就提高了,再加上基站数量的增加,建网的成本就提高了。

小区制移动通信系统的服务区域划分有两种,一种是带状服务覆盖区,另一种是面状服务覆盖区。如图 1.5 所示,带状服务覆盖区采用双频组和三频组频率配置;面状服务覆盖区,无线移动通信系统广泛使用六边形覆盖服务区。实际上,由于无线系统覆盖区的地形地貌不同,无线电波传播环境不同,产生的电波的长期衰落和短期衰落不同,因而一个小区的实际无线覆盖是一个不规则的形状。

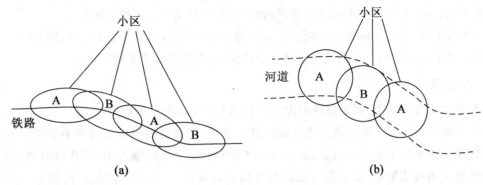

图 1.5 带状网和面状网

3. 蜂窝小区

1974年,贝尔实验室提出蜂窝概念,将所要覆盖的地区划分为若干个小区,每个小区的半径可视用户的密度在2~20 km范围内。在每个小区设立一个基站为本小区范围内的用户服务,并可通过小区分裂进一步提高系统容量。

蜂窝小区特点:用户容量大,服务性能较好,频谱利用率较高;用户终端小巧且电池使用时间长,辐射小等。

新的问题:系统复杂,如越区切换;漫游;位置登记、更新以及系统鉴权等。

4. 蜂窝的分类

蜂窝分为:宏蜂窝(Macro-cell),半径是2~20 km;微蜂窝(Micro-cell),半径为0.4~2 km;皮蜂窝(Pico-cell),半径小于400 m。

蜂窝小区采用正六边形,正六边形在正方形、正三角形和正六边形三种几何形状当中具有最大的中心间隔和覆盖面积,而重叠区域宽度和重叠区域的面积又最小。所以小区都采用正六边形结构,形成蜂窝状分布。这意味着对于同样大小的服务区域,采用正六边形构成小区所需的小区数最少,所需频率组数最少,各基站间的同频干扰最小。

1.1.5 激励方式

1. 激励方式

激励方式指基站辐射小区的方法,一般有中心激励方式和顶点激励方式。中心激励方式:基站在小区的中心,由全向天线覆盖无线小区,这就是所谓的"中心激励"方式。顶点激励方式:若在每个正六边形不相邻的三个顶点上设置基站,并采用定向天线形成覆盖区,这就是"顶点激励"方式。

常见的顶点激励方式有三种,如图1.6所示。

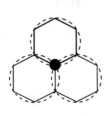 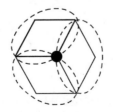 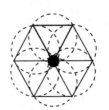

(a) 120°扇形　　　　(b) 三叶草形　　　　(c) 三角形

图 1.6 顶点激励方式

(1) 定向天线采用 120°、小区形状采用扇形的结构(每个基站 3 个无线小区)。

(2) 定向天线采用 120°、小区形状采用正六边形的三叶草形结构(每个基站 3 个无线小区)。

(3) 定向天线采用 60°、小区形状采用三角形的结构(每个基站 6 个无线小区)。

2. 信道分配策略

信道分配策略可分为两类:固定信道分配策略和动态的信道分配策略。

固定信道分配法是将某一组信道固定分配给某一基站,即基站的频点是固定不变的。小区内的任何呼叫都只能使用该小区中的空闲信道,如果该小区的所有信道都已被占用,则呼叫阻塞,用户得不到服务。这种情况采用借用策略,如果它自己的所有信道都被占用,允许小区从它的相邻小区中借用信道,由 MSC(移动交换中心)来管理借用过程,但是要保证不会中断或干扰借出小区的任何一个正在进行的呼叫。其特点是控制方便,但信道的利用率下降。

动态信道分配法不是将信道固定地分配给某个基站,而是多个基站均可使用同一信道,每次呼叫请求来时,为它服务的基站就向 MSC 请求一个信道。交换机就根据一种算法给发出请求的小区分配一个信道。此方法进一步提高频谱的利用率,使信道的配置方法能够随移动通信系统的地理分布变化(如交通事故集会、上下班的转移等),其特点是频谱的利用率大约可提高 20%,需智能控制,避免了忙闲不均的情况,可以减小阻塞的可能性,从而提高系统的中继能力,但此时的邻近的信道干扰比较突出,增加了系统的存储和计算量,预测和控制系统均比较复杂。

实际增大蜂窝系统容量的方法有小区分裂、裂向和覆盖区域逼近,另外还有一种新的技术称为微小区技术。小区分裂是将拥塞的小区分成更小的小区,每个小区分裂是将拥塞的小区分成更小的小区,小区都有自己的基站并相应地降低天线的高度和减小发射机功率。小区分裂能提高信道的复用次数,降低发射机功率,从而提高系统容量。如图 1.7 所示为每个小区按半径的一部分进行分裂,小区数的增加将增加覆盖区域内的簇数目,这样就增加了覆盖区域内的信道数量,从而增加容量(增长接近 4 倍)。

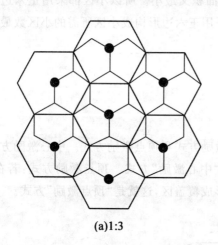 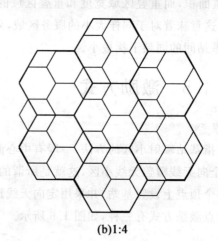

(a) 1:3　　　　　　　　　　　(b) 1:4

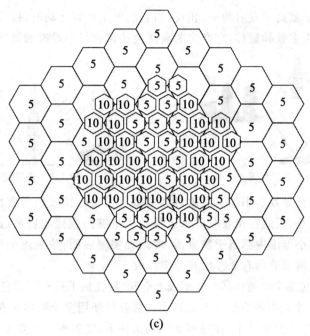

(c)

图 1.7 小区分裂

1.1.6 电波传播与干扰

1. 电波传播

移动通信系统中,电波主要以空间波的形式传播。类似的还有微波传播。当发射以及接收天线架设得较高时,在视线范围内,电磁波直接从发射天线传播到接收天线,另外还可以经地面反射而到达接收天线。所以接收天线处的场强是直接波和反射波的合成场强,直接波不受地面影响,地面反射波要经过地面的反射,因此要受到反射点地质地形的影响。

空间波在大气的底层传播,传播的距离受到地球曲率的影响。收发天线之间的最大距离被限制在视线范围内,要扩大通信距离,就必须增加天线高度。一般地说,视线距离可以达到 50 km 左右。空间波除了受地面的影响以外,还受到低空大气层即对流层的影响。

随着智能终端设备、车载电视、楼宇电视、地铁电视等户外广播领域的发展,在这些接收范围内,多径衰落、多普勒频移等小范围衰落是不可避免的问题,解决这些衰落和干扰成为备受关注的问题。为了解决衰落,改善数字电视广播移动接收的信号质量,在接收设备上使用了多种措施,如信道解码纠错技术、抗衰落接收技术等,其中双/多天线分集接收技术是最明显有效的解决方案。

什么是衰落,简单地说信号电平因受各种因素影响而随时间变化称为衰落,衰落分为慢衰落和快衰落。衰落产生的原因很多,无线地面传输信号很容易受到高楼大厦、山地丘陵地形等障碍物、云雨等天气的影响。在移动接收中常见的两种衰落是多径信号衰落和多普勒频移。

图 1.8 就是一个多径衰落产生过程,当地面波信号在传输途径当中受到高楼、丘陵、运动车辆等多个障碍物的阻挡时,就会产生反射或散射,形成多路信号到达接收天线,由于到达接收天线的时间不同、相位不同,相反相位的不同信号因叠加而相互消弱,从而产生信号的衰落。

另一种移动接收过程不可避免的问题是多普勒效应。如果信号以波的形式传播,当接收者与产生者发生相对运动时,接收者接收到的信号频率会因运动而发生变化,这就是多普勒效应。这是任何波动过程都具有的特性,电磁波也是如此。如果接收机相对于发射机时,接收机接收到的信号也会发生多普勒效应,具体取决于接收机相对于发射机移动的方向和速度,如图 1.9 所示,当接收机和发射机相向运动时,它接收到的信号频率就高于发射频率,相反,当它们发生相背运动时,接收的信号频率就低于发射频率,这种频率变化也称为多普勒频移,它产生的衰落会使接收机很难准确地解出信号。

图1.8 多径衰落　　　　　图1.9 多普勒频移

多径衰落和多普勒频移导致的小范围衰落对移动接收设备的接收信号破坏力极强,能引起较大的码间干扰和频率的矢量减小,因此在接收时要求信号功率足够强或接收机灵敏度足够高。多径衰落和多普勒频移引起的衰落在小范围内都属于快衰落,理论和实测表明:快衰落的振幅服从瑞利分布,相位服从均匀分布。克服快衰落影响的有效办法是分集接收。

分集的基本原理是通过多个信道(时间、频率或者空间)接收到承载相同信息的多个副本,由于多个信道的传输特性不同,信号多个副本的衰落就不会相同。接收机使用多个副本包含的信息能比较正确地恢复出原发送信号。如果不采用分集技术,在噪声受限的条件下,发射机必须要发送较高的功率,才能保证信道情况较差时链路正常连接。在移动无线环境中,由于手持终端的电池容量非常有限,所以反向链路中所能获得的功率也非常有限,而采用分集方法可以降低发射功率,这在移动通信中非常重要。

总结起来,发射分集技术的实质可以认为是涉及空间、时间、频率、相位和编码多种资源相互组合的一种多天线技术。根据所涉及资源的不同,可分为如下几类:

1) 空间分集

我们知道在移动通信中,空间略有变动就可能出现较大的场强变化。当使用两个接收信道时,它们受到的衰落影响是不相关的,且二者在同一时刻经受深衰落谷点影响的可能性也很小,因此这一设想引出了利用两副接收天线的方案,独立地接收同一信号,再合并输出,衰落的程度能被大大地减小,这就是空间分集。

空间分集是利用场强随空间的随机变化实现的,空间距离越大,多径传播的差异就越大,所接收场强的相关性就越小。这里所提相关性是统计术语,表明信号间相似的程度,因此必须确定必要的空间距离。经过测试和统计,CCIR建议为了获得满意的分集效果,移动单元两天线间距应大于0.6个波长(λ),即$d>0.6\lambda$,并且最好选在$\frac{1}{4}\lambda$的奇数倍附近。若减小天线间距,即使小到$\frac{1}{4}\lambda$,也能起到相当好的分集效果。

空间分集分为空间分集发送和空间分集接收两个系统。其中空间分集接收是在空间不同的垂直高度上设置几副天线,同时接收一个发射天线的微波信号,然后合成或选择其中一个强信号,这种方式称为空间分集接收。接收端天线之间的距离应大于波长的一半,以保证接收天线输出信号的衰落特性是相互独立的,也就是说,当某一副接收天线的输出信号很低时,其他接收天线的输出不一定在这同一时刻也出现幅度低的现象,经相应的合并电路从中选出信号幅度较大、信噪比最佳的一路,得到一个总的接收天线输出信号。这样就降低了信道衰落的影响,改善了传输的可靠性。

空间分集接收的优点是分集增益高,缺点是还需另外单独的接收天线。

2) 频率分集

频率分集是采用两个或两个以上具有一定频率间隔的微波频率同时发送和接收同一信息,然后进行合成或选择,利用位于不同频段的信号经衰落信道后在统计上的不相关特性,即不同频段衰落统计特性上的差异,来实现抗频率选择性衰落的功能。实现时可以将待发送的信息分别调制在频率不相关的载波上发射,所谓频率不相关的载波是指不同的载波之间的间隔大于频率相干区间。

当采用两个微波频率时,称为二重频率分集。同空间分集系统一样,在频率分集系统中要求两个分集接收信号相关性较小(即频率相关性较小),只有这样,才不会使两个微波频率在给定的路由上同时发生深衰落,并获得较好的频率分集改善效果。

频率分集与空间分集相比较,其优点是在接收端可以减少接收天线及相应设备的数量,缺点是要占用更多的频带资源,所以,一般又称它为带内(频带内)分集,并且在发送端可能需要采用多个发射机。

3)时间分集

时间分集是将同一信号在不同时间区间多次重发,只要各次发送时间间隔足够大,则各次发送出现的衰落将是相互独立统计的。时间分集正是利用这些衰落在统计上互不相关的特点,即时间上衰落统计特性上的差异来实现抗时间选择性衰落的功能。

4)极化分集

在移动环境下,两副在同一地点、极化方向相互正交的天线发出的信号呈现出不相关的衰落特性。利用这一特点,在收发端分别装上垂直极化天线和水平极化天线,就可以得到两路衰落特性不相关的信号。所谓定向双极化天线就是把垂直极化和水平极化两副接收天线集成到一个物理实体中,通过极化分集接收来达到空间分集接收的效果,所以极化分集实际上是空间分集的特殊情况,其分集支路只有两路。

这种方法的优点是它只需一根天线,结构紧凑,节省空间,缺点是它的分集接收效果低于空间分集接收天线,并且由于发射功率要分配到两副天线上,这会造成 3 dB 的信号功率损失。分集增益依赖于天线间不相关特性的好坏,通过在水平或垂直方向上天线位置间的分离来实现空间分集。

2. 干扰

移动通信系统的干扰是影响无线网络掉话率、接通率等系统指标的重要因素之一。它不仅影响了我们网络的正常运行,而且影响了用户的通话质量,陆地移动通信蜂窝系统均采用频率复用方式,以提高频率利用率。这虽然增加了系统的容量,但同时也增加了系统的干扰程度。这些干扰主要包括同频干扰、邻频干扰和互调干扰。

1)同频干扰

所谓同频干扰,即指无用信号的载频与有用信号的载频相同,并对接收同频有用信号的接收机造成的干扰。现在一般采用频率复用的技术以提高频谱效率。当小区不断分裂使基站服务区不断缩小,同频复用系数增加时,大量的同频干扰将取代人为噪声和其他干扰,成为对小区制的主要约束。这时移动无线电环境将由噪声受限环境变为干扰受限环境。当同频干扰的载波干扰比(载干比)C/I 小于某个特定值时,就会直接影响到手机的通话质量,严重的会产生掉话或使手机用户无法建立正常的呼叫。为防止同频干扰,相邻区域不能采用统一频率,可采用双频组、三频组或四频组的频率配置。

双频组和三频组的频率配置如图 1.10 所示。

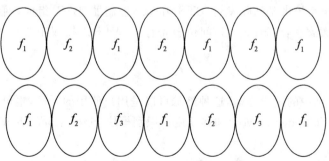

图 1.10 双频组频率配置和三频组频率配置

2)邻频干扰

所谓邻频干扰,指干扰台邻频道功率落入接收邻频道接收机通带内造成的干扰。由于频率规划原因造成的邻近小区中存在与本小区工作信道相邻的信道或由于某种原因致使基站小区的覆盖范围比设计要求范围大,均会引起邻频道干扰。当邻频道的载波干扰比 C/I 小于某个特定值时,就会直接影响到手机的通话质量,严重的会产生掉话或使手机用户无法建立正常的呼叫。

3)互调干扰

当两个以上不同频率信号作用于一非线性电路时,将互相调制,产生新频率信号输出,如果该频率正好落在接收机工作信道带宽内,则构成对该接收机的干扰,我们称这种干扰为互调干扰。互调干扰主要是指数、模共站的基站,由于模拟基站发射机的影响,而对数字基站产生的干扰。这种干扰的直接后果是时隙分配不均匀,造成基站资源的浪费,也会产生掉话。

> **技术提示:**
>
> **干扰的解决**
>
> 针对不同的干扰有不同的解决办法,解决同频干扰采用修改同频小区的同频频率,增加两个同频小区的间距,降低移动台或基站的发射功率,或采用分集接收技术,而邻频干扰的解决办法是对频率规划进行优化调整,对带通滤波器进行特性调整,另外,对同频干扰的解决措施也同样适用于邻频干扰。在目前 3×3 或 4×3 结构的小区制中,考虑到射频调谐电路特性,一般互调干扰引起的载干比 C/I 不会小于规定的标准值,因而一般情况下可不予考虑。

1.2 GSM 系统空中接口

GSM 数字蜂窝移动通信系统(简称 GSM 系统)是完全依据欧洲通信标准化委员会(ETSI)制定的 GSM 技术规范研制而成的,任何一家厂商提供的 GSM 数字蜂窝移动通信系统都必须符合 GSM 技术规范。GSM 系统作为一种开放式结构和面向未来设计的系统具有下列主要特点:GSM 系统是由几个子系统组成的,并且可与各种公用通信网(PSTN、ISDN、PDN 等)互联互通。各子系统之间或各子系统与各公用通信网之间都明确和详细定义了标准化接口规范,保证任何厂商提供的 GSM 系统或子系统能互联。我们先从 GSM 系统的结构开始学习。

1.2.1 GSM 系统结构

一个 GSM 可由四个子系统组成,即移动台(Mobile Station,MS)、基站子系统(Base Station System,BSS)、网络子系统(Network Sub System,NSS)和操作维护子系统(Operation Sub System,OSS),如图 1.11 所示。基站子系统由基站收发台(BTS)和基站控制器(BSC)组成;网络子系统由移动业务交换中心(MSC)、归属位置寄存器(HLR)、访问位置寄存器(VLR)、授权中心(AUC)和设备标志寄存器(EIR)组成。

1. 移动台

移动台就是指移动网中的用户终端,这种终端可以是用户使用的手机,也可是车载台。移动台通常包括移动设备(Mobile Equipment,ME)和移动用户识别模块(Subscriber Identity Module,SIM)。

2. 基站子系统

基站子系统(BSS)是 GSM 系统中与无线蜂窝方面关系最直接的基本组成部分,它通过无线接口直接与移动台相连,负责无线发送接收和无线资源的管理。BSS 分为两部分:一是基站收发台(Base Transceiver Station,BTS),一是基站控制器(Base Station Controller,BSC),BTS 负责无线传输,BSC 负责控制和管理,一个 BSC 可以控制一个或多个 BTS。

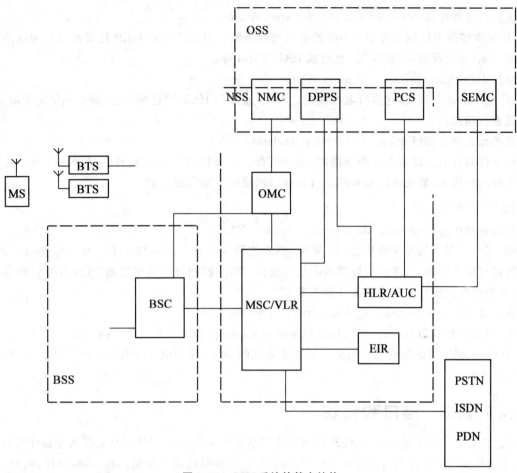

图 1.11 GSM 系统的基本结构

1）基站收发台（BTS）

BTS 是 BSS 中的无线部分，它包含了射频部分（如天线等），不仅为各个小区提供空中接口，还实现 BTS 与 MS 之间通过空中接口的无线传输及相关的控制功能。

2）基站控制器（BSC）

BSC 直接与 MSC 相连，是 BSS 中的控制部分。其主要功能是进行无线信道管理，实施呼叫以及建立和拆除通信链路，并为控制区内移动台越区切换进行控制等。

3. 网络子系统

NSS 是整个系统的核心，它对 GSM 移动用户之间及移动用户与其他通信网用户之间通信起着交换、连接与管理的功能。它主要负责完成呼叫处理、通信管理、移动管理、部分无线资源管理、安全性管理、用户数据和设备管理、计费记录处理、公共信道、信令处理和本地运行维护等。NSS 由一系列功能实体组成，各功能实体间与 NSS 和 BSS 之间通过 NO.7 信令系统进行通信。

1）移动业务交换中心（Mobile Switch Center，MSC）

在 GSM 系统中，MSC 能完成呼叫交换以及其他交换设备一样的功能（计费、操作和维护、中继接口等）。同时，MSC 作为网关交换机（GMSC）提供 PSTN 和 BSS 之间的接口。

2）归属位置寄存器（Home Location Register，HLR）

HLR 是为用户单元提供参数的参考数据库。每一个用户单元唯一属于一个 HLR，用户通过 IMSI 或者 MSISDN 接入到 HLR 中。HLR 主要包括用户单元的 IMSI、MSISDN、当前在 VLR 中的信息、补充业务信息、用户状态、鉴权键 Ki、用户漫游识别号 MSRN 等。

3）访问位置寄存器（Visitor Location Register，VLR）

VLR 包含当前本区域所有用户单元的参数的数据库。它包含有从 HLR 拷贝来的有关这些用户单元的数据。如：用户状态、MSRN 等，也包括 LAI、TMSI 等。

4）鉴权中心（Authentication Center，AUC）

AUC 是一个进程系统，它执行鉴权功能。AUC 通常和 HLR 结合在一起，和用户单元中的 SIM 卡共同完成鉴权功能。

5）设备标志寄存器（Equipment Identity Register，EIR）

EIR 是存储移动台设备参数的数据库，通过核查三种表格（白名单、灰名单、黑名单）使用的网络具有防止无权用户接入、监视故障设备的运行和保障网络运行安全的功能。

4．操作子系统

1）网络管理中心（Network Management Center，NMC）

NMC 是一个用于管理网络资源，如 MSC、位置注册和基站等的运转中心。其功能包括三方面：网络配置管理与用户管理，日常运行数据的收集与统计；路由选择管理，网络监测，故障告警与网络状态显示；根据交换机提供的计费信息完成计费管理。

2）操作维护中心（Operation & Maintenance Center，OMC）

OMC 具有软件和数据库的管理、统计数据的收集、事件/告警的管理等功能。每一个网络可有多个 OMC。目前，依据厂家的实现方式可分为无线子系统的操作维护中心（OMC-R）和交换子系统的操作维护中心（OMC-S）。

1.2.2 接口和协议

我们已经知道，GSM 是由 NSS、BSS、OSS 三大子系统和 MS 组成，但这只是根据功能划分的物理上的组合，大多数功能是分布在不同的设备中的，这样在执行任务时就需要交换信息，协调动作；同时，分散的设备需要相互配合才能完成某项任务。因此，设备或各个子系统之间必须通过各种接口按照规定的协议才能实现互联。通信系统中，我们把协调不同实体所需要的信息称为信令，信令系统指导系统各部分相互配合，协同运行，共同完成某项任务。GSM 系统中，信令消息则具体体现在接口的协议和规范上。

1．GSM 系统的接口

1）主要接口

GSM 系统的主要接口指 A 接口、Abis 接口和 Um 接口，如图 1.12 所示。其中，A 接口、Um 接口为开放式接口。这三个接口标准使得电信运营部门能够把不同设备纳入同一个 GSM 数字通信网中。

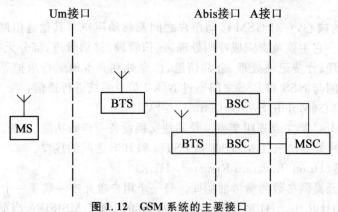

图 1.12 GSM 系统的主要接口

① A 接口。A 接口定义为网络子系统与基站子系统之间的通信接口，其物理链接通过采用标准的 2.048 Mbit/s PCM 数字传输链路来实现。此接口传递的信息包括移动台管理、基站管理、移动性管理

和接续管理等。

② Abis 接口。Abis 接口定义为基站子系统的两个功能实体基站控制器和基站收发信台之间的通信接口，其物理链接通过采用标准的 2.048 Mbit/s 或 64 kbit/s PCM 数字传输链路来实现。BS 接口作为 Abis 接口的一种特例，用于 BTS(与 BSC 并置)与 BSC 之间的直接互联方式，此时 BSC 与 BTS 之间的距离小于 10 m。

③ Um 接口。Um 接口(空中接口)定义为移动台与基站收发信台(BTS)之间的通信接口，用于移动台与 GSM 系统的固定部分之间的互通，其物理链接通过无线链路实现。传递的信息包括无线资源管理、移动性管理和接续管理等。

2)网络子系统(NSS)的内部接口

网络子系统的内部接口包括 B 接口、C 接口、D 接口、E 接口、F 接口和 G 接口，如图 1.13 所示。

① B 接口。B 接口定义为访问用户位置寄存器(VLR)与移动业务交换中心(MSC)之间的内部接口，用于移动业务交换中心向访问用户位置寄存器询问有关移动台当前位置信息或者通知访问用户位置寄存器有关移动台的位置更新信息。

② C 接口。C 接口定义为归属用户位置寄存器(HLR)与移动业务交换中心之间的接口，用于传递路由选择和管理信息。在建立一个至移动用户的呼叫时，入口移动业务交换中心(GMSC)应向被叫用户所属的归属用户位置寄存器询问被叫移动台的漫游号码。C 接口的物理链接方式是标准的 2.048 Mbit/s 的 PCM 数字传输链路。

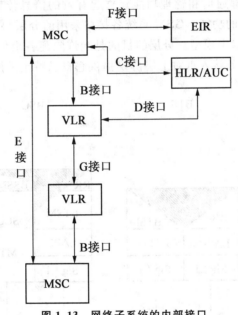

图 1.13　网络子系统的内部接口

③ D 接口。D 接口定义为归属用户位置寄存器(HLR)与访问用户位置寄存器(VLR)之间的接口，用于交换有关移动台位置和用户管理的信息，为移动用户提供的主要服务是保证移动台在整个服务区内能建立和接收呼叫。实用化的 GSM 系统结构一般把 VLR 综合于移动业务交换中心中，而把归属用户位置寄存器(HLR)与鉴权中心(AUC)综合在同一个物理实体内。D 接口的物理链接是通过移动业务交换中心与归属用户位置寄存器之间的标准 2.048 Mbit/s 的 PCM 数字传输链路实现的。

④ E 接口。E 接口定义为控制相邻区域的不同移动业务交换中心之间的接口，此接口用于切换过程中交换有关切换信息以启动和完成切换。E 接口的物理链接方式是通过移动业务交换中心(MSC)之间的标准 2.048 Mbit/s PCM 数字传输链路实现的。

⑤ F 接口。F 接口定义为移动业务交换中心(MSC)与移动设备识别寄存器(EIR)之间的接口，用于交换相关的国际移动设备识别码管理信息。F 接口的物理链接方式是通过移动业务交换中心(MSC)

与移动设备识别寄存器(EIR)之间的标准 2.048 Mbit/s 的 PCM 数字传输链路实现的。

⑥ G 接口。G 接口定义为访问用户位置寄存器(VLR)之间的接口。此接口用于向分配临时移动用户识别码(TMSI)的访问用户位置寄存器询问此移动用户的国际移动用户识别码(IMSI)的信息。G 接口的物理链接方式是标准 2.048 Mbit/s 的 PCM 数字传输链路。

3)GSM 与其他公用电信网的接口

其他公用电信网泛指公用电信网(PSTN)、综合业务数字网(ISDN)、公用分组交换数据网(PSPDN)和电路交换公用数据网(CSPDN)。GSM 系统通过 MSC 与这些公用电信网互连,其接口必须满足 CCITT 的有关接口和信令标准及各个国家邮电运营部门制定的与这些电信网有关的接口和信令标准。

根据我国现有公用电话网的发展现状和综合业务数字网的发展前景,GSM 系统与 PSTN 和 ISDN 的互联方式采用 7 号信令系统接口。其物理链路是由 MSC 引出的标准 2.048 Mbit/s 数字链路实现。

如果具备 ISDN 交换机,HLR 可建立与 SDNI 网间的直接信令接口,使 ISDN 可通过移动用户的 ISDN 号码直接向 HLR 询问移动台的位置信息,以建立至移动台当前所在 MSC 之间的呼叫路由。

2. 各接口协议

接口代表两个相邻实体之间的连接点,而协议是说明连接点上交换信息需要遵守的规则。两个相邻实体要通过接口传送特定的信息流,这种信息流必须按照一定的规约,也就是双方应遵守某种协议,这样信息流才能为双方所理解。因此,协议是各功能实体间的共同"语言",通过各个接口相互传递有关的消息,为完成 GSM 系统的全部通信和管理功能建立起有效的信息传输通道。不同的接口可能采用不同的物理链路,完成各自独特的功能。GSM 系统各接口采用的分层协议结构同时考虑了与 ISDN 的互通,符合开放系统互连(OSI)参考模型。分层的目的是允许隔离各组信令协议功能,按连续的独立层描述协议,每层协议在明确的服务接入点对上层协议提供它自己特定的服务。图 1.14 给出了 GSM 系统的分层协议基本结构示意图。

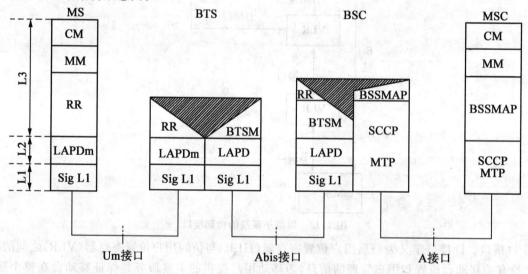

A:BSC 与 MSC 间接口　　　　　Abis:BTS 与 BSC 间接口　　　　　BTSM:BTS 的管理部分
BSSMAP:基站子系统移动应用部分　CM:接续管理　　　　　　　　　L1~L3:信号层1~3
LAPDm:ISDN 的 Dm 数据链路协议　MM:移动性管理　　　　　　　　MTP:信息传递部分
RR:无线资源管理　　　　　　　　SCCP:信令连接控制部分　　　　Um:MS 与 BTS 间接口

图 1.14　GSM 系统的分层协议基本结构示意图

1)各协议分层结构描述

①信号层 1。信号层 1 也称为物理层,是无线接口的最低部分,提供传送比特流所需的物理链路,为高层提供各种不同功能的逻辑信道,包括业务信道和逻辑信道。

②信号层2。信号层2即数据链路层,主要目的是为建立移动台和基站间可靠的专用数据链路L2协议,在Um接口中的L2协议称为LAPDm。

③信号层3。信号层3主要传送控制和管理信息。L3包括三个基本子层,即无线资源管理(RR)、移动性管理(MM)和接续管理(CM)。其中接续管理层中,含有多个呼叫控制(CC)单元,提供并行呼叫处理。在CM子层中,还有补充业务(SS)单元和短消息业务管理(SMS)单元,用于支持补充业务和短消息业务。

2) 信号的互通

在A接口,信令协议的参考模型如图1.15所示。基站要自行控制或在MSC的控制下,实现对蜂窝的管理这一无线功能,无线资源管理子层(RR)即是定义此功能的,无线资源管理子层消息在BSS中进行处理和转评,映射成BSS移动应用部分(BSSMAP)的消息在A接口中传递。子层移动性管理和接续管理都至MSC终止,MM和CM消息在A接口中是采用直接转移应用部分(DTAP)传递,基站子系统(BSS)则透明传递MM和CM消息。

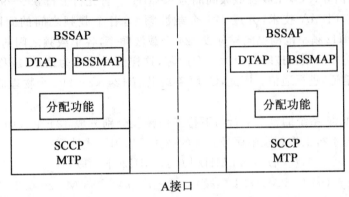

BSSAP:BSS应用部分　　　　　　　　　SCCP:信令连接控制部分
DTAP:直接转移应用部分　　　　　　　MTP:消息传递部分

图1.15　A接口信令协议的参考模型

3) 网络子系统内部及GSM系统与PSTN之间的协议

在网络子系统(NSS)内部各功能实体间接口通信均由7号信令系统支持。GSM系统与PSTN系统间通信优先采用7号信令。支持GSM系统的7号信令协议层简单模型如图1.16所示。与非呼叫相关的信令是采用移动应用部分(MAP),用于NSS内部各接口间的通信;与呼叫相关的信令则采用电话用户部分(TUP)和ISDN用户部分(ISUP),分别用于MSC间和MSC与PSTN及ISDN间的通信。其中TUP和ISUP协议应符合各国家制定的相应技术规范,MAP信令则必须符合GSM规范。

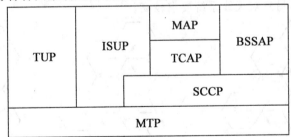

TUP:电话用户部分　　　　　　　　　　BSSAP:BSS应用部分
ISUP:ISDN用户部分　　　　　　　　　SCCP:信令连接控制部分
MAP:移动应用部分　　　　　　　　　　MTP:消息传递部分
TCAP:事务处理应用部分

图1.16　GSM系统的7号信令协议层

1.2.3　GSM系统技术规范及其主要性能

1. GSM系统的技术规范

GSM标准共有12章规范系列，即，01系列：概述，02系列：业务方面，03系列：网络方面，04系列：MS-BS接口和规约（空中接口第2、3层），05系列：无线路径上的物理层（空中接口第1层），06系列：语音编码规范，07系列：对移动台的终端适配，08系列：BS到MSC接口（A和Abis接口），09系列：网络互联，10系列：暂缺，11系列：设备和型号批准规范，以及12系列：操作和维护。

2. GSM系统关键技术

1) 多址方式

GSM900的工作频段是上行(MS发,BS收)890～915 MHz；下行(BS发,MS收)935～960 MHz，上行与下行采用双工通信方式，双工收发载频间隔为45 MHz。首先将上行890～915 MHz的25 MHz频率范围采用频分多址FDMA技术，分成124个载波频率，各个载频之间的间隔为200 kHz，下行935～960 MHz的25 MHz频率范围也同样分成124个载波频率，各个载频之间的间隔为200 kHz，然后采用时分多址技术，将每个载频按时间分为8个时隙，这样的时隙称为信道，或称为物理信道。每个用户占用不同的时隙(信道)进行通信。因此，GSM系统共有124×8=992个物理信道。

2) 频率配置

① 频道编号。GSM900系统的整个上行与下行工作频段分别分成124个载频，若频道序号用n表示，$n=1\sim124$，则上行与下行工作频段中序号为n的载频可以用下式计算

$$f_L(n) = 890 \text{ MHz} + 0.2n \text{ MHz（下频段）}$$

$$f_H(n) = f_L(n) + 45 \text{ MHz（上频段）} \quad \text{或} \quad f_H(n) = 935 \text{ MHz} + 0.2n \text{ MHz}$$

上行与下行载频是成对的，合起来共有124对载频。

DCS1800的工作频段是上行1 710～1 785 MHz；下行1 805～1 880 MHz，上行与下行共374对载频，各个载频之间的间隔为200 kHz，频道序号为$n=512\sim885$，序号为n的载频可以用下式计算

$$f_L(n) = 1\ 710.2 \text{ MHz} + (n-512) \times 0.200 \text{ MHz（下频段）}$$

$$f_H(n) = f_L(n) + 95 \text{ MHz（上频段）}$$

② 频率复用方式。在数字蜂窝移动通信网中，频率复用的基本方式是4×3方式，即4小区12扇区的区群结构，在业务量较大的地区，可采用3×3、2×6等复用方式，如图1.17所示。采用3×3复用方式，一般不需要改变现有网络结构，但容量增加有限，同时需要采用跳频技术降低干扰。2×6频率复用方式，虽然可较大地提升系统容量(约是4×3复用的1.6倍)，但需要系统采用自动功率控制技术、不连续发射技术、跳频技术等，另外对天线系统要求较高。

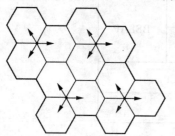　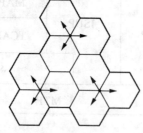　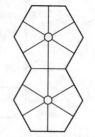

(a) 4×3频率复用方式　　(b) 3×3频率复用方式　　(c) 2×6频率复用方式

图1.17　频率复用方式示意图

③ 载波干扰保护比(C/I)。在移动通信网内，存在邻近频道干扰和同频干扰，这些干扰会影响语音信号的质量，载波干扰保护比就是系统用来衡量干扰对语音信号影响程度的一个质量指标，它是指接收到的有用信号电平与干扰电平之比，可分为以下三类：

a. 同频干扰载干比（C/I）：某一小区的载频功率与同频的无用信号对本小区所造成的干扰功率之比，GSM 规范中一般要求 $C/I>9$ dB，工程中一般要求大于 12 dB。

b. 邻道干扰载干比（C/A）：某一小区的载频功率与相邻的或者邻近频道对本小区所造成的干扰功率之比，GSM 规范中一般要求 $C/A>-9$ dB，工程中一般要求大于 -6 dB。

c. 载波偏离 400 kHz 时的载干比：当与载波偏离 400 kHz 的频率电平远高于载波电平时产生干扰，某一小区的载频功率与此种干扰功率之比，GSM 规范中载波偏离 400 kHz 时的干扰保护比 $C/I>-41$ dB，工程中一般要求大于 -38 dB。

④ 保护频带。GSM 系统使用的频率与其他无线系统的频率相邻时，两系统之间会存在相互频率干扰，所以两系统间应留出足够的保护频带（频道中心频率之间），保护带宽一般约为 400 kHz，以保证移动通信系统能满足载干比要求。

1.2.4 无线接口

GSM 系统的无线接口是指由 BTS 至 MS 间连接的一般概念。由于移动通信中，空中信道部分是其通信所特有的，有必要详细地进行说明。

1. GSM 系统的无线传输标准

无线通道信号传输的规范就是所谓的无线接口（Radio Interface），又称 Um 接口。GSM 的传输包括连接移动用户的无线传输技术和连接交换网络的有线传输技术。GSM 相关的技术标准为：

载频间隔：200 kHz；

通信方式：全双工，FDD；

信道分配：每载频 8 个时隙，包含 8 个全速信道，16 个半速信道；

信道总速率：270 kbit/s；

调制方式：GMSK，高斯滤波最小频移键控；

接入方式：FDMA+TDMA；

语音编码：规则脉冲激励线性预测编码 RPE—LPC 13 kbit/s；

分集接收：跳频每秒 217 跳，交错信道编码，自适应均衡，1/2 卷积码。

2. GSM 语音信号处理过程

GSM 语音信号的处理过程如图 1.18 所示。

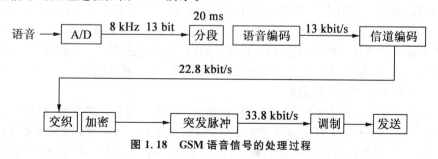

图 1.18 GSM 语音信号的处理过程

1）语音编码

由于 GSM 系统是一种全数字系统，语音和其他信号都要进行数字化处理，因此移动台首先要将语音信号转换成模拟电信号，移动台再把这模拟电信号转换成 13 kbit/s 的数字信号，用于无线传输。下面我们主要讲一下 TCH 全速率信道的编码过程。

目前 GSM 采用的编码方案是 13 kbit/s 的 RPELTP（规则脉冲激励长期预测），其目的是在不增加误码的情况下，以较小的速率优化频谱占用，同时到达与固定电话尽量相近的语音质量。它首先将语音分成以 20 ms 为单位的语音块，再将每个块用 8 kHz 抽样，因而每个块就得到了 160 个样本。每个样本再经过 A 率 13 bit(μ 率 14 bit)的量化,因为为了处理 A 率和 μ 率的压缩率不同,因而将该量化值又分别加上了 3 个或 2 个的"0"bit,最后每个样本就得到了 16 bit 的量化值。因而在数字化之后,进入编码器之前,就得到了 128 kbit/s 的数据流。这一数据流的速率太高以致无法在无线路径下传播,因而我们需要让它通过编码器来进行编码压缩。如果用全速率的译码器,每个语音块将被编码为 260 bit,最后形成了 13 kbit/s 的源编码速率。此后将完成信道的编码。

2)信道编码

信道编码用于改善传输质量,克服各种干扰因素对信号产生的不良影响,但它是以增加比特降低信息量为代价的。编码的基本原理是在原始数据上附加一些冗余比特信息,增加的这些比特是通过某种约定从原始数据中经计算产生的,接收端的解码过程利用这些冗余的比特来检测误码并尽可能地纠正误码。如果收到的数据经过同样的计算所得的冗余比特同收到不一样时,我们就可以确定传输有误。根据传输模式不同,在无线传输中使用了不同的码型。

GSM 使用的编码方式主要有块卷积码、纠错循环码(Fire Code)、奇偶码(Parity Code)。块卷积码主要用于纠错,当解调器采用最大似然估计方法时,可以产生十分有效的纠错结果。纠错循环码主要用于检测和纠正成组出现的误码,通常和块卷积码混合使用,用于捕捉和纠正遗漏的组误差。奇偶码是一种普遍使用的最简单的检测误码的方法。

无论如何处理,全速率 TCH 编码都将在信道编码后,在每 20 ms 内将形成 456 bit 的编码序列。

① 全速率 TCH 信道编码。在对全速率语音编码时,首先将对语音编码形成的 260 个比特流分成三类,分别为 50 个最重要的比特、132 个重要比特以及 78 个不重要的比特。然后对上述 50 个比特添加上 3 个奇偶校验比特(分组编码),这 53 个比特连同 132 个重要比特与 4 个尾比特一起被卷积编码,速率为 1:2,因而得到 378 bit,另外 78 bit 不予保护。于是最后将得到 456 bit。

② BCCH、PCH、AGCH、SDCCH、FACCH、SACCH 信道的编码。LAPDm 是数据链路层的协议(第二层),在连接模式下被用于传送信令。它被应用在逻辑信道 BCCH、PCH、AGCH、SDCCH、FACCH、SACCH 上,一个 LAPDm 帧共有 23 个字节(184 bit)。为了获得 456 bit 的保护字段,可通过对 LAPDm 帧的编码来得到。

首先给 184 bit 增加 40 bit 的纠错循环码,这样就可以检测是否物理层的差错校正码能正确校正传输差错。通过这种码型来监测无线链路,来确认 SACCH 消息块是否被正确地接收到。为了实现卷积编码,还应加上 4 bit 的尾位。我们将得到的这 228 bit 通过 1:2 卷积编码速率,最后也会得到 456 bit 的数据。

③ SCH 信道的编码。SCH 信令信道不能用 LAPDm 协议。在每个 SCH 信道有 25 bit 的消息字段,其中 19 bit 是帧号,6 bit 用于 BSIC 号。由于每个单独的 SCH 时隙都携带着一个完整的同步消息,而且 SCH 的突发脉冲的消息位的字段是 78 bit。因而我们需要将这 25 bit 的数据编码成 78 bit。我们将这 25 bit 的数据再加上 10 个奇偶校验比特和 4 bit 的尾位,就得到了 39 bit。再将这 39 bit 按照 1:2 的卷积编码速率,便得到了 78 bit 的消息。

④ RACH 信道的编码。随机接入信道 RACH 的消息是由 8 个消息比特组成,包括 3 bit 的建立原因和 5 bit 的随机鉴别符。由于 RACH 的突发脉冲的消息位的字段是 36 bit,因而我们需要将这 8 bit 的数据编码成 36 bit。首先,我们给它加上 6 bit 的色码,这 6 bit 的色码是通过将 6 bit 的 BSIC 和 6 bit 的奇偶校验码取模 2 而获得的。然后再加上 4 bit 的尾位。这样就得到了 18 bit,我们再将这 18 bit 按照 1:2 的卷积编码速率,最后将得到 RACH 突发脉冲上的 36 bit 的消息位。

3)交织技术

在移动通信中这种变参的信道上,比特差错经常是成串发生的。这是由于持续较长的深衰落谷点会影响到相继一串的比特。但是,信道编码仅在检测和校正单个差错和不太长的差错串时才有效,为了解决这一问题,希望找到把一条消息中的相继比特分开的办法,即一条消息的相继比特以非相继的方式被发送,使突发差错信道变为离散信道。这样,即使出现差错,也仅是单个或者很短的比特出现错误,也不会导致整个突发脉冲甚至消息块都无法被解码,这时可再用信道编码的纠错功能来纠正差错,恢复原来的消息。这种方法就是交织技术,如图1.19所示。

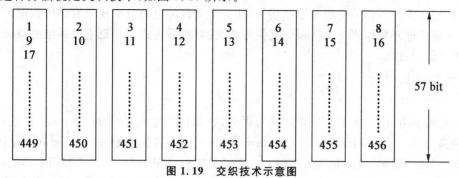

图1.19 交织技术示意图

在 GSM 系统中,在信道编码后进行交织,交织分为两次,第一次交织为内部交织,第二次交织为块间交织。

在上一节我们提到了,通过语音编码和信道编码将每一 20 ms 的语音块数字化并编码,最后形成了 456 bit。我们首先将它进行内部交织,将 456 bit 按(0,8,…,448)、(1,9,…,449)、…、(7,15,…,455)的排列方法分为 8 组,每组 57 bit,通过这一手段,可使在一组内的消息相继较远。

但是如果将同一 20 ms 语音块的 2 组 57 bit 插入到同一普通突发脉冲序列中,那么,该突发脉冲丢失则会使该 20 ms 的语音损失 25%的比特,显然信道编码难以恢复这么多丢失的比特,因此必须在两个语音帧间再进行一次交织,即块间交织。

设进行完内部交织后,将一语音块 B 的 456 bit 分为 8 组,再将它的前 4 组(B0,B1,B2,B3)与上一个语音块的 A 的后 4 组(A4,A5,A6,A7)进行块间交织,最后由(B0,A4)、(B1,A5)、(B2,A6)、(B3,A7)形成了 4 个突发脉冲,为了打破相连比特的相邻关系,使块 A 的比特占用突发脉冲的偶数位置,块 B 的比特占用奇数位置,即 B0 占奇数位,A4 占偶数位。同理,将 B 的后 4 组同它的下一语音块 C 的前 4 组来进行块间交织。

这样,一个 20 ms 的语音帧经过二次交织后分别插入了 8 个不同的普通突发脉冲序列中,然后一个个地进行发送,这样即使在传输过程中丢掉了一个脉冲串,也只影响每一个语音比特数的 12.5%,而且它们不互相关联,这就能通过信道编码进行校正。

应注意的是,对控制信道(SACCH、FACCH、SDCCH、BCCH、PCH 和 AGCH)的二次交织有所不同。这不像语音交织一样,要用到 3 个语音块。在这里我们这一 456 bit 的消息块在经历过内部交织并分为 8 组后(这一过程同语音的内部交织一样),将把它的前 4 组与后 4 组进行交织(交织方法也与语音的交织一样),最后获得 4 个整突发脉冲。

由上可知,交织对于抗干扰具有很重要的意义,但是它的缺点是时延长,在传输 20 ms 语音块中,从接收第一个比特开始到最后一个比特结束并考虑到 SACCH 占一个突发脉冲,那么时延周期是(9×8)−7=65 个突发脉冲的周期,即 37.5 ms 的延时。因此在 GSM 系统中,移动台和中继电路上增加了回波抵消器,以改善由于时延而引起的通话回音。

4) 加密

在数字传输系统的各种优点中,能提供良好的保密性是很重要的特性之一。GSM 通过传输加密提供保密措施。这种加密可以用于语音、用户数据和信令,与数据类型无关,只限于用在常规的突发脉冲之上。加密是通过一个泊松随机序列(由加密钥 Kc 与帧号通过 A5 算法产生)和常规突发脉冲之中 114 个信息比特进行异或操作而得到的。

在接收端再产生相同的泊松随机序列,与所收到的加密序列进行同或操作便可得到所需要的数据。

5) 调制和解调

调制和解调是信号处理的最后一步。简单地说,GSM 所使用的调制是 BT=0.3 的 GMSK 技术,其调制速率是 270.833 kbit/s,使用的是 Viterbi(维特比)算法进行的解调。调制的功能就是按照一定的规则把某种特性强加到电磁波上,这个特性就是我们要发射的数据。GSM 系统中承载信息的是电磁场的相位,即调相方式。解调的功能是接收信号,从一个受调的电磁波中还原发送的数据。从发送角度来看,首先要完成二进制数据到一个低频调制信号的变换,然后再进一步把它变到电磁波的形式。解调过程是一个调制的逆过程。

3. 空中接口关键技术

1)非连续发送(DTX)

语音传输有两种方式:一种是无论用户是否讲话,语音总是连续编码(每 20 ms 一个语音帧)。另一种是非连续发送方式 DTX(Discontinuous Transmission):在语音激活期进行 13 kbit/s 编码,在语音非激活期进行 500 bit/s 编码。每 480 ms 传输一个舒适噪声帧。采用 DTX 方式有两个目的:降低空中总的干扰电平;节约发射机的功率。DTX 模式与普通模式是可选的,因为 DTX 模式会使传输质量稍有下降。

2)跳频技术

①跳频可分为快速跳频和慢速跳频,在 GSM 中采用的是慢速跳频(217 次/s),其特点是按照固定的间隔改变一个信道使用的频率。GSM 中的跳频可分为基带跳频和射频跳频两种。

②基带跳频:加入了一个以时隙为基础的交换单元,通过把某个时隙的信号切换到相应的无线频率上来实现跳频。

射频跳频:对其每个 TRX 的频率合成器进行控制,使其在每个时隙的基础上按照不同的方案进行跳频。

小区中并不是所有频率均参与调频。携带 BCCH 信号的频点不能跳频。系统下发两个频率组:小区分配表(Cell Allocation)用来定义该小区所用到的所有频点;移动分配表(Mobile Allocation)用来定义参与跳频的所有频点。在 GSM 规范中有两个参数用来定义跳频序列,分别是 MAIO(移动分配指针偏移)和 HSN(跳频序列号)。MAIO 因需描述跳频重复功能的起点,所以偏移的可能值与参与跳频的频率数一样多。

3)分集技术

分集技术就是把各个分支的信号,按照一定的方法再集合起来变害为利,把收到的多径信号先分离成互不相关的多路信号,由少变多,再将这些信号的能量合并起来,由多变少,从而改善接收质量。分集技术包括空间分集、频率分集、极化分集和时间分集。

4)功率控制

功率控制的目的在于使在保证服务质量的前提下降低发射所需的最小有效功率,减少同频干扰;通过 SACCH 发送功率控制命令;MS 处于专有模式;静态 6 级,动态 15 级;步长为 2 dB。

5)时间提前量(T_A)

移动台收发信号要求有 3 个时隙的间隔,由于移动台是利用同一个频率合成器来进行发射和接收的,因而在接收和发送信号之间应有一定的间隔。在实际的通信过程中,如移动台在呼叫期间向远离基站的方向上移动,从基站发出的消息将越来越迟地到达移动台。与此同时,移动台的应答信息也会越来越迟地到达基站。如不采取措施,该时延长至当基站收到该移动台在本时隙上发送的消息会与基站在其下一个时隙收到的另一个呼叫信息重叠起来,而引起干扰。因此移动台必须在指配给它的时隙内发送,而在其他的时间必须保持寂静,否则会干扰使用同一载频其他时隙上的用户。

GSM 定时提前 T_A 的编码是在 0~63 之间。在呼叫进行期间由移动台向发送的基站 SACCH 上的测量报告的报头上携带着由移动台测量的时延值,而基站必须监视呼叫到达的时间,并在 BTS 下行的 SACCH 的系统报告上以每次两秒的频次向移动台发出指令,随着移动台离开基站的距离,逐步指示移动台提前发送的时间,这就是时间的调整。在 GSM 中这被称为时间提前量 T_A。

1.2.5 帧和信道

1. 帧结构

GSM 系统各种帧及时隙的格式如图 1.20 所示。

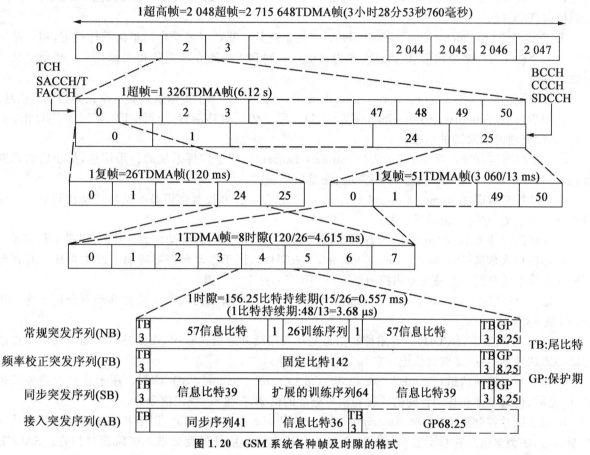

图 1.20 GSM 系统各种帧及时隙的格式

在 GSM 系统中,每个载频被定义为一个 TDMA 帧,相当于 FDMA 系统的一个频道。每个 TDMA 帧有一个 TDMA 帧号,TDMA 帧号是以 3 小时 28 分 53 秒 760 毫秒($2\,048\times 51\times 26\times 8$ BP 或者 $2\,048\times 51\times 26$ 个 TDMA 帧)为周期循环编号的。每 $2\,048\times 51\times 26$ 个 TDMA 帧为一个超高帧,每一个超高帧又可分为 2 048 个超帧,一个超帧是 51×26 个 TDMA 帧的序列(6.12 s),每个超帧又是由复帧组成,复帧分为两种类型:

1)26 帧的复帧

它包括 26 个 TDMA 帧(26×8 BP),持续时长 120 ms。51 个这样的复帧组成一个超帧。这种复帧主要用于 TCH、SACCH 和 FACCH 传输业务信息。

2)51 帧的复帧

它包括 51 个 TDMA 帧(51×8 BP),持续时长 235.385 ms。26 个这样的复帧组成一个超帧。这种复帧主要用于 BCCH 和 CCCH 传输控制信息。

2. 信道类型

GSM 系统在无线路径上传输的是约 100 个调制比特单位的序列,称为一个突发脉冲。这个突发脉冲在一个载频上传播,占有一段频率,也占有一段时间。每个载频分为 8 个时隙,用 TS0~TS7 表示,每个用户占用一个时隙用于传递信息,一个时隙就是一个物理信道,GSM 系统共有 $124\times 8=992$ 个物理信道。因此,GSM 系统的空中物理信道是一个载频带宽为 200 kHz,时长为 0.577 ms 的物理实体。

BTS 和 MS 间必须同时传送许多信息,包括语音信息和控制信息等。根据在物理信道所传输信息的种类,可定义不同的逻辑信道,逻辑信道要被映射到某个物理信道上才能实现信息的传输。逻辑信道按其所承载的信息不同,可分为控制信道和业务信道。

1)控制信道(Control Channel,CCH)

控制信道用于传递信令或同步数据,其下行信道用于发送呼叫移动台的寻呼信号,上行信道用于移动用户主呼时发送主呼信号。控制信道一般分为三类:广播信道(BCH)、公共控制信道(CCCH)和专用控制信道(DCCH)。

① 广播信道(Broadcast Channel,BCH)。广播信道是从基站到移动台的单向下行信道,用于基站同时向多个移动台广播公用信息,信息内容为移动台入网和呼叫建立所需的相关信息。广播信道又分为以下三类:

a. 频率校正信道(Frequency Correction Channel,FCCH)。用于传输供移动台校正其频率的信息。

b. 同步信道(Synchronization Channel,SCH)。用于传输供移动台进行同步的帧同步(TDMA 帧号)和基站识别码(BSIC)的信息。

c. 广播控制信道(Broadcast Control Channel,BCCH)。用于广播系统的公用信息,如小区的识别信息、公共控制信道(CCCH)的号码和移动台测量信号强度。

② 公共控制信道(Common Control Channel,CCCH)。公共控制信道是基站与移动台间的一点对多点的双向信道,它可分为以下三类:

a. 寻呼信道(Paging Channel,PCH)。用于广播基站寻呼(搜索)移动台的寻呼消息,是下行信道。

b. 随机接入信道(Random Access Channel,RACH)。用于移动台在寻呼响应或主叫接入时在此信道向系统申请分配一条独立专用控制信道(SDCCH),是上行信道。

c. 接入允许信道(Access Grant Channel,AGCH)。用于基站向入网成功的移动台分配一个 SDCCH,是下行信道。

③ 专用控制信道(DCCH)。专用控制信道是呼叫接续和通信过程中,在基站与移动台间点对点地传输必需的控制信息,是双向信道。它可分为以下三类:

a. 独立专用控制信道(Stand-Alone Dedicated Control Channel,SDCCH)。用于在分配业务信道 TCH 之前,传送基站和移动台间的连接和信道分配的信令,如鉴权、登记信令等。

b. 慢速随路控制信道(Slow Associated Control Channel,SACCH)。用于基站向移动台传送功率控制信息、帧调整信息和移动台向基站发送移动台接收到的信号强度数据和链路质量报告。SACCH 可与一个业务信道 TCH 或一个独立专用控制信道 SDCCH 联用。

c. 快速随路控制信道(Fast Associated Control Channel,FACCH)。在没有分配独立专用控制信道(SDCCH)时,用快速随路控制信道(FACCH)传送与 SACCH 相同的信息,通常在切换时使用。使用此信道(FACCH)时,要占用业务信道 20 ms 左右。

2)业务信道(Traffic Channel,TCH)

业务信道 TCH 是用于在 MS 和 BS 之间传送数字语音或数据等用户信息的双向信道,根据传输速率分成两种形式:全速率信道和半速率信道。全速率信道信息速率是 13 kbit/s,半速率信道信息速率是 6.5 kbit/s。

3. 时隙的格式

在 TDMA 帧的一个时隙 TS 中发送的信息称为一个突发脉冲序列,共 156.25 bit,长度为 577 s。时隙 TS 中传输的信息不同,对应的突发脉冲类型也不同。GSM 系统空中接口中共有 5 种不同的突发脉冲序列:普通突发脉冲序列、频率校正突发脉冲序列、同频突发脉冲序列、接入突发脉冲序列和空闲突发脉冲序列。

1)普通突发脉冲(Normal Burst,NB)序列

普通突发脉冲用于携带业务信道 TCH 以及除频率校正信道(FCCH)、同步信道(SCH)和随机接入信道(RACH)以外的所有控制信道信息。加密信息(2×57 bit):加密语音、数据或控制信息;训练序列(26 bit):是一串已知比特,供信道均衡用;尾比特 TB(2×3 bit):一般是 000,是突发脉冲开始与结尾的

标志;借用标志 F(2×1 bit):当业务信道被快速随路控制信道(FACCH)借用时,以此表示这个突发脉冲序列被快速随路控制信道(FACCH)信令借用;保护时间 GP(8.25 bit):用来防止由于定时误差而造成突发脉冲间的重叠,即各用户间各自使用的时隙重叠,故而采用 8.25 bit 的空白保护间隔。所以一个普通突发脉冲总计 156.25 bit,因为每个比特的持续时间为 $3.692\ 3\ \mu s$,所占用的时间为 0.577 ms。

2)频率校正突发脉冲(Frequency Correction Burst,FB)序列

频率校正突发脉冲用于构成频率校正信道(FCCH),并传送 142 bit 的固定频率校正信息,用于校正移动台的载频,另外还有尾比特 TB(2×3 bit)和保护时间 GP(8.25 bit)和普通突发脉冲(NB)一样。

3)同步突发脉冲(Synchronization Burst,SB)序列

同步突发脉冲用于构成同步信道(SCH),并传送系统的同步信息,使移动台获得与系统时间的同步。同步突发脉冲由携带 TDMA 帧号和基站识别码 BSIC 信息的加密信息(2×39 bit)和一个易被检测的长同步序列(64 bit)构成。

4)接入突发脉冲(Access Burst,AB)序列

接入突发脉冲用于构成移动台的随机接入信道(RACH),并传送随机接入信息。接入突发脉冲由同步序列(41 bit)、加密信息(36 bit)、尾比特 TB(2×3 bit)和保护时间间隔(68.25 bit)构成。其中保护时间间隔较长,这是因为移动台首次接入或切换到一个新的基站时,由于移动台和基站间的传输时间的长短不知道,为了不与正常到达的下一个时隙中的突发脉冲序列重叠,需要设置较长的保护时间间隔。当保护时间长达 252 μs 时,允许小区半径为 35 km,在此范围内可保证移动台随机接入移动网。

5)空闲突发脉冲(Dummy Burst,DB)序列

在没有信息承载时发送空闲突发脉冲序列。

4. 逻辑信道到物理信道的映射

逻辑信道的组合是以复帧为基础的,实际上是将各种逻辑信道装载到物理信道上。也就是说,逻辑信道与物理信道之间存在着映射关系。信道的组合方式与通信系统在不同阶段(接续或通话)所需要完成的功能有关,也与传输方向(上行或下行)有关,除此之外,还与业务量有关。我们知道,每个小区有若干个载频,每个载频都有 8 个时隙,我们定义载频数为 $C_0,C_1,\cdots,C_n$,时隙数为 $TS_0,TS_1,\cdots,TS_7$。

1)控制信道的映射

控制信道的复帧含 51 帧,其组合方式类型较多,而且上行传输和下行传输的组合方式也不相同。

① BCH 和 CCCH 在 TS_0 上的复用。对某小区超过 1 个载频时,该小区 C_0 上的 TS_0 就映射广播和公共控制信道。广播信道(BCH)和公共控制信道(CCCH)在主载频(C_0)的 TS_0 上的复用(下行链路)如图 1.21 所示,其中 I(IDEL)表示空闲帧。

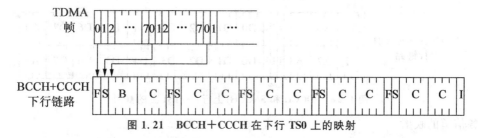

图 1.21 BCCH+CCCH 在下行 TS_0 上的映射

由图可知,控制复帧共有 51 个 TS_0。此序列是以 51 个帧为循环周期的,因此,虽然每帧只用了 TS_0,但从时间长度上讲序列长度仍为 51 个 TDMA 帧。

如果没有寻呼或接入信息,F(即 FCCH)、S(即 SCH)及 B(即 BCCH)总在发射,以便使移动台能够测试该基站的信号强度。此时 C(即 CCCH)用空位突发脉冲序列代替。

对于上行链路而言,TS_0 只用于移动台的接入,即 51 个 TDMA 帧均用于随机接入信道(RACH),其映射关系如图 1.22 所示。

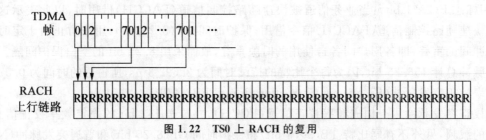

图 1.22 TS0 上 RACH 的复用

② SDCCH 和 SACCH 在 TS1 上的复用。主载频 C0 上的 TS1 可用于独立专用控制信道和慢速随路控制信道。

SDCCH 和 SACCH(下行)在 TS1 上的复用如图 1.23 所示。下行链路占用 102 个 TS1,从时间长度上讲是 102 个 TDMA 帧。

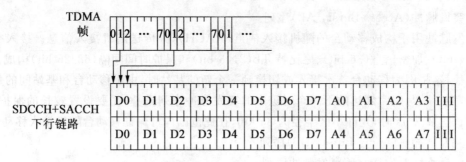

图 1.23 SDCCH 和 SACCH(下行)在 TS1 上的复用

由于呼叫建立和登记时的比特率相当低,所以可在这些 TS(TS1) 上放置 8 个专用控制信道 SDCCH(共 64 个 TS)以提高时隙的复用率,图中用 D0,D1,…,D7 表示,每个 D_x 占 8 个 TS。D_x 只在移动台建立呼叫时使用,当移动台转移到业务信道 TCH 上,用户开始通话或登记完释放后,D_x 就用于其他的移动台。SACCH 占 32 个 TS,图中用 A0,A1,…,Ax 表示,每个 A_x 占 4 个 TS。A_x 主要用于传送必需的控制信息,如功率控制命令。另外,I 表示空闲帧,占 6 个 TS。

上行链路 C0 上的 TS1 与下行链路 C0 上的 TS1 有相同的结构,只是它们在时间上有一个偏移,即意味着对于一个移动台同时可双向接续。图 1.24 中给出了 SDCCH 和 SACCH 在上行链路 C0 的 TS1 上的复用。

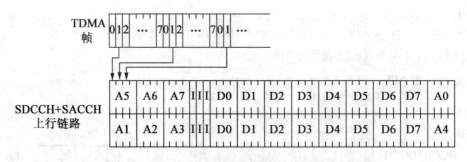

图 1.24 SDCCH 和 SACCH(上行)在 TS1 上的复用

2) 业务信道的映射

载频 C0 上的上行、下行的 TS0 和 TS1 供逻辑控制信道使用,而其余 6 个物理信道 TS2~TS7 由 TCH 使用。业务信道的复帧含 26 个 TDMA 帧,其组成格式和物理信道(一个时隙)的映射关系如图 1.25 所示。图 1.25 给出了时隙 2(即 TS2)构成一个业务信道的复帧,其中 T 表示 TCH,用于传送语音或数据;A 表示 SACCH,用于传送控制命令,如命令改变输出功率等;I 为 IDEL 空闲,它不含任何信息,主要用于配合测量。时隙 TS2 是以 26 个时隙为周期进行时分复用的,以空闲时隙 I 作为重复序列的开头或结尾。

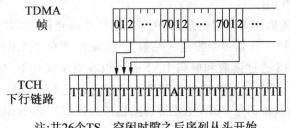

注:共26个TS,空闲时隙之后序列从头开始
图1.25 业务信道的组合方式

上行链路的TCH与下行链路的TCH结构完全一样,只是有一个时间的偏移。时间偏移为3个TS,也就是说上行的TS2与下行的TS2不同时出现,表明移动台的收发不必同时进行。图1.26中给出了TCH上行与下行偏移的情况。

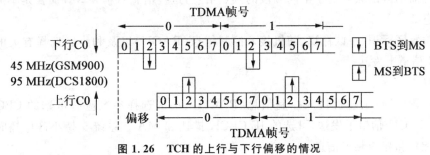

图1.26 TCH的上行与下行偏移的情况

通过以上论述可以得出结论,在载频C0上:

TS0:逻辑控制信道,重复周期为51个TS。
TS1:逻辑控制信道,重复周期为102个TS。
TS2～TS7:逻辑业务信道,重复周期为26个TS。
其他C0～Cn个载频的TS0～TS7全部是业务信道。

1.2.6 系统消息

手机无论是在空闲还是通话状态下,都要保持与网络的联系,通过接收系统发送的消息,手机才能够正确地接入和进行网络选择、充分利用网络提供的各种服务,与网络达到良好的配合,而这些消息就是我们常说的系统消息。系统消息包含了空中接口上主要的无线网络参数,具体包括了网络识别参数、小区选择参数、系统控制参数和网络功能参数。系统消息在每个小区的BCCH(Idle Mode)和下行SACCH(Active Mode)连续发送。常用的系统消息可以分为两部分:在BCCH信道上发送的系统消息,主要包括系统消息1、2、2BIS、2TER、3、4,用于手机空闲状态;在SACCH信道上发送的系统消息,主要包括系统消息5、5BIS、5TER、6、7、8用于手机通话状态。系统消息9中包含了BCCH的调度信息,如果使用系统消息9,则在系统消息3中指明系统消息9的接收位置,该系统消息一般不使用。系统消息13在系统支持GPRS时必须使用。对小区发送系统消息时,一般情况下需要发送系统消息1、2、2TER、3、4、5、5TER、6,系统消息2BIS和5BIS主要在DCS1800小区上发送,而且是有条件的。由于在BCCH信道上发送的系统消息属于公共信息消息,在SACCH信道上发送的系统消息基本上属于TRX管理消息,故在维护台进行接口跟踪时,一定要将公共信息以及TRX管理消息的选项都选上,这样才能观察到所有的系统消息。下面就常见的几种系统消息进行详细说明。

1)系统消息1

主要描述了随机接入控制信息(RACH)和小区频点分配表(CA表),在BCCH信道上发送。

2)系统消息 2、2BIS、2TER

系统消息 2 主要描述随机接入控制信息(RACH)、网络色码允许(NCC Permitted)和邻近小区的频点分配表(即 BAT 表),在 BCCH 信道上发送。一般来说,系统消息 2、2BIS、2TER 分别描述邻近小区频点分配表的不同部分,MS 通过读取和解码 BA1 表可以在空闲模式下(Idle 方式)进行小区重选,对 PHASE1 的 900 M 的 MS 而言,它只认识系统消息 2 描述的邻近小区频点,而忽略 2BIS 和 2TER 消息携带的邻近小区频点消息;系统消息 2BIS 主要描述随机接入控制信息(RACH)和邻近小区的扩展频点分配表(BA1 表)的一部分,它是可选的,在 BCCH 信道上发送,一般来说,因为系统消息 2 携带的频点分配表可以描述的频点个数是有限的,所以系统消息 2BIS 就携带了 BA1 表中其他的与系统消息 2 同频段的频点信息;系统消息 2TER 主要描述邻近小区的扩展频点分配表(BA1 表)的一部分,在 BCCH 信道上发送,只有双频 MS 才读取该消息,单频 900 M 或 1 800 M 的 MS 会忽略该消息,因为该消息携带的频点是与当前小区的频点处于不同频段的频点信息,这些信息对单频 MS 而言是不需要的。

3)系统消息 3

主要描述位置区标识、小区标识、随机接入控制信息(RACH)以及和小区选择有关的参数,它是必选的,在 BCCH 信道上发送。

4)系统消息 4

主要描述位置区标识、随机接入控制信息(RACH)、小区选择参数应有可选的 CBCH 信道信息。它是必选的,在 BCCH 信道上发送,可选的 IE CBCH 描述和 MA 在系统支持小区广播时使用,描述了 CBCH 信道的配置和相应频点信息。

5)系统消息 5、5BIS、5TER

系统消息 5 主要描述邻近小区的频点信息(即 BA2 表),它是必选的,在 SACCH 信道上发送。与系统消息 2 不同的是,MS 可以在通话状态下读取系统消息 5 中描述的频点,在测量报告中上报邻近小区的相关信息,作为切换的依据。同样,对 PHASE1 的 900 M 的 MS 而言,它只认识系统消息 5 描述的邻近小区频点而忽略 5BIS 和 5TER 消息携带的邻近小区频点消息;系统消息 5TER 主要描述邻近小区的频点信息(也是 BAT2 表的一部分),它在 SACCH 信道上发送,同样,只有双频 MS 才读取该消息,单频 900 M 或 1 800 M 的 MS 会忽略该消息。

6)系统消息 6

主要描述位置区标识、小区标识,以及一些描述小区功能的参数。它是必选的,在 SACCH 信道上发送。

7)系统消息 7

该系统消息是必选的,在 BCCH 上发送,包含用于该小区的重选信息。

8)系统消息 8

该系统消息是必选的,在 BCCH 上发送,包含用于该小区的重选信息。

1.3 GSM 系统移动性管理

在移动通信系统中,为移动台提供实时的、低成本的、高质量的、优化的服务,即移动性管理,对移动通信网络的高效运行是举足轻重的。它将确保用户在很大的范围内方便地进行通信,并在通信的过程中保持通信的连续性。在用户移动的过程中,位置如何管理?切换如何进行?整个过程如何完成?接下来我们一一介绍。首先了解区域的划分。

1.3.1 区域定义

GSM 系统属于小区制大容量移动通信网,在它的服务区,设置很多基站,移动台只要在服务区内,移动通信网就必须具备控制、交换功能，以实现位置更新、呼叫接续、过区切换及漫游服务等功能。为了实现全球移动用户之间以及移动用户和不同位置的固定电话之间的通信，若干个不同地区的 GSM 系统必须与市话网相连接，形成 GSM 移动通信网。

在由 GSM 系统组成的移动通信网络结构中，其相应的区域定义如图 1.27 所示。

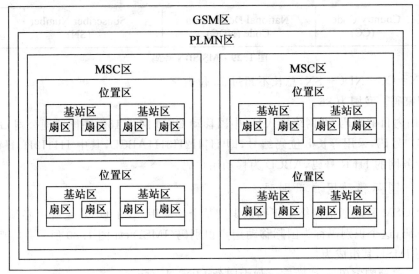

图 1.27　GSM 系统区域定义

GSM 网络的最小不可分割的区域是由一个基站（全向天线）或一个基站的一个扇形天线所覆盖的区域，或称小区。若干个小区组成一个位置区（LAI），位置区的划分是由网络运营者设置的。一个位置区可能和一个或多个 BSC 有关，但只属于一个 MSC。位置区信息存储于系统的 MSC/VLR 中，系统使用位置区识别码 LAI 识别位置区。

一个 MSC 业务区是其所管辖的所有小区共同覆盖的区域，可由一个或几个位置区组成。

PLMN（公用陆地移动通信网）业务区由一个或多个 MSC 业务区组成。每个国家有一个或多个。我国各省邮电部门的数字 PLMN 构成邮电部全国 GSM 移动通信网络，以网络号"00"表示；中国联通公司各省的数字 PLMN 构成"中国联通公司"全国 GSM 移动通信网络，网络号用"01"表示。

GSM 业务区是由全球各个国家的 PLMN 网络组成的。

1.3.2　移动识别号

移动识别号采用如图 1.28 所示的编号系统。

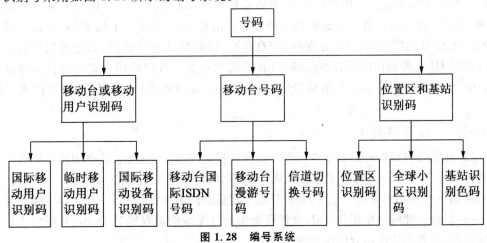

图 1.28　编号系统

1. MSISDN——移动台 PSTN/ISDN 号码

(1) MSISDN 用于 PSTN 或 ISDN 拨向 GSM 系统的号码,如图 1.29 所示。

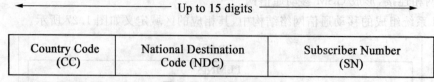

图 1.29　MSISDN 号码

(2) MSISDN＝CC＋NDC＋SN,总长不超过 15 位数字。

(3) CC＝国家码。我国为 86。

(4) NDC＝国内目的地码,即网络接入号,中国移动 GSM 网为 139,中国联通公司 GSM 网为 130。

(5) SN＝客户号码,采用等长 8 位码编号,即 $H_1H_2H_3H_4ABCD$,其中 $H_1H_2H_3H_4$ 为每个移动用户所在的本地业务网的 HLR 号码,ABCD 为移动用户码。

2. IMSI——国际移动用户识别码

为了在整个 GSM 移动通信网络中正确地识别某个移动用户,在 GSM 系统中必须给移动用户分配一个唯一的识别码,这个识别码称为国际移动用户识别码(IMSI),如图 1.30 所示。在呼叫建立和位置更新时都要使用 IMSI,其组成为:

(1) MCC——移动国家码,3 位数字。如中国的 MCC 为 460。

(2) MNC——移动网号,最多 2 位数字,用于归属的 PLMN。中国移动 GSM PLMN 网为 00,中国联通公司 GSM PLMN 网为 01。

(3) MSIN——移动用户识别码,采用等长 10 位数字构成,用于识别移动通信网中的移动用户。

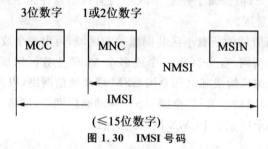

图 1.30　IMSI 号码

IMSI 号码存放在用户识别模块 SIM 卡及归属位置寄存器 HLR 中。当用户在系统登记以后,在访问位置寄存器 VLR 中临时登记该用户的 IMSI 号码。IMSI 号码对移动用户是保密的,用户只知道自己的移动用户号码 MSISDN。当用户把 SIM 卡插入移动台 MS 后,移动台 MS 首先通过基站向移动交换中心 MSC 登记。在无线信道上传送的就是经过加密的存储在 SIM 卡上的 IMSI 号码。移动交换中心 MSC 收到 IMSI 号码后,到归属位置寄存器 HLR 中查询,确认有该用户,就把该用户的有关信息从归属位置寄存器 HLR 传到访问位置寄存器 VLR 并临时存储。登记的用户就允许使用移动网。在呼叫移动用户时,根据所拨的移动用户电话号码,找到该用户的 IMSI 号码,用 IMSI 号码来寻呼移动用户。

3. TMSI——临时移动用户识别码

(1) 考虑到移动用户识别码的安全性,GSM 系统能提供安全保密措施,即空中接口无线传输的识别码采用临时移动用户识别码(TMSI)代替 IMSI。两者之间可按一定的算法互相转换。访问位置寄存器(VLR)可给来访的移动用户分配一个 TMSI(只限于在该访问服务区使用)。总之,IMSI 只在起始入网登记时使用,在后续的呼叫中使用 TMSI,这样可避免通过无线信道发送其 IMSI,从而防止窃听者监测用户的通信内容,或者非法盗用合法用户的 IMSI。

(2)TMSI 总长不超过 4 字节,其格式由各运营部门决定。

4. MSRN——移动台漫游号码

当移动台漫游到另一个 MSC 区时,该 MSC 将给移动台分配一个临时漫游号码,用于路由选择,格式与被访地的移动台 PSTN/ISDN 格式相同。移动台离开该服务区,此漫游号码即被收回,并分配给其他来访的移动用户使用。根据 GSM 建议,移动用户漫游号 MSRN 包括三个部分

MSRN = CC + NDC + SN

(1)CC 为国家码,中国为 86。

(2)NDC 为国内长途区号。

(3)SN 为用户码,包含移动交换中心 MSC 的地址。

5. LAI——位置区识别码

用于移动用户的位置更新,LAI=MCC+MNC+LAC,其中,LAC 为位置区号码,是一个 2 字节 BCD 编码,表示为 X1X2X3X4。在一个 GSM PLMN 网中可定义 65 536 个不同的位置区,如图 1.31 所示。

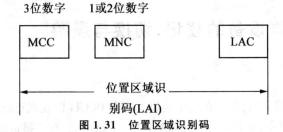

图 1.31 位置区域识别码

6. IMEI——国际移动设备识别标识码

IMEI 是区别移动台设备的标志,以防止不法分子未经批准非法生产移动设备,它是唯一的用于识别移动设备的号码,用于监控被窃或无效的移动设备,IMEI=TAC+FAC+SNR+SP(15=6+2+6+1),如图 1.32 所示。

(1)TAC——型号批准码,由欧洲型号批准中心分配,前 2 位为国家码。

(2)FAC——最后装配码,表示生产厂或最后装配地,由厂家编码。

(3)SNR——序列号码,独立地、唯一地识别每个 TAC 和 FAC 移动设备,所以同一个牌子的、同一型号的 SNR 是不可能一样的。

(4)SP——备用码,通常是 0。

图 1.32 国际移动设备识别标识码

7. CGI——小区全球识别码

用于识别一个位置区内的小区,CGI=MCC+MNC+LAC+CI。

CI 为小区标志号(最大 16 位数字)。

8. BSIC——基站识别码(6 bit)

BSIC=NCC+BCC。

(1)NCC——国家色码,用于识别 GSM 移动网(3 bit)。

(2)BCC——基站色码,用于识别基站(3 bit)。
(3)P:BCC——TSC 训练码。

9.各种号码的应用

在呼叫过程中各种号码的应用如图 1.33 所示。

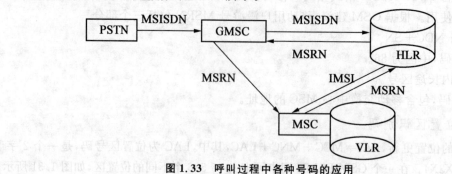

图 1.33　呼叫过程中各种号码的应用

1.3.3　终端设备的登记、切换与漫游

1. GSM 设备登记

1)MS 开机

移动台开机(打开电源)后,它首先要在空中接口上搜索 BCCH 以找到正确的频率,并依靠搜索到的正确频率校正(FCCH)和同步频率(SCH),并将此频率锁定。该频率载有广播信息和可能的寻呼信息。

2)MS 第一次开机——注册登记

当移动台在某个 MSC 区域内进行初次登记(第一次登记,如图 1.34 所示)时,负责对它进行业务处理的网络部分 MSC/VLR 中虽没有此 MS 的任何消息,但它可立即要求接入网络,不需要提供更多的路由信息。若此 MS 在寄存器中找不到位置区识别码(LAI),它就向该业务区的 MSC/VLR 发送位置更新请求消息,通知网络它是此位置区内的新用户(过程①)。此消息经 BSS 到 MSC,最后到 VLR。VLR 根据该移动台发送的国际移动用户识别码(IMSI)中的 H1H2H3 信息,向某个特定的位置寄存器发送"位置更新请求"信息(过程②),该位置寄存器就是该移动台的归属位置寄存器(HLR)。此时 MSC/VLR 就认为该 MS 被激活,在其数据字段中做了"附着"标记,这个标记与 IMSI 有关。HLR 位置更新操作完成之后,向 VLR 发送位置更新接受消息(过程③)。最后由 MSC 向 MS 发送位置更新证实消息(过程④),这个过程就算完成,至此 MS 就已在网络的 HLR 和 VLR 中注册登记。与此同时,移动台会在其 SIM 卡中把信息中的位置区识别码存储起来,以备后用。

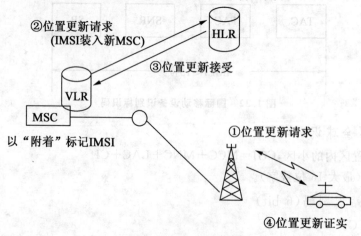

图 1.34　第一次登记

3) 分离与附着程序

移动台开机,注册登记后,MS 处于被激活状态。MS 被激活时,对 MS 标有"附着"标记(IMSI 标志);当 MS 关机时,由 IMSI 分离程序能使 MS 通知网络该移动用户为无效用户,此后不再发送寻呼此 MS 的消息。因此,分离与附着程序与 IMSI 有关。

MS 关机时,MS 向网络发送的最后一条信息是处理分离请求信息,MSC/VLR 收到"分离"消息后,就在该 MS 对应的 IMSI 上做"分离"标记。HLR 并没有得到这个分离消息,只有 VLR 已对"分离"信息做了更新。当 MS 再开机时,若它处于发送分离消息时的位置区,则只要完成附着程序即可;若不在原位置区,它仍要执行位置更新程序。

4) 周期性登记

若 MS 向网络发送"IMSI 分离"消息时,无线链路质量可能很差,衰落也很大,那么 GSM 系统有可能不能正确译码,系统仍认为 MS 处于附着状态;再如 MS 开着机,但移动到覆盖区以外的地方(即盲区),GSM 系统仍认为 MS 处于附着状态。此时该客户被寻呼,系统就会不断地发出寻呼消息,无效占用无线资源。

为了解决上述问题,GSM 系统采取了强制登记的措施。网络要求 MS 每 30 min 登记一次,这称为周期性登记。若网络仍没有接收到某 MS 的周期性登记,它所处的 VLR 就以"分离"在 MS 上做标记,该程序称"隐分离"。只有当再次接收到正确的周期性登记信息后,才能将它改写成"附着"状态。周期性登记的具体周期是由网络通过 BCCH 信道通知 MS 的。

2. GSM 网络的位置更新与切换

GSM 移动通信网络是一个全球性的通信网络。一个 GSM 移动用户,不管他处在哪一个国家,以及在某一个国家的哪一个地方,都能获得通信服务。对于 GSM 移动通信网络,各个国家有各自的 GSM 移动通信网。有的国家有几个 GSM 移动网;每个 GSM 移动网又分为若干个移动业务服务区。我国的 GSM 网就有中国移动 GSM 网和联通 GSM 网,这两个网在每一个省、市、自治区各自有一个 GSM 服务区。在每一个 GSM 服务区中有不少于一个的归属位置寄存器 HLR、移动交换中心/访问位置寄存器 MSC/VLR,大量的基站控制器 BSC 及众多的基站 BTS。每个移动用户的数据都存放在他的归属位置寄存器 HLR 中,由于移动用户的移动性,它可以在世界各地或国内的各个地方到处移动,而不像固定用户,永远与某一个交换机的一个用户端口相连。因此,网络为了有效地在向用户传递寻呼信息时找到该用户,必须准确地、连续不断地了解移动用户的所在位置。而移动用户有时处于开机不通话状态(空闲状态),有时处于通话状态。我们把在移动用户空闲状态时网络了解其移动位置的过程称为位置更新;而把在移动用户通话状态时网络了解其移动位置的过程称为越区切换。

1) 位置更新

位置更新指的是移动台向网络登记其新的位置区,如图 1.35 所示。位置更新是为了保证在有此移动台的呼叫时网络能够正常接续到该移动台处。移动台的位置更新主要由另一种位置寄存器——访问位置寄存器(VLR)进行管理。

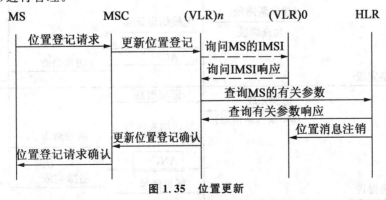

图 1.35 位置更新

移动台每次一开机,就会收到来自于其所在位置区中的广播控制信道(BCCH)发出的位置区识别码(LAI),它自动将该识别码与自身存储器中的位置区识别码(上次开机所处位置区的编码)相比较,若相同,则说明该移动台的位置未发生改变,无需位置更新;否则,认为移动台已由原来位置区移动到了一个新的位置区中,必须进行位置更新。上述这种情况属于移动台在关机状态下,移动到一个新的位置区,进行初始位置登记的情况。

移动台始终处于开机状态,在同一个 MSC/VLR 服务区的不同位置区进行过区位置登记,或者在不同的 MSC/VLR 服务区中进行过区位置登记的情况。不同情况下进行位置登记的具体过程会有所不同,但基本方法都是一样的。

2)切换

将一个正在处于呼叫建立状态或处于忙状态的 MS 转换到新的业务信道上的过程称为切换,如图 1.36 所示。切换是由网络决定的,一般在下述两种情况下要进行切换:

(1)一种是正在通话的客户从一个小区移向另一个相邻的小区。

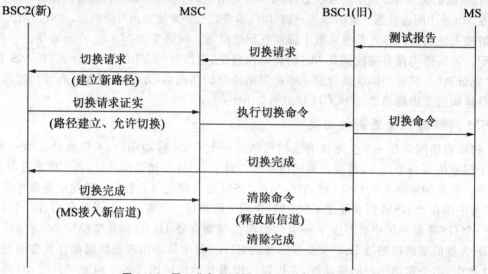

图 1.36　同一业务区不同 BSC 之间的切换流程

(2)另一种是 MS 在两个小区覆盖重叠区进行通话,如图 1.37 所示。如果当前提供 TCH 的这个小区业务特别忙,BSC 就会通知 MS 测试它邻近小区的信号强度、信道质量,决定是否将它切换到另一个小区,这就是业务平衡所需要的切换。

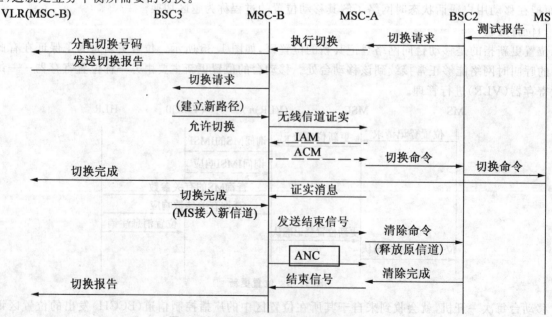

图 1.37　不同 MSC/VLR 之间的切换流程

3. 移动台呼叫接续过程

1) 寻呼

当呼叫 MS 的路由到达该 MS 服务的 MSC 后，MSC 即向 MS 发寻呼消息，这个消息在整个位置区内广播，这就是说位置区(LAI)内的所有基站收发信机(可以是由一个 BSC 控制，也可以是几个 BSC 控制的基站)都要向 MS 发送寻呼消息。LAI 内正在接收 CCCH 信息的被叫 MS 便会接收此寻呼消息并立即响应。

① 固定用户至移动用户的入局呼叫。这种情况属于移动用户被呼的情况，如图 1.38 所示。其基本过程为：固定网络用户 A 拨打 GSM 网用户 B 的 MSISDN 号码(如 139H1H2H3H4ABCD)，A 所处的本地交换机根据此号码(139)与 GSM 网的相应入口交换局(GMSC)建立链路，并将此号码传送给 GMSC。GMSC 据此号码(H1H2H3H4)分析出 B 的 HLR，即向该 HLR 发送此 MSISDN 号码，并向其索要 B 的漫游号码(MSRN)。HLR 将此 MSISDN 号码转换为移动用户识别码(IMSI)，查询内部数据，获知用户 B 目前所处的 MSC 业务区，并向该区的 VLR 发送此 IMSI 号码，请求分配一个 MSRN。VLR 分配并发送一个 MSRN 给 HLR，再由 HLR 传送给 GMSC。GMSC 有了 MSRN，就可以把入局呼叫接到用户 B 所在的 MSC 处。GMSC 与 MSC 的连接可以是一条直达链路，也可以是由汇接局转接的间接链路。

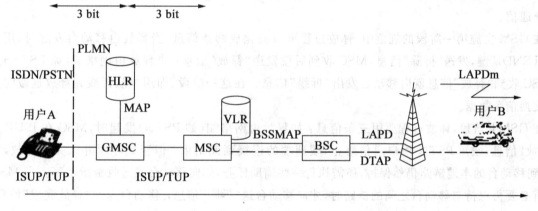

图 1.38 固定用户至移动用户的入局呼叫框图

② 移动用户至固定用户的出局呼叫。这种情况属于移动用户主呼的情况，如图 1.39 所示。其基本过程为：若 GSM 网用户 A 拨打固定网用户 B 的号码，则 A 的 MS 便在随机接入信道(RACH)上向 BTS 发送"信道请求"信息。BTS 收到此信息后通知 BSC，BSC 选择一条空闲的独立专用控制信道(SDCCH)，并通知 BTS 激活它。BTS 完成指定信道的激活后，BSC 在允许接入信道(AGCH)上发送"立即分配"信息，其中包含 BSC 分配给 MS 的 SDCCH 描述、初始化时间提前量、初始化最大传输功率以及有关的参考值。当 A 的 MS 正确地收到属于自己的分配信息后，根据信道的描述，把自己调整到该 DCCH 上，从而和 BS 之间建立起一条信令传输链路。

通过 BS，MS 向 MSC 发送"业务请求"信息。MSC 启动鉴权过程对 MS 进行鉴权。若鉴权通过，MS 向 MSC 传送业务数据，进入呼叫建立的起始阶段。MSC 要求 BS 给 MS 分配一个无线业务信道(TCH)。若 BS 中没有无线资源可用，则此次呼叫将进入排队状态；若 BS 找到一个空闲 TCH，则向 MS 发指配命令，以建立业务信道链接。连接完成后，向 MSC 返回分配完成信息。MSC 收到此信息后，向固定网络发送 IAM 信息，将呼叫接续到固定网络。在用户 B 端的设备接通后，固定网络通知 MSC，MSC 给 MS 发回铃信息。此时，MS 进入呼叫成功状态并产生回铃音。在用户 B 摘机后，固定网通过

MSC 发给 MS 连接命令。MS 作出应答并转入通话。

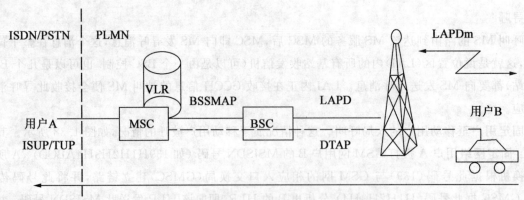

图 1.39 移动用户至固定用户的出局呼叫框图

2) 释放

通信的双方都可以随时终止通信。如释放由移动台发起，客户按"结束（END）"键发"拆除"消息，MSC 收到后就发送"释放"消息。若是网络端（如 PSTN）发起的释放过程，MSC 收到"释放"消息就向移动台发出"拆线"消息。

GSM 系统使用的呼叫释放方法与其他通信网使用的呼叫释放方法基本相同，通信的双方都可以随时终止通信。

在 GSM 实施第一阶段的规范中，释放过程可以简化成两条信息：当释放由移动台发起时，用户按"结束（END）"键，发送"拆除"信息，MSC 收到后就发送"释放"信息；当释放由网络端（如 PSTN）发起时，MSC 收到"释放"信息就向移动台发出"拆线"信息。在这一阶段，即用户从拆线到释放这段时间内不再交换信令数据。

在 GSM Ⅱ 阶段，释放过程要用三条信息：如释放由网络端（如 PSTN）发起时，MSC 在 ISUP 上送出"释放"信息，通知 PSTN 用户通信终止，端到端的连接到此结束。但至此呼叫并未完全释放，因为 MSC 到移动台的本地链路仍然保持，还需执行一些辅助任务，如向移动台发送收费指示等。当 MSC 认为没有必要再保持与移动台之间的链路时，才向移动台送"拆除"信息，移动台返回"释放完成"消息，这时所有底层链路才释放，移动台回到空闲状态。

4. 移动台漫游

漫游与位置更新密切相关，当移动台不断移动时，它所处的位置区域就要变化，因此就得将这种变化通知给网络，这个过程就是位置更新。

这里对漫游的概念稍作说明。对于处在开机空闲状态下的 MS，它要不断地移动，在某一时刻被锁定于一个已定义的无线频率上，即某个小区的 BCCH 载频上。当 MS 向远离此小区的方向上移动时，信号强度就会减弱，当它移动到两个小区理论边界附近的某一点时，MS 就会因原来小区信号太弱而决定转到邻近信号强的新的无线频率上。为了正确选择无线频率，MS 要对周围的邻近小区的 BCCH 载频信号强度进行连续测量。当发现新的 BTS 发出的 BCCH 载频信号强度优于原小区时，MS 就锁定于这个新的载频上，这一选择是 MS 本身作出的。在这个新的载频上 MS 要继续接收其广播消息和发给他的寻呼信息，直到他移向另一个小区为止。这时 MS 所接收的 BCCH 载频的改变并没有通知给网络。移动台由于接收信号质量的原因，通过无线信令中接口不时地改变与网络的连接，我们把这种能力称为漫游，如图 1.40 所示。漫游在同一位置区的不同小区，也可以在同一业务的不同位置区，还可以在不同的业务区之间进行。

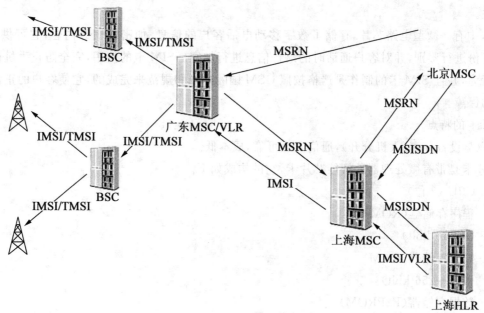

图 1.40 移动台漫游

1.3.4 GSM 系统的安全性管理

1. 安全性服务

(1) 接入控制/鉴权。对 SIM 卡的有效用户鉴权。

① 用户 SIM。隐秘 PIN（个人身份识别号码）。

② 网络。挑战响应方法（RAND－SRES）。

(2) 机密性。在成功鉴权后，语音和信令在无线网络上加密；BTS 和 MS 对语音、数据和信令加密。

(3) 匿名。

① 暂时身份识别 TMSI。

② 在每次位置更新（LUP）时指派新的 TMSI。

③ 加密传输。

④ VLR 可在任何时间改变 TMSI。

2. GSM 规定的 3 种算法

① A3 用于鉴权（在开放的接口"隐秘"）。

② A5 用于加密（已形成标准）。

③ A8 用于生成密钥（在开放的接口"隐秘"）。

3. 用户 SIM

SIM 卡是 Subscriber Identity Model（客户识别模块）的缩写，也称为智能卡、用户身份识别卡，如图 1.41 所示。无论是 GSM 系统还是 CDMA 系统，移动电话机必须装上此卡方能使用。SIM 卡是一张符合 GSM 规范的"智慧卡"，可以插入任何一部符合 GSM 规范的移动电话中，实现"电话号码随卡不随机的功能"，而且通话费用自动计入持卡用户的账单上，

图 1.41 SIM 卡

与手机无关。

　　SIM 卡中有一微型电路芯片,存储了数字移动电话客户的信息、加密密钥等内容,它可供 GSM 网络对客户身份进行鉴别,并对客户通话时的语音信息进行加密。SIM 卡的使用,完全防止手机被盗和通话被窃听行为,并且 SIM 卡的制作是严格按照 GSM 国际标准和规范来完成的,它使客户的正常通信得到了可靠的保障。

1)SIM 卡的特点

① 客户与设备分离(人机分开),通信安全可靠,成本低。

② SIM 卡是带有微处理器的智能芯片卡,它的构成如下。

　　　——CPU(8 位)
　　　——程序存储器(ROM)
　　　　　(6~16 kbit)
　　　——工作存储器(RAM)
　　　　　(128~256 kbit)
　　　——数据存储器(E^2PROM)
　　　　　(2~8 kbit)
　　　——串行通信单元

2)SIM 卡功能简介

① 存储数据(控制存取各种数据)。

② 在安全条件下(个人身份号码 PIN、鉴权密钥 Ki 正确)完成客户身份鉴权和客户信息加密算法的全过程。

3)SIM 卡功能配置

① 业务表——接入控制。

② 国际移动身份识别(IMSI)——被叫客户子地址。

③ 闭锁 PLMN 网路——缩位拨号。

④ 位置信息——容量配置参数。

⑤ 加密密钥(Kc)及它的序列号码(n)——短消息。

⑥ PLMN 选择器——计费。

⑦ 广播控制信道信息(BCCH)——固定拨号。

4)SIM 卡中的保密算法及密钥

SIM 卡中最敏感的数据是保密算法 A3、A8 算法、密钥 Ki、PIN、PUK 和 Kc。

① A3、A8 算法是在生产 SIM 卡的同时写入,一般人无法读 A3、A8 算法。

② HN 码可由客户在手机上自己设定。

③ PUK 码由运营者持有。

④ Kc 是在加密过程中由 Ki 导出的。

⑤ Ki 需要根据客户的 IMSI 和写卡时用的母钥(Kki),由运营部门提供的一种高级算法 DES,即 Ki=DES(IMSI,Kki),经写卡机产生并写入 SIM 卡中,同时要将 IMSI、Ki 这一对数据送入 GSM 网络单元 AUC 鉴权中心。

4. 鉴权和加密

1) AUC产生三参数组

客户三参数组的产生是在GSM系统的AUC(鉴权中心)中完成的,如图1.42所示。每个客户在签约(注册登记)时,就被分配一个客户号码(客户电话号码)和客户识别码(IMSI)。IMSI通过SIM写卡机写入客户SIM卡中,同时在写卡机中又产生一个对应此IMSI的唯一的客户鉴权键Ki,它被分别存储在客户SIM卡和AUC中。AUC中还有个伪随机码发生器,用于产生一个不可预测的伪随机数(RAND)。RAND和Ki经AUC中的A8算法(也称加密算法)产生一个Kc(密钥),经A3算法(鉴权算法)产生一个响应数(SRES)。由产生Kc和SRES的RAND与Kc、SRES一起组成该客户的一个三参数组,传送给HLR,存储在该客户的客户资料库中。一般情况下,AUC一次产生5组三参数,传送给HLR,HLR自动存储。HLR可存储10组三参数,当MSC/VLR向HLR请求传送三参数组时,HLR又一次性地向MSC/VLR传5组三参数组。MSC/VLR一组一组地用,用到剩2组时,再向HLR请求传送三参数组。

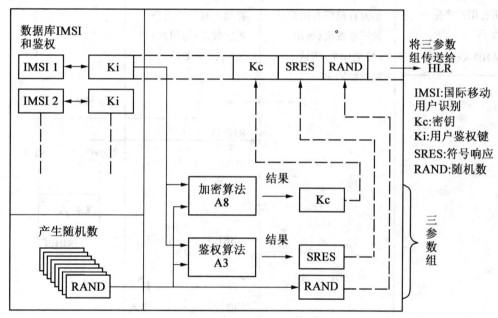

图1.42 AUC产生三参数组

2) 鉴权的过程

鉴权的作用是保护网络,防止非法盗用。如图1.43所示,同时通过拒绝假冒合法客户的"入侵"而保护GSM移动网络的客户。鉴权的程序如图1.43所示,当移动客户开机请求接入网络时,MSC/VLR通过控制信道将三参数组的一个参数伪随机数RAND传送给客户,SIM卡收到RAND后,用此RAND与SIM卡存储的客户鉴权键Ki,经同样的A3算法得出一个响应数SRES,传送给MSC/VLR。MSC/VLR将收到的SRES与三参数组中的SRES进行比较。由于是同一RAND、同样的Ki和A3算法,因此结果SRES应相同。MSC/VLR比较的结果相同就允许接入,否则为非法客户,网络拒绝为此客户服务。

在每次登记、呼叫建立尝试、位置更新以及在补充业务的激活、去活、登记或删除之前均需要鉴权。

3)加密程序

GSM 系统中的加密也只是指无线路径上的加密,是指 BTS 和 MS 之间交换客户信息和客户参数时不被非法个人或团体所得或监听,加密程序如图 1.44 所示。在鉴权程序中,当客户侧计算 SRES(如图 1.43AUC 三参数组的提供)时,同时用另一算法(A8 算法)也计算出密钥 Kc。根据 MSC/VLR 发送出的加密命令,BTS 侧和 MS 侧均开始使用 Kc。在 MS 侧,由 Kc、TDAM 帧号和加密命令 M 一起经 A5 算法,对客户信息数据流进行加密(也称扰码),在无线路径上传送。在 BTS 侧,把从无线信道上收到的加密信息数据流、TDMA 帧号和 Kc,再经过 A5 算法解密后,传送给 BSC 和 MSC。

所有的语音和数据均需加密,并且所有有关客户参数也均需加密。

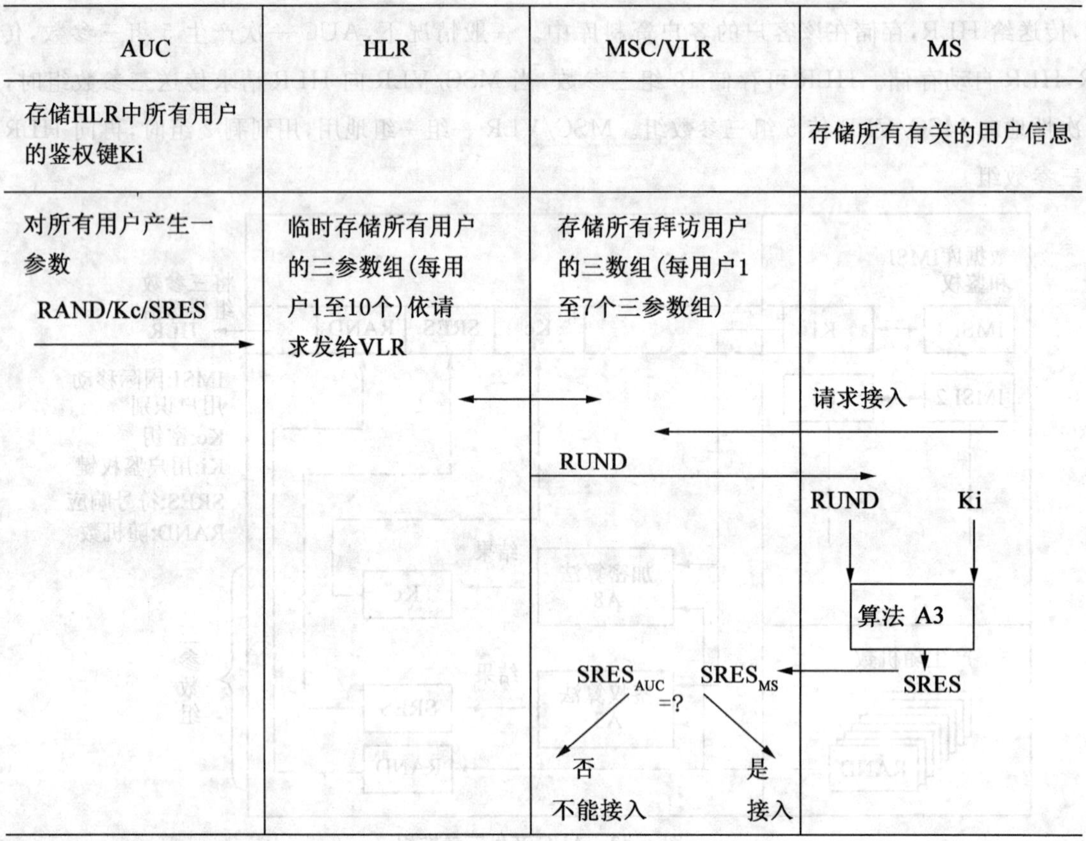

AUC	HLR	MSC/VLR	MS
存储HLR中所有用户的鉴权键Ki			存储所有有关的用户信息
对所有用户产生一参数 RAND/Kc/SRES →	临时存储所有用户的三参数组(每用户1至10个)依请求发给VLR	存储所有拜访用户的三数组(每用户1至7个三参数组)	
		← 请求接入	
		RUND →	RUND Ki ↓ ↓ 算法 A3 ↓ SRES
		SRES_AUC SRES_MS ←	
		=?	
		否 是	
		不能接入 接入	

图 1.43 鉴权程序

4)设备识别程序

临时识别码的设置是为了防止非法个人或团体通过监听无线路径上的信令交换,而窃得移动客户真实的客户识别码(IMSI)或跟踪移动客户的位置,如图 1.45 所示。

客户临时识别码(TMSI)是由 MSC/VLR 分配,并不断地进行更换,更换周期由网络运营者设置。更换的频次越快,起到的保密性越好,但对客户的 SIM 卡寿命有影响。每当 MS 用 IMSI 向系统请求位置更新、呼叫尝试或业务激活时,MSC/VLR 对它进行鉴权。允许接入网络后,MSC/VLR 产生一个新的 TMSI,通过给 IMSI 分配位置更新 TMSI 的命令将其传送给移动台,写入客户 SIM 卡。此后,MSC/VLR 和 MS 之间的命令交换就使用 TMSI,客户实际的识别码 IMSI 便不再在无线路径上传送。

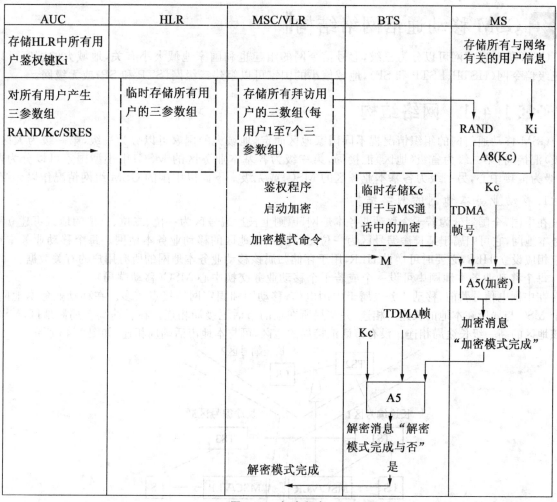

图 1.44 加密程序

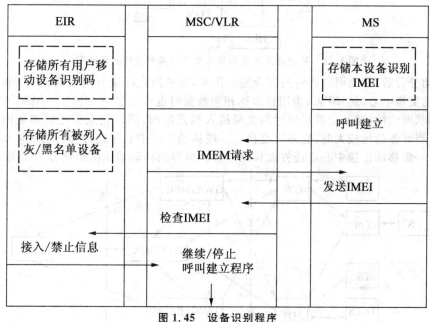

图 1.45 设备识别程序

1.4 GSM 移动通信网络结构

GSM 移动通信网可以分为三级,七号信令网的组建也和国家地域大小有关,地域大的国家可以组建三级信令网(HSTP、LSTP 和 SP),地域偏小的国家可以组建二级网(STP 和 SP)或无级网。

1.4.1 网络结构

GSM 移动通信网的组织情况视不同国家地区而定,地域大的国家可以分为三级,第一级为大区(或省级)汇接局,第二级为省级(地区)汇接局,第三级为各基本业务区的 MSC;中小型国家可以分为两级(一级为汇接中心,另一级为各基本业务区的 MSC)或无级。下面以中国的 GSM 组网情况作以介绍。

1. 移动业务本地网的网络结构

在中国,全国划分为若干个移动业务本地网,原则上长途编号区为一位、二位、三位的地区可建立移动业务本地网,它可归属于某长途编号区为一位、二位、三位地区的移动业务本地网。每个移动业务本地网中应相应设立 HLR,必要时可增设 HLR,用于存储归属该移动业务本地网的所有用户的有关数据。

每个移动业务本地网中可设一个或若干个移动业务交换中心 MSC(移动端局)。

在中国电信分营前,移动业务隶属于中国电信,移动网和固定网连接点较多。在移动业务本地网中,每个 MSC 与局所在本地的长途局相连,并与局所在地的市话汇接局相连。在长途局多局制地区,MSC 应与该地区的高一级长途局相连。没有市话汇接局的地区,可与本地市话端局相连,如图 1.46 所示。

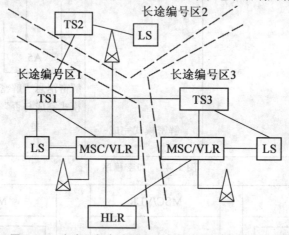

图 1.46 移动业务本地网由几个长途编号组成的示意图

电信和移动分营后,移动网和固定网完全独立出来,在两网之间设有网关局。一个移动业务本地网可只设一个移动交换中心(局)MSC;当用户多达相当数量时也可设多个 MSC,各 MSC 间以高效直达路由相连,形成网状网结构,移动交换局通过网关局接入到固定网,同时它至少还应和省内两个二级移动汇接中心连接,当业务量比较大时,它还可直接与一级移动汇接中心相连,这时,二级移动汇接中心汇接省内移动业务,一级移动汇接中心汇接省级移动业务。典型的移动本地网组网方式如图 1.47 所示。

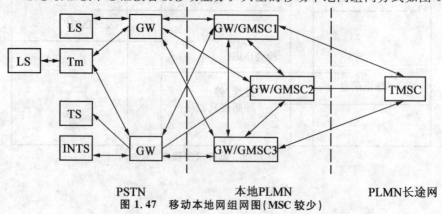

图 1.47 移动本地网组网图(MSC 较少)

根据各地不同情况，移动本地网还有其他组网方式，如图 1.48、1.49 所示。

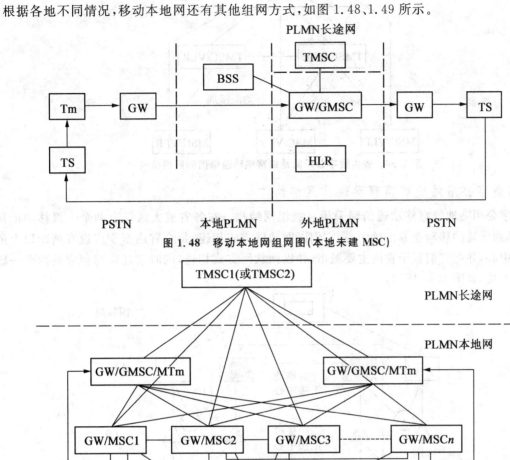

图 1.48　移动本地网组网图(本地未建 MSC)

图 1.49　移动本地网组网图(大规模组网)

2.省内数字公用陆地蜂窝移动通信网络结构

在中国，省内数字公用陆地蜂窝移动通信网由省内的各移动业务本地网构成，省内设有若干个二级移动业务汇接中心(或称为省级汇接中心)。二级汇接中心可以只作为汇接中心，或者既作为端局又作为汇接中心的移动业务交换中心。二级汇接中心可以只设基站接口和 VLR，因此它不带用户。

省内数字蜂窝公用陆地蜂窝移动通信网中的每一个移动端局，至少应与省内两个二级汇接中心相连，也就是说，本地移动交换中心和二级移动汇接中心以星形网连接，同时省内的二级汇接中心之间为网状连接，如图 1.50 所示。

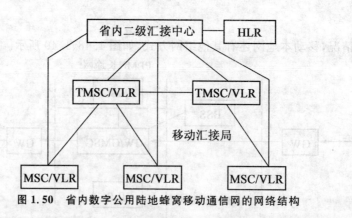

图1.50 省内数字公用陆地蜂窝移动通信网的网络结构

3. 全国数字公用陆地蜂窝移动通信网络结构

我国数字公用陆地蜂窝移动通信网采用三级组网结构。在各省或大区设有两个一级移动汇接中心,通常为单独设置的移动业务汇接中心,它们以网状网方式相连;每个省内至少应设有两个以上的二级移动汇接中心,并把它们置于省内主要城市,并以网状网方式相连,同时它还应与相应的两个一级移动汇接中心连接,如图1.51所示。

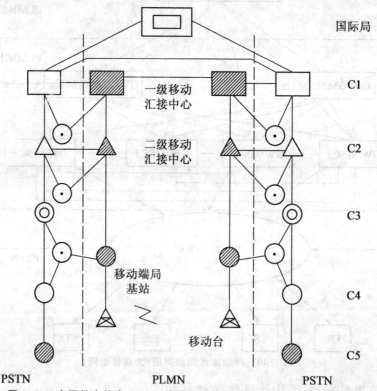

图1.51 全国数字蜂窝PLMN的网络结构及其与PSTN连接的示意图

假设每个用户忙时话务量为0.03 Erl,长途约占总业务量的10%,其中省内长途约占80%。中继负荷等于用户数×0.03 Erl×80% $N \geqslant$ 20 Erl,用户分布在各MSC中(包括汇接MSC),省际业务量较小,它等于总用户数×0.03×2%,若采用网状(30个省市链路达C_{30}^2条),就难以达到每条链路20Erl标准,因此考虑增加大区一级汇接中心,采用单星形结构,这样比较经济。表1.1给出了用户数与局数的对应关系。

表 1.1 用户数与局数

局数 N	5	10	15
省内用户数	4.7万	8.3万	12.5万

1.4.2 移动信令网

1. 七号（NO.7）信令网概念

我国七号信令网的基本组成部件有信令点 SP、信令转接点 STP 和信令链路。

(1)信令点 SP。SP 是处理控制消息的结点,产生消息的信令点为该消息的起源点,消息到达的信令点为该消息的目的地结点。任意两个信令点,如果它们的对应用户之间（例如电话用户）有直接通信,就称这两个信令点之间存在信令关系。

(2)信令转接点 STP。具有信令转发功能,将信令消息从一条信令链路转发到另一条信令链路的结点称为信令转接点。信令转接点分为综合型和独立型两种。综合型 STP 是除了具有消息传递部分 MTP 和信令连接控制部分 SCCP 的功能外,还具有用户部分功能(例如 TUP/ISUP、TCAP、INAP)的信令转接点设备;独立型 STP 是只具有 MTP 和 SCCP 功能的信令转接点设备。

(3)信令链路。

(4)在两个相邻信令点之间传送信令消息的链路称为信令链路。信令链路组:直接连接两个信令点的一束信令链路构成一个信令链路组。

(5)信令路由。承载指定业务到某特定目的地信令点的链路组。

(6)信令路由组。载送业务到某特定目的地信令点的全部信令路由。

当电信网络采用 NO.7 信令系统之后,将在原电信网上寄生并存在一个起支撑作用的专门传送 NO.7 信令系统的信令网——NO.7 信令网。电信网与信令网关系如图 1.52 所示。

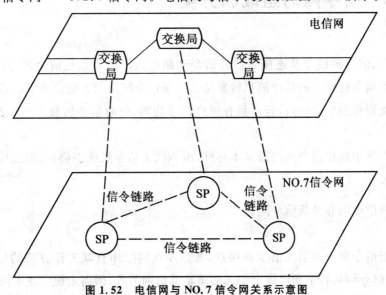

图 1.52 电信网与 NO.7 信令网关系示意图

2. NO.7 信令系统的工作方式

在电信网中,一般采用下列两种工作方式:

1)直联工作方式

两个交换局间的信令通过局间的专用直达信令链路来传送的方式称为直联工作方式,如图1.53所示。

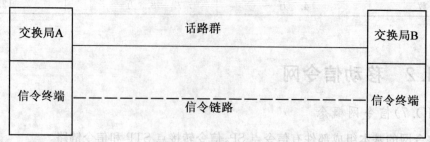

图1.53 直联工作方式

2)准直联工作方式

两个交换局间的信令消息需经过两段或两段以上串接的信令链路传送,也就是说信令链路与两交换局的直达话路群不在同一路由上,信令链路中间需经过一个或几个信令转接点(STP),并且只允许通过预定的路径和信令转接点时称为准直联工作方式,如图1.54所示。

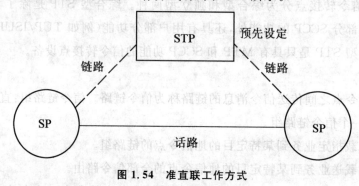

图1.54 准直联工作方式

1.4.3 信令网的组成和分类

1. 信令网的组成

信令网由信令点、信令转接点及连接它们的信令链路组成。信令点是信令消息的源点和目的点。信令转接点是将一条信令链路上的信令消息转发至另一条信令链路上去的信令点。信令转接点若只具有信令消息转接功能则称独立信令点,若还具有用户部分功能,此时信令转接点与交换局结合在一起,称综合信令转接点。

信令链路是信令网中连接信令点的最基本部件,由NO.7信令系统中第一、第二功能级组成。

2. 信令网的分类

信令网分为无级信令网和分级信令网。

1)无级信令网

无级信令网是指信令网中不引入信令转接点,各信令点间采用直联工作方式的信令网,如图1.55(a)所示。由于无级信令网从容量和经济上都无法满足通信网需求,因而未被广泛采用。

2)分级信令网

分级信令网多是指含有信令转接点的信令网。分级信令网又可分为具有一级信令转接点的二级信令网和具有二级信令转接点的三级信令网,如图1.55(b)、1.55(c)所示。

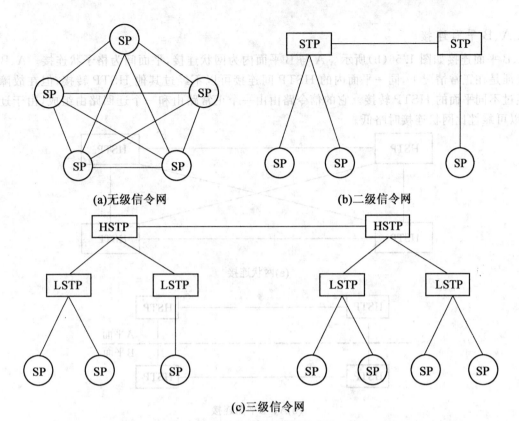

(a) 无级信令网　　　　　　　　(b) 二级信令网

(c) 三级信令网

SP:信令点　　LSTP:低级信令转接点　　STP:信令转接点　　HSTP:高级信令转接点

图 1.55　信令网分类

3. HSTP 的功能和要求

HSTP 负责转接它所汇接的 LSTP 和 SP 的信令消息。HSTP 应采用独立型信令转接点设备，它必须具有 NO.7 信令系统中消息传送部分 MTP、信令连接控制部分 SCCP、事务处理能力应用 TCAP 和运行管理应用部分 OMAP 的功能。

4. LSTP 的功能和要求

LSTP 负责转接它所汇接的信令点 SP 的信令消息。LSTP 可以采用独立型的信令转接设备，也可以采用与交换局(SP)合设在一起的综合式的信令转接点设备。采用独立型信令转接点设备时的要求同 HSTP；采用综合型信令转接点设备时，除了必须满足独立式信令转接点设备的功能外，还应满足用户部分的有关功能。

5. SP 的功能和要求

第三级信令点 SP 是信令网中传送各种信令消息的源点和目的地点，应满足部分 MTP 功能及相应的用户部分功能。

1.4.4　我国信令网的结构和网络组织

我国采用三级信令网结构，其原因是考虑到信令网所要容纳的信令点数量、信令转接点可以连接的最大信令链数量及信令网的冗余度，并结合我国情况而确定的。

第一级 HSTP 间的连接方式的选择主要考虑在保证可靠性条件下，每个 HSTP 的信令路由要多、信令连接中经过的 HSTP 转接数量要少。一般有两种连接方式：

1. 网状连接

网状连接如图 1.56(a)所示。其特征是 HSTP 间均设有直达信令链。正常情况下，HSTP 间的信号连接不经过其他 HSTP 的转接。网状连接的 HSTP 信令路由通常包括一个正常路由、两个迂回路由，故可靠性高。

2. A、B 平面连接

A、B 平面连接如图 1.56(b)所示。A 与 B 平面内为网状连接,平面间为格子状连接。A、B 平面连接的特征是在正常情况下,同一平面内的 HSTP 间连接可以不经过其他 HSTP 转接,但在故障情况下可以经过不同平面的 HSTP 转接。它的信令路由由一个正常路由和一个迂回路由组成,由于迂回路由少,所以可靠性比网状连接时略低。

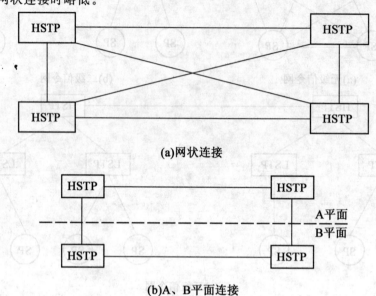

图 1.56 HSTP 的连接方式

我国信令网采用四倍的冗余度,使用 A、B 平面连接已具有足够的可靠性,且比较经济,因此我国采用 A、B 平面连接的结构。

1.4.5 信令网的信令点编码

1. 信令网的信令点编码的必要性

NO.7 信令系统的信令点寻址采用如图 1.57 所示的路由标记方法。详细的路由标记方法使信令点寻址很方便,可以根据 DPC 的编码进行寻址,但需要为每个信令点分配一个编码。我国使用 24 位的信令点编码方式,编码容量为 2^{24}。

CIC	SLS	OPC	DPC
		24	24

DPC:目的地信令点编码　　　　SLS:信令链路选择
OPC:源点信令点编码　　　　　CIC:电路识别码

图 1.57 信令点寻址的路由标记方法

2. 信令点编码的编号计划的基本要求

为便于信令网管理,国际和各国的信令网是彼此独立的,且采用分开的信令点编码的编号计划,其中国际上采用的是 14 位的信令点编码方式。这样国际接口局的信令点由于同时属于国际和国内两个信令网,因此它们具有国际信令点编码计划(Q.708 建议)分配的和国内信令点编码的编号计划分配的两个信令点编码。为便于管理、维护和识别信令点,信令点的编号格式应采用分级的编码结构,并使每个字段的编码分配具有规律性,以便当引入新的信令点时,信令点路由表修改最少。

3. 我国信令点编码的格式和分配原则

我国国内信令网采用 24 位全国统一编码计划,信令点编码格式如图 1.58 所示。

图1.58 国内信令网信令点编码格式

(1)每个信令点编码由三部分组成,第三个8位用来区分主信令区的编码,原则上以省、自治区、直辖市、大区中心为单位编排;第二个8位用来区分分信令区的编码,原则上以各省、自治区的地区、地级市及直辖市、大区中心的汇接区和郊县为单位编排;第一个8位用来区分信令点,国内信令网的每个信令点都按图1.58的格式分配给一个信令点编码。

(2)主信令区的编码基本上按顺时针方向由小到大安排,目前只启用低6位。

(3)分信令区的编码分配也应具有规律性,由小到大编排。对于中央直辖市和大区中心城市、国际局和国内长话局、各种特种服务中心(如网管中心和业务控制点等)以及高级信令转接点(HSTP)应分配一个分信令区编号。对于信令点数超过256个的地区也可再分配一个分信令区编号。目前分信令区的编码只启用低5位。

(4)下列信令节点应分配给信令点编码:国际局,国内长话局,市话汇接局、端局、支局,农话汇接局、端局、支局,直拨PABX,各种特种服务中心,信令转接点,其他NO.7信令点(如模块局)。

以上各项以系统为单位分配信令点编码。

1.4.6 信令路由的分类

信令路由是指由一个信令点到达消息目的地所经过的各个信令转接点的预先确定的信令消息路径。

1.信令路由的分类

信令路由按其特征和使用方法分为正常路由和迂回路由两类,如图1.59所示。

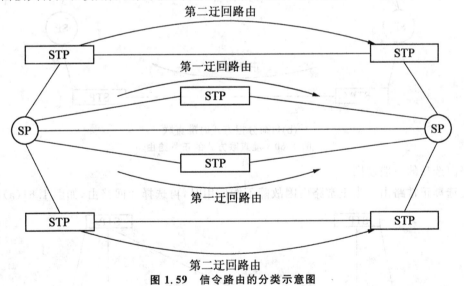

图1.59 信令路由的分类示意图

1)正常路由

正常路由是指未发生故障的正常情况下信令业务流的路由,根据我国三级信令网结构和网络组织,正常路由主要分类如下:

①正常路由是采用直联方式的直达信令路由,当信令网中的一个信令点具有多个信令路由时,如果有直达的信令链,则应将该信令路由作为正常路由。

②正常路由是采用准直联方式的信令路由,当信令网中一个信令点的多个信令路由中,都是采用准直联方式经过信令转接点转接的信令路由时,则正常路由为信令路由中最短的路由。其中当采用准直联方式的正常路由是采用负荷分担方式工作时,该两个信令路由都为正常路由,如图1.60(a)所示。

2)迂回路由

迂回路由是指由于信令链或路由故障造成正常路由不能传送信令业务流时而选择的路由。迂回路由都是经过信令转接点转接的准直联方式的路由,迂回路由可以是一个路由,如图1.60(b)所示,也可以是多个路由。当有多个迂回路由时,应该按照路由经过信令转接点的次数,由小到大依次分为第一迂回路由、第二迂回路由等。

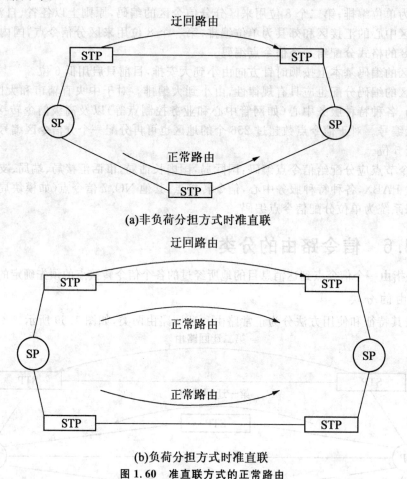

(a)非负荷分担方式时准直联

(b)负荷分担方式时准直联

图 1.60 准直联方式的正常路由

信令路由选择的一般规则。

①首先选择正常路由。当正常路由因故障不能使用时,再选择迂回路由,如图1.61(a)所示。

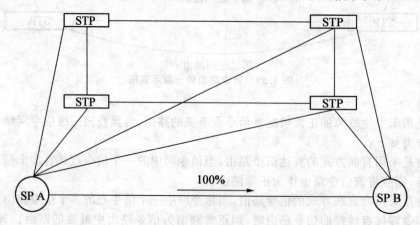

(a)选择正常路由示例

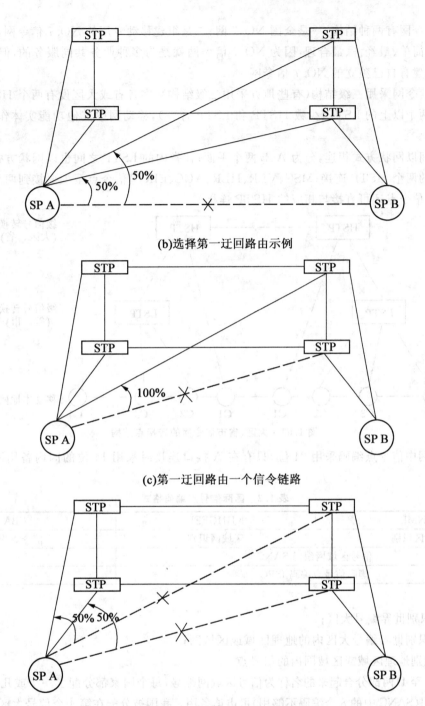

(b) 选择第一迂回路由示例

(c) 第一迂回路由一个信令链路

(d) 选择第一迂回故障时的示例

图 1.61 信令路由选择的一般规则

② 信令路由中具有多个迂回路由时,首先选择优先级最高的第一迂回路由,如图 1.61(b),当第一迂回路由因故障不能使用时,再选择第二迂回路由,如图 1.61(c)所示,以此类推。在正常或迂回路由中,可能存在着多个同一优先等级的路由(N),若它们之间采用负荷分担方式,则每个路由承担整个信令负荷的 $1/N$;若采用负荷分担方式的某个路由中的一个信令链路组发生故障时,应将信令业务倒换到其他信令链路组上去;若采用负荷分担方式的一个路由发生故障时,应将信令业务倒换到其他路由。

七号信令网的组建也和国家地域大小有关,地域大的国家可以组建三级信令网(HSTP、LSTP 和 SP),地域偏小的国家可以组建二级网(STP 和 SP)或无级网,下面以中国 GSM 信令网为例来作以介绍。

在中国,信令网有两种结构,一是全国 NO.7 网;二是组建移动专用的 NO.7 信令网,是全国信令网的一部分,它最简单、最经济、最合理,因为 NO.7 信令网就是为多种业务共同服务的,但随着移动和电信的分营,移动建有自己独立的 NO.7 信令网。

我国移动信令网采用三级结构(有些地方采用二级结构),在各省或大区设有两个 HSTP,同时省内至少还应设有两个以上的 LSTP(少数 HSTP 和 LSTP 合一),移动网中其他功能实体作为信令点 SP,如图 1.62 所示。

HSTP 之间以网状方式相连,分为 A、B 两个平面;在省内的 LSTP 之间也以网状方式相连,同时它们还应和相应的两个 HSTP 连接;MSC、VLR、HLR、AUC、EIR 等信令点至少要接到两个 LSTP 点上,若业务量大时,信令点还可直接与相应的 HSTP 连接。

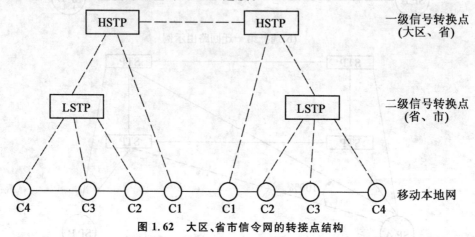

图 1.62 大区、省市信令网的转接点结构

我国移动网中信令点编码采用 24 位,只有在 A 接口连接时采用 14 位的国内备用网信令点编码,见表 1.2。

表 1.2 国际信号点编码格式

NML	KJIHGFED	CBA
大区识别	区域网识别	信令点识别
信号区域网编码 SANC		
国际信号点编码 ISPC		

表中 NML:识别世界编号大区;
　　K~D:识别世界编号大区内的地理区域或区域网;
　　CBA:识别地理区域或区域网内的信号点。

NML 和 K 至 D 两部分合起来的名称为信号区域网编号,每个国家都分配了一个或几个备用 SANC。如果一个不够用(SANC 中的 8 个编码不够用)可申请备用。我国被分配在第 4 个信号大区,其 NML 编码为 4,区域编码为 120,所以 SANC 的编码是 4~120。我国国内信号网信号点编码见表 1.3。

表 1.3 我国国内信号网信号点编码

8	8	8	→首先发送的比特
主信号区	分信号区	信号点	
省、自治区、直辖市	地区、地级市,直辖市内的汇接区、郊区	电信网中的交换局	

在国际电话连接中,国际接口局负责两个信号点编码的变换。

重点串联

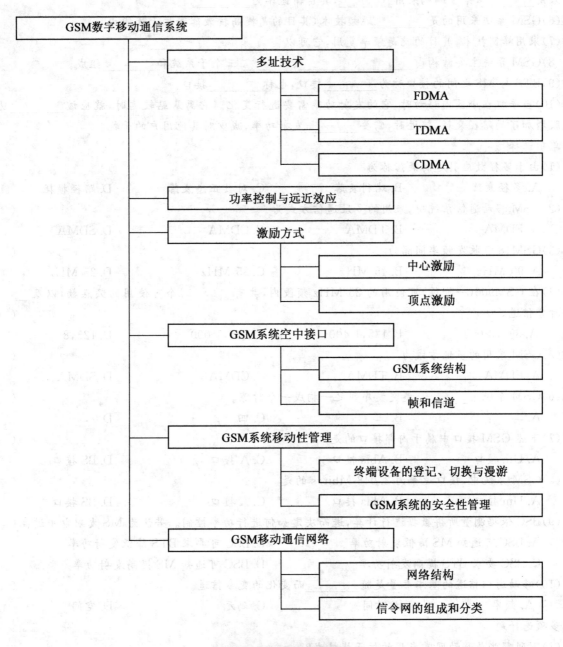

拓展与实训

基础训练

1. 填空题

(1)移动通信采用的常见多址方式有_____、_____和_____；GSM 主要采用_____多址方式。

(2)移动通信中的干扰主要是同频干扰、_____和_____。

(3)按无线设备工作方式的不同,移动通信可分为_____、_____、_____三种方式。

(4)分集接收技术主要有空间分集、频率分集、_____、_____和_____等。

(5)GSM 900M 全速率系统载频带宽为_____Hz,一个载频可带有_____个物理信道,其调制技术采用_____,语音编码采用_____,其传输速率为_____。

(6)GSM 系统采用的是_____跳频技术,其目的是提高抗衰落和抗干扰能力。

(7)采用蜂窝技术,其目的就是频率复用,它可以_____。

(8)GSM 系统主要结构由_____、_____、_____三个子系统和_____组成。

(9)BTS 与 MS 之间的接口称为_____接口,也称_____接口。

(10)当手机在小区内移动时,它的发射功率需要进行变化。它离基站较远时,就应该_____功率,克服增加了的路径衰耗,较近时,需要_____发射功率,减少对其他用户的干扰。

2. 单项选择题

(1)由于多径效应引起的衰落称为   (   )
　　A.多径衰落　　　　B.瑞利衰落　　　　C.对数正态衰落　　　D.路径损耗

(2)GSM 移动通信系统中,采用的多址通信方式为   (   )
　　A.FDMA　　　　　B.TDMA　　　　　　C.CDMA　　　　　　D.SDMA

(3)GSM1800 收发频率间隔为   (   )
　　A.90 MHz　　　　B.45 MHz　　　　　C.35 MHz　　　　　D.25 MHz

(4)在 GSM900(一阶段)可使用的 25 MHz 频段内,共有_____个可使用的频点数,以及_____个时分信道。   (   )
　　A.375,3 000　　　B.175,1 400　　　　C.125,1 000　　　　D.125,8

(5)GSM 采用的多址方式为   (   )
　　A.FDMA　　　　　B.TDMA　　　　　　C.CDMA　　　　　　D.SDMA

(6)GSM 系统由_____类突发序列之一构成一个时隙。   (   )
　　A.二　　　　　　　B.三　　　　　　　　C.四　　　　　　　　D.八

(7)下述 GSM 接口中属于内部接口的是   (   )
　　A.Um 接口　　　　B.Abis 接口　　　　C.A 接口　　　　　　D.BS 接口

(8)GSM 系统中,接口速率为 2.048 Mbit/s 的是   (   )
　　A.Um 接口　　　　B.Abis 接口　　　　C.A 接口　　　　　　D.BS 接口

(9)BSC 依据测量所得数据进行计算,进而决定如何进行功率控制。若认为 MS 发射电平过高(   )
　　A.BSC 可通知 MS 降低发射功率　　　　B.BSC 可要求 BTS 降低发射功率
　　C.BSC 要求 BTS 提高发射功率　　　　 D.BSC 可通知 MS 提高发射功率

(10)移动通信信道的基本参数是随_____而变化的变参信道。   (   )
　　A.频率　　　　　　B.时间　　　　　　　C.码元　　　　　　　D.空间

3. 多项选择题

(1)下列哪些是移动网常采用的抗干扰技术?   (   )
　　A.跳频　　　　　　B.同频复用　　　　　C.DTX
　　D.功率控制　　　　E.分集技术

(2)分集技术能够带来的好处有   (   )
　　A.提高接收信号的信噪比　　　　　　　B.增大基站覆盖范围
　　C.增大发射功率　　　　　　　　　　　D.增大容量

(3)GSM 体系机构包括_____部分。   (   )
　　A.BSS　　　　　　B.NSS　　　　　　　C.OSS　　　　　　　D.PSTN

(4)下述_____部分是 GSM 系统独有而有线通信系统没有的。   (   )

A. 移动交换中心 MSC B. 拜访位置动态寄存器 VLR
C. 归属位置静态寄存器 HLR D. 鉴权中心 AUC

(5)BSC 可以控制整个切换过程的切换是 (　　)

A. 同一 MSC 区内,同一小区不同业务信道间切换
B. 同一 MSC 区内,不同 BSC 间的切换
C. 同一 MSC 区内,同一 BSC 内不同小区间的切换
D. 不同 MSC 间的切换

(6)GSM 的逻辑信道包括 (　　)

A. 业务信道　　B. 变参信道　　C. 控制信道　　D. 恒参信道

(7)GSM 的数据信道包括 (　　)

A. 9.6 kbit/s 全速率数据业务(TCH/F9.6)　B. 9.6 kbit/s 半速率数据业务(TCH/H9.6)
C. 4.8 kbit/s 全速率数据业务(TCH/F4.8)　D. 4.8 kbit/s 半速率数据业务(TCH/H4.8)
E. ≤2.4 kbit/s 全速率数据业务(TCH/F2.4)　F. ≤2.4 kbit/s 半速率数据业务(TCH/H2.4)

4. 判断题

(1)模拟移动网采用的多址技术是 TDMA。 (　　)
(2)小区制式、频率复用、多信道都能提高频谱利用率。 (　　)
(3)最小区群的 N 值越大,频率利用率越高。 (　　)
(4)采用顶点激励方式的基站天线是全向天线模式。 (　　)
(5)在 GSM 网络中,信道就是一个频道。 (　　)
(6)GSM 系统信道采用双频率工作,一个发射,一个接收,这种信道我们称之为双工信道,其收发频率间隔称之为双工间隔,GSM 的双工间隔为 200 kHz。 (　　)
(7)GSM 移动台由移动台设备(ME)和用户识别模块(SIM)组成。 (　　)
(8)移动识别码 IMSI 不小于 15 位。 (　　)
(9)一个 PLMN 区可以由一个或几个服务区组成。 (　　)
(10)在 GSM 系统中,采用回波抑制设备是为了消除 PSTN 的二/四线转换所带来的回波干扰。 (　　)

5. 简答题

(1)简述蜂窝移动通信系统中,用来提高频谱利用率的技术(最少两种)。
(2)简述蜂窝移动通信系统中,用来提高抗干扰的几种技术(最少四种)。
(3)常用的分集技术和合并技术有哪些?
(4)什么是小区制? 为何小区制能满足用户数不断增大的需求?
(5)什么是多信道共用? 有何优点?
(6)4×3 复用方式的含义是什么?
(7)分集技术的作用是什么? 它可以分成哪几类?
(8)公用陆地移动通信网 PLMN 区指什么?
(9)鉴权的作用是什么? 加密的作用是什么?
(10)切换有哪几种? 试简单说明。
(11)位置更新包括哪几个过程? 试简述之。
(12)试简述 GSM 系统所有识别码的构成,并举例说明。

技能实训

实训1.1 多址方式之频分多址(FDMA)

实训目的

(1)通过对频分多址系统的观测,了解FDMA(频分多址)移动通信的实验原理。
(2)用多个实验仪构建模拟二信道FDMA系统。
(3)观测二信道FDMA系统信道共用及分配过程,理解FDMA的含义。

实训原理

在频分多址系统中,把可以使用的总频段等间隔划分为若干占用较小带宽的频道,这些频道在频域上互不重叠,每个频道就是一个通信信道,分配给一个通话用户(发射信号与接收信号占用不同的频带),如图1.63所示。在接收设备中使用带通滤波器允许指定频道里的能量通过,但滤除其他频率的信号,从而限制相邻信道之间的相互干扰。这种通信系统的基站必须同时发射和接收多个不同频率的信号,移动台在通信时所占用的频道也并不是固定指配的,它通常是在通信建立阶段由系统控制中心临时分配的,通信结束后,移动台将退出它占用的频道,这些频道又可以重新分配给别的用户使用。

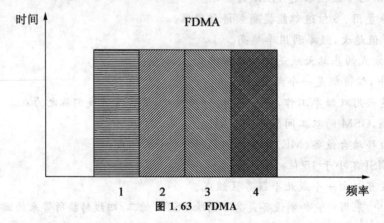

图1.63 FDMA

这种方式的特点是技术成熟,主要应用于模拟系统中(如早期的TACS、AMPS模拟蜂窝移动通信系统、模拟集群系统、CT1无绳电话等),基站需要多部不同载波频率的收发射机同时工作,设备多且容易产生信道间的互调干扰,在系统设计中需要周密的频率规划。

本实验模拟一个二信道的FDMA移动通信网,用两台工作于基站(BS)模式的实验仪提供两个基站信道,为若干台工作于移动台(MS)模式的实验仪(简称"移动台")所共用,以循环不定位方式实现信道的分配与频分复用。

实训器材

(1)每组移动通信实验系统$N(N \geqslant 4)$台;
(2)20 M双踪示波器1台;
(3)每组小交换机1台、电话机2部。

实训步骤

(1)按同组两台工作于基站(BS)模式的实验仪(简称"基站")、若干台工作于移动台(MS)模式的实验仪(简称"移动台")配置实验系统。基站的话柄插入BS侧的J2,移动台的话柄插入MS侧的J202。

(2)将小交换机的某一内线端口(假设为601)与一台基站(称基站1)有线接口单元的有线插座LINE用电话线相连,两部电话机与小交换机另两个内线端口(假设为604、605)相连。示波器两个通道的探头分别接在移动台的TP107及TP207端。打开小交换机、实验系统电源,利用"前"或"后"键、"确认"键进入本实训操作界面,如图 1.64 所示。

```
    5.频分多址              5.频分多址
       BS                       MS
   信道1:CH06              信道1:CH06
                           信道2:CH07
      (a)基站                  (b)移动台
```

图 1.64 本实训操作界面

对于基站,此时光标停在"1:"的位置上闪烁,等待设置基站 1 或 2 的信道号。这时可利用"＋"或"－"键选择"信道 1:"或"信道 2:",然后用"前"或"后"键将光标移至"06"位置上,用"＋"或"－"键改变信道号(应是其他组未用的空闲信道)。通过以上操作,假设将基站 1 设置成"信道 1:CH06"、基站 2 设置成"信道 2:CH07"(当然也可以是其他的空闲信道),然后均按"确认"。

对于移动台,此时光标停在信道 1 的"06"的位置上闪烁,等待设置与基站 1、2 一致的信道号。这时用"＋"或"－"键设置信道 1 的信道号(与基站 1 相同,假设为 CH06),然后用"前"或"后"键将光标移至信道 2 的"06"位置上,用"＋"或"－"键设置信道 2 的信道号(与基站 2 相同,假设为 CH07),然后按"确认"。本组所有的移动台通过以上设置后均在"信道 1"和"信道 2"间循环扫描,并在扫描过程不断检测这两个信道的忙闲。

(3)按一下某一移动台(称为移动台 A)的"PTT"键(表示 MS 摘机),它将停止信道扫描并停在碰到的第一个空闲信道(信道 1 或信道 2)上,并发出摘机信令。对应此信道的基站收到此信令后在此信道上发出应答信令,随后该基站可与该移动台 A 在此信道上通话,这时可用示波器在 TP107 端、TP207 端观测到双方通话语音波形。

若没有空闲信道(信道 1、2 均忙),或没有收到基站的应答,该移动台 A 将给出"哔、哔、哔"提示音,然后继续在"信道 1"和"信道 2"间循环扫描。

(4)通话完毕,按一下移动台 A 的"PTT"键挂机,移动台 A 返回循环扫描状态。

(5)用电话机 A 拨打基站 1 所连的内线号码(假设为 601),听到基站 1 的有线接口送来的二次拨号音(一声"嘟——")后再拨某移动台(称移动台 B)的号码(每台实验仪预先编好的 ID,假设为 69)。基站 1 将在信道 1 上向所有移动台广播此号码。所有空闲的移动台将扫描停在信道 1 上,接收被呼号码并与自身 ID 进行比较,相同的移动台(移动台 B)将振铃,并向主呼有线用户送回铃音,移动用户 B 按"PTT"摘机即在信道 1 上与有线用户进行通话,其他移动台则返回循环扫描状态。通话完毕,该移动台 B 通过按一下"PTT"键发出挂机指令,基站 1 收到挂机指令后将有线挂机,随后基站 1 和该移动台 B 也挂机,D3、D306、D203 熄灭,该移动台 B 返回循环扫描状态。

实训 1.2　多址方式之时分多址(TDMA)

实训目的

(1)了解 TDMA(时分多址)移动通信的实验原理。
(2)测量两信道 TDMA 移动通信实验系统发端及收端波形,了解 TDMA 通信原理。

实训原理

时分多址 TDMA(Time Division Multiple Access)是把时间分割成周期性的帧,每一帧再分割成若干个时隙,1 个时隙就是一个 TDMA 信道,按需要动态分配给许多用户使用。根据一定的时隙分配原则,使各个移动台在每帧内只能在指定的时隙向基站发射信号,在满足定时和同步的条件下,基站可以在各时隙中接收到各移动台的信号而互不干扰。同时,基站发向各个移动台的信号都按顺序安排在预定的时隙中传输,各移动台只要在指定的时隙内接收,就能在合并的信号中把发给它的信号区分出来。

实际系统多综合采用 FDMA 和 TDMA 技术,例如 GSM 数字蜂窝系统,每个载波分成 8 个时隙,整个系统可以使用许多载波,以获得更大的系统容量。

图 1.65 为两信道(两个时隙 TS1、TS2)TDMA 移动通信实验系统框图。发端 Tx－BS 为实验系统 BS 的发射机,两个时隙 TS1 及 TS2 的数据 d_1 及 d_2 复接成帧数据 D_{EX},$d_1=1010\cdots$(周期循环),$d_2=1100\cdots$(周期循环),则 $D_{EX}=10101100\cdots$(周期循环),码速率 $f_b=1.2$ kbit/s。D_{EX} 经 FSK 载波调制后发送给移动台。收端 Rx-MS 解调载波 FSK 信号后得到的基带信号经整形、采样判决,以恢复发端数据。时隙及时钟同步电路送出某个时隙的同步时钟 CLK,取出本移动台给定时隙的数据。通过切换本地时钟的时隙为 TS1 或 TS2,模拟两个 TDMA 移动台 MS1/MS2 的接收机,分别接收 TS1 的数据 d_1 或 TS2 的数据 d_2。接收端时隙及时钟同步假设是理想的,已良好同步,不作为本实验的研究内容(实际上收端时钟 CLK 与发端数据由同一单片机产生)。

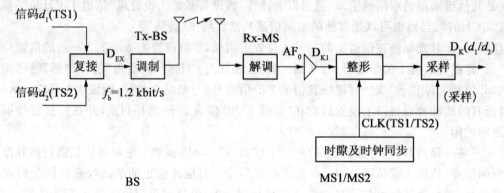

图 1.65 TDMA 移动通信实验系统

实训器材

(1)移动通信实验系统 1 台;
(2)20 M 双踪示波器 1 台。

实训步骤

(1)按单台实验仪配置实验系统。双踪示波器两个通道都设置为 DC、2 V/DIV;扫描速率 1 ms/DIV～2 ms/DIV;外触发方式,外触发输入接至实验仪 MS 侧的 TP016(TRIm)端。示波器两个通道的探头分别接在 TP007(D_{EX})及 TP012(D_K)端。打开实验系统电源,利用"前"或"后"键、"确认"键进入本实训操作界面,如图 1.66 所示。

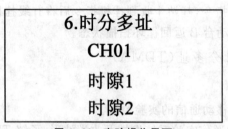

图 1.66 实验操作界面

(2)利用"前"或"后"键选择时隙 1 或时隙 2,按一下"PTT"键,这时 BS 将发射包含 TS1、TS2 两个时隙的两信道 TDMA 信号(D3 亮),MS 接收、解调此信号,并根据所选择的时隙恢复出数据 d_1 或 d_2。

(3)测量并记录两种时隙下系统发端 DA1(TP001)、DA2(TP004)、D_{EX}(TP007),收端 D_{K1}(TP013)、D_K(TP012)及 CLK(TP011)的波形,比较发端数据及收端数据,其中收端某时隙的数据要对比本地时钟(上升沿有效)来读取。由此了解 TDMA 通信实验原理。

(4)再按一下"PTT"键,D3 灭,BS 发射机关闭,再测量各点信号。

注意：电话机必须是双音频电话机。

实训习题

1. 以同一时间基准，画出时隙 1、2 时记录下的发端 DA1(TP001)、DA2(TP004)、D_{EX}(TP007)，收端 D_{K1}(TP013)、D_K(TP012) 及 CLK(TP011) 的波形。

2. 关闭 BS 发射机后，D_K(TP012) 端的信号波形有何变化？

3. 根据实验步骤及观测，画出移动台 A 起呼、通话、挂机的信道分配、接续的简要流程。

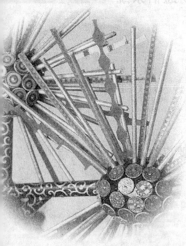

模块 2
GPRS 通用分组无线业务

知识目标
- ◆ 了解 GPRS 基本体系结构；
- ◆ 掌握 GPRS 的网络接口；
- ◆ 了解 GPRS 的移动性管理；
- ◆ 掌握 GPRS 编号方案；
- ◆ 掌握 GPRS 系统分组路由与传输功能；
- ◆ 了解 GPRS 系统业务流程。

技能目标
- ◆ 熟练掌握 GPRS 的网络接口；
- ◆ 熟练掌握 GPRS 系统分组路由与传输功能。

课时建议
10 课时

课堂随笔

2.1 认识 GPRS 通信系统

通用分组无线业务(General Packet Radio Service,GPRS)经常被描述成"2.5G",也就是说这项技术位于第二代(2G)和第三代(3G)移动通信技术之间。它通过利用 GSM 网络中未使用的 TDMA 信道,提供中速的数据传递。GPRS 突破了 GSM 网只能提供电路交换的思维方式,只通过增加相应的功能实体和对现有的基站系统进行部分改造来实现分组交换,这种改造的投入相对来说并不大,但得到的用户数据速率却相当可观。那到底什么是 GPRS？它的功能结构特点有哪些？如何运行？接下来就逐一介绍。

2.1.1 GPRS 基本体系结构

GSM 网络采用电路交换的方式,主要用于语音通话,而因特网上的数据传递则采用分组交换的方式。由于这两种网络具有不同的交换体系,导致彼此间的网络几乎都是独立运行。制定 GPRS 标准的目的,就是要改变这两种网络相互独立的现状,GPRS 是在 GSM 技术的基础上提供的一种端到端的分组交换业务。通过采用 GPRS 技术,可使现有的 GSM 网络轻易地实现与高速数据分组的简便接入,从而使运营商能够对移动市场需求作出快速反应并获得竞争优势。GPRS 是 GSM 通向 3G 的一个重要里程碑,被认为是 2.5 代(2.5 G)产品。

GPRS 采用与原 GSM 相同的频段、频带宽度、突发结构、无线调制标准、跳频规则以及 TDMA 帧结构,因此,在以 GSM 系统为基础构建 GPRS 系统时,GSM 中的绝大部分部件都不需要作硬件改动,只需对其软件进行升级以及添加相应的硬件组件即可。构建 GPRS 系统需要向原有 GSM 网络中引入的三个主要组件如图 2.1 所示。

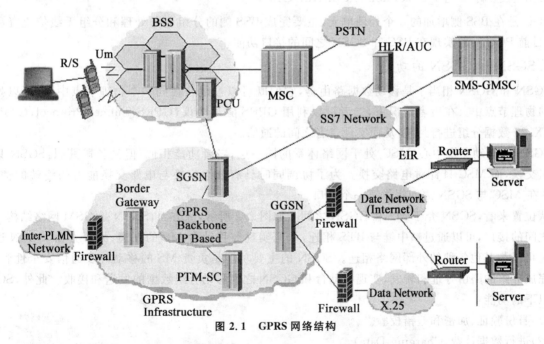

图 2.1 GPRS 网络结构

1. GPRS 业务支持节点 SGSN(Serving GPRS Support Node)

SGSN 是 GPRS 网络的一个基本的组成网元,是为了提供 GPRS 业务而在 GSM 网络中引进的一个新的网元设备。其主要作用是为本 SGSN 服务区域的 MS 转发输入/输出的 IP 分组,其地位类似于 GSM 电路网中的 VMSC。SGSN 提供以下功能：

(1)本 SGSN 区域内的分组数据包的路由与转发功能,为本 SGSN 区域内的所有 GPRS 用户提供服务。

(2)加密与鉴权功能。

(3)会话管理功能。

(4)移动性管理功能。

(5)逻辑链路管理功能。

(6)同 GPRS BSS、GGSN、HLR、MSC、SMS—GMSC、SMS—IWMSC 的接口功能。

(7)话单产生和输出功能,主要收集用户对无线资源的使用情况。

此外,SGSN 中还集成了类似于 GSM 网络中 VLR 的功能,当用户处于 GPRS Attach(GPRS 附着)状态时,SGSN 中存储了同分组相关的用户信息和位置信息。同 VLR 相似,SGSN 中的大部分用户信息在位置更新过程中从 HLR 获取。

2. GPRS 网关支持节点 GGSN(Gateway GPRS Support Node)

GGSN 也是为了在 GSM 网络中提供 GPRS 业务功能而引入的一个新的网元功能实体,提供数据包在 GPRS 网和外部数据网之间的路由和封装。用户选择哪一个 GGSN 作为网关,是在 PDP 上下文激活过程中根据用户的签约信息以及用户请求的接入点名确定的。GGSN 主要提供以下功能:

(1)同外部 IP 分组网络的接口功能,GGSN 需要提供 MS 接入外部分组网络的关口功能,从外部网的观点来看,GGSN 就好像是可寻址 GPRS 网络中所有用户 IP 的路由器,需要同外部网络交换路由信息。

(2)GPRS 会话管理,完成 MS 同外部网的通信建立过程。

(3)将移动用户的分组数据发往正确的 SGSN 的功能。

(4)话单的产生和输出功能,主要体现用户对外部网络的使用情况。

3. 分组控制单元 PCU(Packet Control Unit)

PCU 是在 BSS 侧增加的一个处理单元,主要完成 BSS 侧的分组业务处理和分组无线信道资源的管理,目前 PCU 一般实现在 BSC 和 SGSN 之间的接口功能。

4. SGSN 和 GGSN 的功能

SGSN 和 GGSN 相当于是移动数据路由器,它们既可以被组合在同一个物理节点中,也可以处在不同的物理节点中。在后者情况下,二者可以利用 GPRS 隧道协议(GPRS Tunnel Protocol,GTP)对 IP 或 X.25 数据分组进行封装,从而实现二者之间的通信。

SGSN 与移动交换中心(MSC)处于网络体系的同一层,二者功能相似,但又各司其职:SGSN 只针对分组交换,而 MSC 只针对电路交换。为了协调同时具有分组交换与电路交换能力的终端的信令,GPRS 在 MSC 与 SGSN 之间提供了一个接口。

从位置来看,SGSN 介于 MS 和 GGSN 之间。如图 2.2 所示,一方面,SGSN 是 GSM 网络结构与移动台之间的接口,可以通过帧中继与 BTS 相连,从而实现与移动台 MS 的互通;另一方面,SGSN 通过 GGSN 可以与其他各种的外部网络相连。SGSN 的主要功能是负责 MS 的移动性及通信安全性管理,以及完成分组的路由寻址和转发,实现移动台和 GGSN 之间移动分组数据的发送和接收。此外,SGSN 还有以下的功能:

(1)身份验证、加密和差错校验。

(2)进行数据计费(Charging Data)。

(3)连接 HLR、MSC 和 BSC。

GGSN 是 GSM 网络与其他网络之间的网关,负责提供与其他 GPRS 网络及其他外部数据网络(如 IP 网、ISDN、PSPDN、LAN 等)的接口。其主要功能是存储 GPRS 网络中所有用户的 IP 地址,以便通过一条基于 IP 协议的逻辑链路与 MS 相通;把 GSM 网中的 GPRS 分组数据包进行协议转换(包括数据包格式、信令协议和地址信息等的转换),从而可以把这些分组数据包传送到远端的其他网络中;分组数据包传输路由的计算与更新。

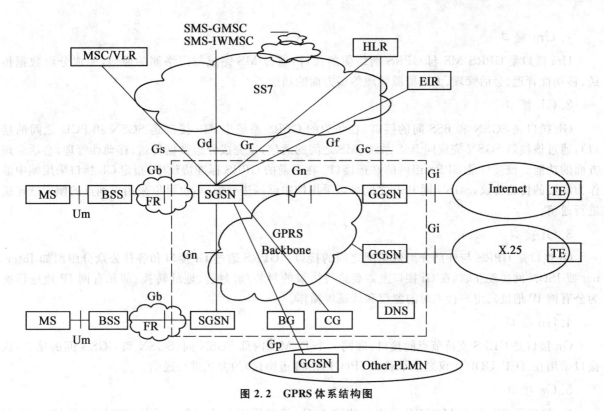

图 2.2　GPRS 体系结构图

5. CG（Charging Gateway）的功能

CG 主要完成从各 GSN 的话单收集、合并、预处理工作，并完成同计费中心之间的通信接口。在 GSM 原有网络中并没有这样一个设备，GPRS 用户一次上网过程的话单会从多个网元实体中产生，而且每一个网元设备中都会产生多张话单。引入 CG 的目的是在话单送往计费中心之前对话单进行合并与预处理，以减少计费中心的负担；同时 SGSN、GGSN 这样的网元设备也不需要实现同计费中心的接口功能。

6. BG（Border Gateway）的功能

BG 实际上就是一个路由器，主要完成分属不同 GPRS 网络的 SGSN、GGSN 之间的路由功能，以及安全性管理功能。该功能实体并非 GPRS 所专有的设备实体。

2.1.2　网络接口

GPRS 系统有丰富的网络接口，见表 2.1。

表 2.1　网络接口

接口	说明
R	是移动终端 MT（例如手机）和 TE（如笔记本电脑）之间的参考点
Um	MS 与 GPRS 网络侧的接口
Gb	SGSN 与 BSS 之间的接口
Gc	GGSN 与 HLR 之间的接口（可选）
Gd	SMS-GMSC 之间的接口，SMS-IWMSC 与 SGSN 之间的接口
Gi	GPRS 与外部分组数据之间的接口
Gn	PLMN 内部 SGSN 间、SGSN 和 GGSN 间的接口
Gp	是不同 PLMN 网的 GSN 之间采用的接口
Gr	SGSN 与 HLR 之间的接口
Gs	SGSN 与 MSC/VLR 之间的接口（可选）
Gf	SGSN 与 EIR 之间的接口（可选）

1. Um 接口

Um 接口是 GPRS MS 与 GPRS 网络侧的接口，通过 MS 完成与网络侧的通信，完成分组数据传送、移动性管理、会话管理、无线资源管理等多方面的功能。

2. Gb 接口

Gb 接口是 SGSN 和 BSS 间的接口（在华为的 GPRS 系统中，Gb 接口是 SGSN 和 PCU 之间的接口），通过该接口 SGSN 完成同 BSS 系统、MS 之间的通信，以完成分组数据传送、移动性管理、会话管理方面的功能。该接口是 GPRS 组网的必选接口。在目前的 GPRS 标准协议中，指定 Gb 接口采用帧中继作为底层的传输协议，SGSN 同 BSS 之间可以采用帧中继网进行通信，也可以采用点到点的帧中继连接进行通信。

3. Gi 接口

Gi 接口是 GPRS 与外部分组数据网之间的接口。GPRS 通过 Gi 接口和各种公众分组网如 Internet 或 ISDN 网实现互联，在 Gi 接口上需要进行协议的封装/解封装、地址转换（如私有网 IP 地址转换为公有网 IP 地址）、用户接入时的鉴权和认证等操作。

4. Gn 接口

Gn 接口是 GRPS 支持节点间接口，即同一个 PLMN 内部 SGSN 间、SGSN 和 GGSN 间的接口，该接口采用在 TCP/UDP 协议之上承载 GTP(GPRS 隧道协议)的方式进行通信。

5. Gs 接口

Gs 接口是 SGSN 与 MSC/VLR 之间的接口，Gs 接口采用 7 号信令上承载 BSSAP＋协议。SGSN 通过 Gs 接口和 MSC 配合完成对 MS 的移动性管理功能，包括联合的 Attach/Detach、联合的路由区/位置区更新等操作。SGSN 还将接收从 MSC 来的电路型寻呼信息，并通过 PCU 下发到 MS。如果不提供 Gs 接口，则无法进行寻呼协调，网络只能工作在操作模式 II 或 III，不利于提高系统接通率；如果不提供 Gs 接口，则无法进行联合位置路由区更新，不利于减轻系统信令负荷。

6. Gr 接口

Gr 接口是 SGSN 与 HLR 之间的接口，Gr 接口采用 7 号信令上承载 MAP＋协议的方式。SGSN 通过 Gr 接口从 HLR 取得关于 MS 的数据，HLR 保存 GPRS 用户数据和路由信息，当发生 SGSN 间的路由区更新时，SGSN 将会更新 HLR 中相应的位置信息；当 HLR 中数据有变动时，也将通知 SGSN，SGSN 会进行相关的处理。

7. Gd 接口

Gd 接口是 SGSN 与 SMS－GMSC、SMS－IWMSC 之间的接口。通过该接口，SGSN 能接收短消息，并将它转发给 MS，SGSN 和 SMS－GMSC、SMS－IWMSC、短消息中心之间通过 Gd 接口配合完成在 GPRS 上的短消息业务。如果不提供 Gd 接口，当 Class C 手机附着在 GPRS 网上时，它将无法收发短消息。

8. Gp 接口

Gp 接口是 GPRS 网间接口，是不同 PLMN 网的 GSN 之间采用的接口，在通信协议上与 Gn 接口相同，但是增加了边缘网关(Border Gateway，BG)和防火墙，通过 BG 来提供边缘网关路由协议，以完成归属于不同 PLMN 的 GPRS 支持节点之间的通信。

9. Gc 接口

Gc 接口是 GGSN 与 HLR 之间的接口，主要用于网络侧主动发起对手机的业务请求时，由 GGSN 用 IMSI 向 HLR 请求用户当前 SGSN 地址信息。由于移动数据业务中很少会有网络侧主动向手机发起业务请求的情况，因此 Gc 接口目前作用不大。

10. Gf 接口

Gf 接口是 SGSN 与 EIR 之间的接口,由于目前网上一般都没有 EIR,因此该接口作用不大。

2.1.3 移动性管理

1. 移动性管理(Mobility Management,MM)概念

(1)移动性管理实体。

① SGSN。

② HLR。

③ MS。

(2)MM 上下文,即移动性管理上下文。

MM 上下文即移动性管理上下文,是指专门为 GPRS 移动台在 SGSN 和移动台内部创建的、与移动状态相关的数据库。用户首次附着到 GPRS 网络中,SGSN 就要建立一个 MM 上下文,如果用户再次附着,SGSN 会搜索用户数据库中的已有的数据重建 MM 上下文。MM 上下文包括用户移动性管理的一些内容:IMSI,MM 状态,P-TMSI,MSISDN,Routing Area,Cell Identity,New SGSN Address,VLR Num,等等。

(3)移动性管理概念。

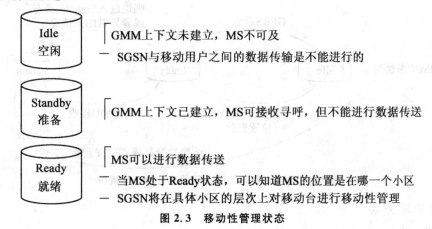

图 2.3 移动性管理状态

①空闲(Idle)状态。空闲状态下,用户尚未激活 GPRS 的移动性管理。MS 与 SGSN 中还没有存储用户的有效位置信息或路由信息,此时不执行与用户有关的任何移动性管理,MS 不能接收除 PTM-M (Point to Multipoint-Multicast)以外的任何消息。当 MS 向 SGSN 发起激活请求并被接受后,MS 就转入准备状态,此时 MS 可以收发 PDP(Packet Data Protocol)、PDUs,可以接收 PTM-M 和 PTM-G (Point To Multipoint-Group)消息。

②准备(Standby)状态。准备状态下,不管有没有为用户分配无线资源,即使没有数据发送,都应始终维持 MM 联系。有一个专门的定时器用于监测准备状态下的活动,当定时满时,MS 转入守候状态。MS 向 SGSN 发出去激活 GPRS 的请求并被接受后,MS 转入空闲状态。

③就绪(Ready)状态。就绪状态下,MS 与 SGSN 已经为用户的 IMSI(International Mobile Station Identity)建立了 MM 联系(Context)。此时 MS 可以接收 PTM-M 和 PTM-G 数据,也可以接收寻呼 PTP 或 PTM-G 的消息和信令以及由 SGSN 发送的寻呼 CS(Circuit Switched)业务的消息。但是 MS 不能收/发 PTP 数据以及传送 PTM-G 数据。当 MS 对寻呼消息作出响应时,MS 转入准备状态,而 SGSN 在收到 MS 返回的寻呼响应时转入准备状态。

MS 中存储的 MM 信息有 IMSI、MM 状态(空闲、准备或守候)、P-TMSI(Packet Temporary Mobile Subscriber Identity)、P-TMSI 签名(用于身份验证)、当前路由区(RA)、当前小区识别(CI)、当前

使用的密钥Kc、密钥序列号CKSN、加密算法、PDP信息等。MSC/VLR中存储IMSI、SGSN编号。HLR存储IMSI、MSISDN、SGSN编号、SGSN地址、GGSN列表、PDP信息等。SGSN存储IMSI、MM状态、P-TMSI、P-TMSI签名、IMEI(International Mobile Equipment Identity)、MSISDN、RA、CI、Kc、CKSN、加密算法、PDP信息等。

2. GMM状态模型

GPRS的MM功能包括激活、附着、安全保密、位置管理、用户管理等。对GPRS用户的移动性管理体现为MS、SGSN在三种MM状态之间的相互转换。这三种状态是:空闲(Idle)、就绪(Standby)、准备(Ready)。某一时刻的MS、SGSN总是处于三种状态之一。移动性管理三种工作状态转换工作模型如图2.4所示。

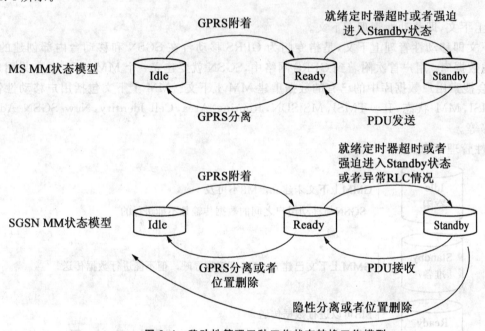

图2.4 移动性管理三种工作状态转换工作模型

3. 移动性管理分类

1) GMM特定功能

① GPRS附着。建立起MM上下文,MM状态从空闲转为就绪。

现网中大多采用联合GPRS附着方式,分为:常规GPRS附着,只是将MS的IMSI附着到GPRS业务上;联合GPRS附着,是将MS的IMSI附着到GPRS业务的同时还附着到非GPRS业务上。

② GPRS分离。GPRS分离功能允许MS向网络发起GPRS或者IMSI分离,也允许网络向MS发起GPRS或者IMSI分离,分离类型包括:

a. IMSI分离。

b. GPRS分离。

c. 联合的GPRS/IMSI分离(只能由MS发起)。

MS GPRS分离既可以是显性分离,也可以是隐性分离。

a. 显性分离。网络或者MS发出显性分离请求。

b. 隐性分离。当MS定时器超时,或者发生不可挽回的无线链路连接错误后,网络将在不告知MS的情况下分离。

③ 位置管理。小区更新、路由区更新、周期性路由区更新和位置区更新、联合路由区和位置区更新规程。

2) GMM 安全性功能程序
① GPRS 鉴权加密。
② P−TMSI 再分配。
③ 用户数据和 GMM/SM 信令保密性。

4. 移动性管理——GMM 与 MM 的协同
1) 目的
① 提高无线资源有效利用率。
② 减少网络信令流量。
2) 前提
SGSN 和 MSC/VLR 支持 Gs 接口。
3) 功能
① 联合 IMSI/GPRS 附着。
② 联合 IMSI/GPRS 分离。

5. GMM 中的激活过程和位置管理过程
1) 激活过程
① MS 向新 SGSN 发送激活请求消息,消息中包括 P−TMSI 加旧的 RAI(没有可用的 P−TMSI 时用 IMSI)、CKSN、激活类型、DRX 参数、旧的 P−TMSI 签名。
② 新 SGSN 向旧 SGSN 发送身份认证请求消息(P−TMSI、旧 RAI、旧 P−TMSI 签名),以获取 MS 的 IMSI。旧 SGSN 回送认证响应消息(IMSI,鉴权三参数组),如果旧 SGSN 不能认证 MS,将回送相应的出错原因。
③ 如果新、旧 SGSN 都无法认证 MS,那么新 SGSN 将向 MS 发送认证请求消息(认证类型＝IMSI),MS 回送响应消息(IMSI)。
④ MS、新 SGSN、HLR 之间进行保密鉴权。
⑤ MS、新 SGSN、EIR 之间进行 IMEI 检查。
⑥ 如果是初次激活或者再次激活时 SGSN 编号已改变(比较上次而言),SGSN 要通知 HLR。由新 SGSN 向 HLR 发送位置更新消息(SGSN 编号、SGSN 地址、IMSI);HLR 向旧 SGSN 发送位置消除消息(IMSI,消除类型);旧 SGSN 应答(IMSI);HLR 向新 SGSN 发送插入用户数据消息(IMSI,GPRS 用户数据);新 SGSN 检查 MS 在新 RA 的合法性,如果 MS 是局部受限用户而不允许在新 RA 激活,则新 SGSN 向 HLR 返回应答(IMSI,SGSN 区域受限),拒绝激活请求。如果是其他原因不允许激活,则返回 HLR 的是应答(IMSI,原因)。如果 MS 经检查合法,则返回应答(IMSI);HLR 向新 SGSN 回送位置更新应答。
⑦ 如果①中的激活类型为后两者(IMSI 已被激活的情况下激活 GPRS、GPRS/IMSI 联合激活),当 SGSN 与 MSC/VLR 之间的 Gs 接口存在时,要更新 VLR。VLR 的编号从 RA 获取。新 SGSN 向新 MSC/VLR 发送位置更新请求消息(新 LAI、IMSI、SGSN 编号,位置更新类型);新 VLR 向 HLR 请求位置更新(IMSI,新 VLR);HLR 通知旧 VLR 消除位置信息(IMSI);旧 VLR 对 HLR 应答(IMSI);HLR 向新 MSC/VLR 发送插入用户数据消息(IMSI,GSM 用户数据);新 VLR 应答 HLR(IMSI)。这时新 MSC/VLR 向新 SGSN 发送位置更新接受的响应(VLRTMSI)。
⑧ 新 SGSN 向 MS 发送激活接受消息(P−TMSI,VLRTMSI,P−TMSI 签名)。
⑨ MS 向新 SGSN 回送激活完成消息(P−TMSI,VLRTMSI)。
⑩ 新 SGSN 向新 MSC/VLR 发送 TMSI 再分配完成消息(VLRTMSI)。
2) 位置管理过程
MS 将接收到的 CI、RAI 与其存储的 CI、RAI 进行比较,如发现不同,则要发起位置更新请求。当 MS 处于准备状态时,CI 改变时要发起小区更新请求。当 MS 处于守候状态时,它只能发起 RA 更新请求,而在同一 RA 内 CI 改变时,不能发起更新请求。RA 更新分为 SGSN 内部 RA 更新与 SGSN 之间的 RA 更新两种。这里介绍较为复杂的 SGSN 之间的 RA 更新。

MS 向新 SGSN 请求 RA 更新(旧 RAI、旧 P-TMSI 签名、更新类型)。

新 SGSN 向旧 SGSN 发送获取 MS 的 MM 和 PDP 信息的请求(旧 RAI、TLLI、旧 P-TMSI 签名、新 SGSN 地址),旧 SGSN 响应。

MS、新 SGSN、HLR 之间进行安全保密验证。

新 SGSN 通知旧 SGSN 已经准备好接收被激活的 PDP 信息。

旧 SGSN 将滞留的分组单元转发给新 SGSN。

新 SGSN 向 GGSN 发送 PDP 更新请求(新 SGSN 地址、TID(Tunnel Identifier)、协商的 QoS),GGSN 响应(TID)。

新 SGSN 向 HLR 请求位置更新(SGSN 编号、SGSN 地址、IMSI)。

HLR 通知旧 SGSN 取消位置(IMSI、取消类型),旧 SGSN 响应(IMSI)。

HLR 向新 SGSN 发送插入用户数据消息(IMSI、GPRS 用户数据),新 SGSN 响应(IMSI)。

HLR 对新 SGSN 的位置更新请求进行应答(IMSI)。

新 SGSN 向 MS 发送 RA 更新接受消息(P-TMSI、P-TMSI 签名、收到的 N-PDU 编号)。

MS 向新 SGSN 发送 RA 更新完成消息(P-TMSI、收到的 N-PDU 编号)。

2.2 GPRS 编号方案及分组路由与业务流程

2.2.1 GPRS 编号方案

GPRS 系统采用了 GSM 系统的部分编号计划,但也增加了一些新的编号计划,其在各实体中分布如图 2.5 所示。

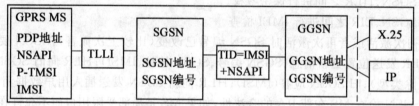

图 2.5 编号计划在各实体中分布

在 GPRS 骨干网中,每个 SGSN 有一个内部 IP 地址,用于骨干网内的通信。另外,它还有一个 SS7 网的 SGSN 编号,用于与 HLR、EIR 等的通信;每个 GGSN 有一个内部 IP 地址用于骨干网内的通信。若 GGSN 选择了通过 Gc 接口与 HLR 相连,则它也应有一个 GGSN SS7 编号。此外,作为与外部数据网互联的网关,GGSN 还应具有一个与外部网络相应的地址。

GPRS 的终端 MS 具有一个唯一的 IMSI,在附着到 GPRS 上时,还将由 SGSN 分配一个临时的 P-TMSI。要接入外部 PDN,MS 还应具有与该 PDN 相应的地址,称为 PDP 地址,如:在接入 X.25/X.75 网时,该 PDP 地址是 X.121 地址;接入 IP 网时,则 PDP 地址是外部 IP 网的 IP 地址,IP 地址可以由 GGSN 静态或者动态分配。MS 在发起分组数据业务时,还应向 SGSN 提供一个接入点名(APN),以使网络知道它要接入哪个外部网络,从而将它寻找路由到相应的 GGSN 上。

一个用户在一个分组数据业务进程中,在 MS 到 SGSN 段由 TLLI 来唯一地进行标识,在 SGSN 到 GGSN 段由 TID 来唯一地进行标识。

1. IMSI

与原 GSM 用户一样,所有 GPRS 用户(匿名接入用户除外)都应有一个 IMSI。

> **技术提示：**
>
> **匿名接入**
>
> 对于某些特定的主机，移动用户可以不经 IMSI 或 IMEI 鉴权和加密而进行匿名接入，这时，匿名接入所发生的资费应由被叫支付。运营者可根据业务需求来决定是否支持匿名接入，目前我国的 GSM 网中尚未引入被叫付费业务，因此，暂不详细讨论匿名接入相关的业务流程。

2. P—TMSI

附着在 GPRS 上的用户由 SGSN 分配一个用于分组呼叫的 P—TMSI。为了保证用户身份的保密性，VLR 和 SGSN 可以对访问用户分配临时移动用户身份识别 TMSI，并将 TMSI 与用户的 IMSI 信息相关联。一个移动用户可以被分配两个 TMSI，一个用于电路域 MSC 提供的业务，即 TMSI，另一个用于分组域 SGSN 提供的业务，简称为 P—TMSI。

3. NSAPI/TLLI

网络层业务接入点标识/临时逻辑链路标识(NSAPI/TLLI)配对用于网络层的路由选择。NSAPI：网络业务接入点标识，表示一对 PDP 类型和 PDP 地址的组合，相当于用户的不同进程标识。不同协议如 X.25 和 IP 的 NSAPI 不同，其取值范围为 0~15。TLLI 用于标识 MS 和 SGSN 之间的逻辑链路，由 SGSN 根据 P—TMSI 导出；NSAPI 和 TLLI 用于网络层的路由，NSAPI/TLLI 对在一个路由区内是唯一的。一旦出了这个路由区，则需采用 P—TMSI 与 RAI 一起唯一标定 MS。SGSN 另外分配一个 P—TMSI 签名(3 bit)来表示 MS 的 GMM 上下文，在下一次附着或者路由区更新过程中 P—TMSI 签名将与 P—TMSI 一起传送到网络。

4. TID(Tunnel Identification)

相当于 IMSI+NSAPI。Gn 口上数据的传送通过 Tunnel(GTP 隧道协议)进行，不同的 IMSI 或相同 IMSI 的不同业务(NSAPI)具有唯一的标识，从而保证了数据传送的独立性和准确性。

5. BVCI

用以标定 BSSGP 上的一条虚电路，在 NSEI 中编号唯一；

6. NCVC

对应 Gb 口上的 PVC(永久虚电路)。

7. DLCI

NSVC 的本地标识号。

8. NSEI

控制 Gb 口上一组 NSVC 之间的链路分担和广播消息的发送。

9. RAI

路由区标识，RAI=LAI+RAC=MCC+MNC+LAC+RAC

路由区由运营者定义，包含一个或多个小区，可等同于一个位置区，或是一个位置区的子集，一个路由区由一个 SGSN 控制，路由区信息作为一种系统信息将在公共控制信道广播 RAI(路由区码，最大 16 bit/s)。

10. TLLI

用以表示特定的一条逻辑链路。在一个 RA 内，TLLI 与 IMSI 一一对应，RA 区域内部网络层路由选择是通过 NSAPI 和 TLLI 共同进行的。TLLI 为 32 bit，GPRS 系统中存在 4 种不同 TLLI，它们从

P-MSI中产生或者直接产生。

（1）本地TLLI。由MS产生，最高两位为11，其余30 bit与P-TMSI相应位置上的信息相同。它只在与此P-TMSI相关的路由区中有效。两种情况下MS使用本地TLLI表示逻辑链路标识，即在新的路由区中进行路由更新后没分配P-TMSI。

（2）外部TLLI。由MS产生，最高两位为10，其余30 bit与P-TMSI相应位置上的信息相同。MS在GPRS附着或者进行非周期性路由更新时使用外部TLLI。

（3）随机TLLI。由MS产生，最高五位为01111，其余27 bit随机选择。MS在进行匿名PDP上下文激活或者MS中不存在P-TMSI时使用随机TLLI。

（4）辅助TLLI。由SGSN产生，最高五位为01110，其余27 bit独立设定。

2.2.2 分组路由与传输功能

1. PDP状态和状态转换

每个GPRS PTP业务的签约包括一个或几个PDP地址的签约，对应每个PDP地址MS、SGSN和GGSN中都存在一个特定的PDP上下文，而每个PDP上下文都处于非激活态（Inactive）和激活态（Active）两个状态中的一个。一个用户的所有PDP上下文都与其唯一的、以IMSI为标识的MM上下文相关联。

（1）非激活（Inactive）状态。处于非激活态的PDP地址的PDP上下文不包含处理分组数据包所需的路由及映射信息，对于用户的路由区更新信息不作修改，不能进行数据传送。

对于特定的处于非激活状态的PDP地址，如果GGSN接收到移动被叫的数据包并且对应着该PDP地址的PDP上下文允许激活，GGSN将发起一个PDP上下文激活规程，否则将发送出错信息。

（2）激活（Active）状态。处于激活态的PDP地址的PDP上下文包含处理分组数据包所需的路由及映射信息，可以进行数据传送。PDP上下文激活状态只有当用户的MM状态处于Standby和Ready状态时才可能。PDP状态之间的转换如图2.6所示。

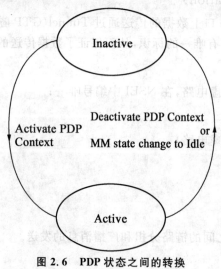

图2.6　PDP状态之间的转换

2. 会话管理规程

分组路由和转发功能是和PDP上下文的状态有着紧密关系的，只有在一个PDP地址所对应的位于SGSN和GGSN中的PDP上下文都处于激活状态时，才可能对相应的PDP PDU进行路由和转发（对于PTP情况）。

在GPRS系统中，传输数据是围绕PDP上下文来开展的，对PDP上下文的激活、修改和去激活的过程就是会话管理。

(1)非静态地址与动态地址。网络给 MS 分配地址有三种方式:
① HPLMN 在开户时给 MS 分配一个静态地址。
② HPLMN 在 PDP 上下文激活时给 MS 分配一个动态地址。
③ VPLMN 在 PDP 上下文激活时给 MS 分配一个动态地址。

后面两种方式的选择,也是由 HPLMN 在用户开户时在签约数据中确定。对每个 IMSI,可以分配 0 个或若干个静态地址,可以分配 0 个或若干个动态地址。当使用动态地址时,由 GGSN 负责给 MS 分配动态地址。网络发起的 PDP 上下文激活规程只对具有静态地址的 MS 才可能。

(2)PDP 上下文的激活规程(见图 2.7)。

MS 发起的 PDP 上下文激活,对该流程的说明如下:

① MS 向 SGSN 发出激活 PDP 上下文请求(NSAPI,TI,PDP 类型,APN,要求的 QoS,PDP 配置选项);

② 可选地执行安全性规程;

③ SGSN 根据 MS 提供的激活类型、PDP 地址、APN,通过 APN 选择标准来解析 GGSN 地址,从而检查该请求是否有效;

a. 如果 SGSN 不能从 APN 解析出 GGSN 地址,或判断出该激活请求无效,则拒绝该请求。

b. 如果 SGSN 从 APN 解析出了 GGSN 地址,则为所请求的 PDP 上下文创建一个 TID(IMSI+NSAPI),并向 GGSN 发出创建 PDP 上下文请求(PDP 类型,PDP 地址,APN,商定的 QoS,TID,选择模式,PDP 配置选项)。

GGSN 利用 SGSN 提供的信息确定外部 PDN,分配动态地址,启动计费,限定 QoS 等:

a. 如果能满足所商定的 QoS,则向 SGSN 返回创建 PDP 上下文响应(TID,PDP 地址,BB 协议,重新排序请求,PDP 配置选项,商定的 QoS,计费 ID,原因)。

b. 如果不能满足所商定的 QoS,则向 SGSN 返回拒绝创建 PDP 上下文请求。QoS 文件由 GGSN 操作者来配置。

④ SGSN 如果收到 GGSN 的创建 PDP 上下文响应,则在该 PDP 上下文中插入 NSAPI、GGSN 地址、动态 PDP 地址,根据商定的 QoS 选择无线优先权,然后向 MS 返回激活 PDP 上下文接受消息(PDP 类型,PDP 地址,TI,商定的 QoS,无线优先权,PDP 配置选项)。此时就已建立起 MS 与 GGSN 之间的路由,开始计费,可以进行分组数据传送。

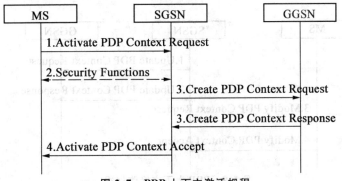

图 2.7 PDP 上下文激活规程

3. 网络发起 PDP 上下文激活

当 PDP 地址为静态时,可由网络请求 PDP 上下文激活规程(见图 2.8)。对该规程的说明如下:

(1)GGSN 接收到来自外部 PDN 的 PDP PDU,则将这些 PDP PDU 存储起来,并向 HLR 发出发送 GPRS 路由信息(IMSI)消息。

(2)如果 HLR 判断可为该请求提供服务,则返回发送 GPRS 路由信息确认(IMSI,SGSN 地址,移动台不可及原因)。如果 HLR 判断不能为该请求提供服务(如 HLR 不知道其 IMSI 时),则返回有错应答(IMSI,MAP 错误原因)。

(3)GGSN 向 HLR 所指定的 SGSN 发送 PDU 通知请求(IMSI,PDP 类型,PDP 地址)消息。SGSN 向 GGSN 返回 PDU 通知响应(原因)。

(4)向 MS 发出请求 PDP 上下文激活消息(TI,PDP 类型,PDP 地址)。

(5)后续流程与 MS 发起的 PDP 上下文激活规程一样。

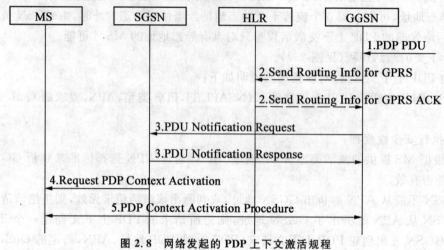

图 2.8　网络发起的 PDP 上下文激活规程

4. PDP 上下文的修改

SGSN 可以决定(或者是由 HLR 触发)修改一个 PDP 上下文的 QoS 参数或无线优先级。它可以通过选择 PDP 上下文修改规程来完成,或者在 MM 消息(如路由区更新接受消息)中携带此要求。PDP 上下文修改规程说明如下(见图 2.9):

(1)SGSN 向 GGSN 发出更新 PDP 上下文请求(TID,商定的 QoS)。

(2)如果商定的 QoS 与所要修改的 PDP 上下文不符,则 GGSN 拒绝该更新 PDP 上下文请求。否则则存储该商定的 QoS 并向 SGSN 返回更新 PDP 上下文响应消息(TID,商定的 QoS)。

(3)SGSN 向 MS 发出修改 PDP 上下文请求(TI,商定的 QoS,无线优先权)。

(4)MS 如果接受该修改请求,则返回接受消息。否则发起 PDP 上下文去激活规程来去激活该 PDP 上下文。

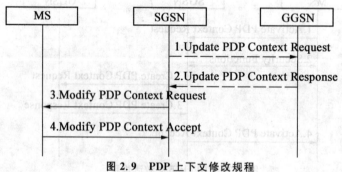

图 2.9　PDP 上下文修改规程

5. PDP 上下文的去激活

(1)MS 发起。流程说明如下(见图 2.10):

① MS 向 SGSN 发出去激活 PDP 上下文请求(TI);

② 可选地执行安全性管理规程。

③ SGSN 向 GGSN 发出删除 PDP 上下文请求(TID),GGSN 删除 PDP 上下文,释放动态 PDP 地址,并向 SGSN 返回响应。

④ SGSN 向 MS 返回去激活 PDP 上下文接受(TI)消息。

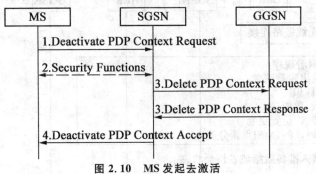

图 2.10　MS 发起去激活

(2)SGSN 发起。流程说明如下(见图 2.11):

① SGSN 向 GGSN 发出删除 PDP 上下文请求(TID),GGSN 删除该 PDP 上下文,释放动态 PDP 地址,并向 SGSN 返回响应。

② SGSN 向 MS 发出去激活 PDP 上下文请求(TI)。

③ MS 删除 PDP 上下文,并向 SGSN 返回去激活 PDP 上下文接受消息。

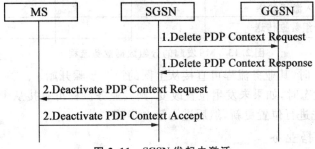

图 2.11　SGSN 发起去激活

(3)GGSN 发起。流程说明如下(见图 2.12):

① GGSN 向 SGSN 发出删除 PDP 上下文请求(TID)。

② SGSN 向 MS 发送去激活 PDP 上下文请求(TI),MS 删除 PDP 上下文,并向 SGSN 返回去激活 PDP 上下文接受消息。

③ SGSN 向 GGSN 返回删除 PDP 上下文响应(TID),GGSN 释放动态 PDP 地址和相应的 PDP 上下文。

图 2.12　GGSN 发起去激活

2.2.3　业务流程

1. MS 发起分组数据业务

MS 在一定的 MM 状态下发起分组数据业务:当 MM 状态为空闲时,MS 应首先执行移动性管理的附着规程,进入 MM Ready 状态或 MM 待命状态后才能执行 PDP 上下文的激活规程来实现分组数据业务。其业务流程如图 2.13 所示。

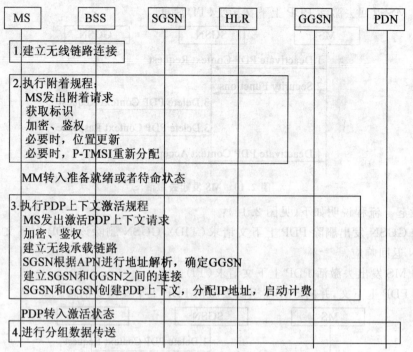

图 2.13 MS 发起的分组数据业务流程

当 MM 状态为 Ready 时,其业务流程可直接从上图的第 3 步骤开始。

当 MM 状态为待命状态时,如果未发生位置改变,则其业务流程可直接从上图的第 3 步骤开始;如果发生了位置改变,则需先进行位置更新,然后进入第 3 步骤。

2. 网络发起分组数据业务

网络可在一定的 MM 状态下对具有静态 PDP 地址的 MS 发起分组数据业务,当 MS 的 MM 状态为空闲时,网络无法对 MS 进行寻呼,因此无法发起分组数据业务。当 MM 状态为待命时,网络需先向 MS 发起寻呼,然后再执行激活 PDP 上下文规程,如图 2.14 所示。

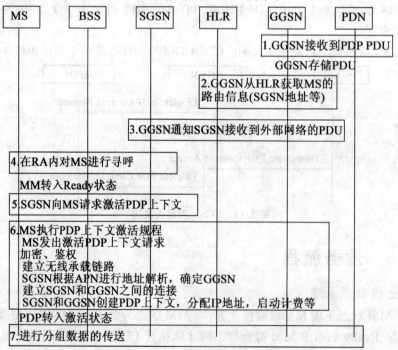

图 2.14 网络发起的分组数据业务流程

当 MM 状态为 Ready 时,其业务流程不需执行上图中第 4 步的寻呼规程。

重点串联

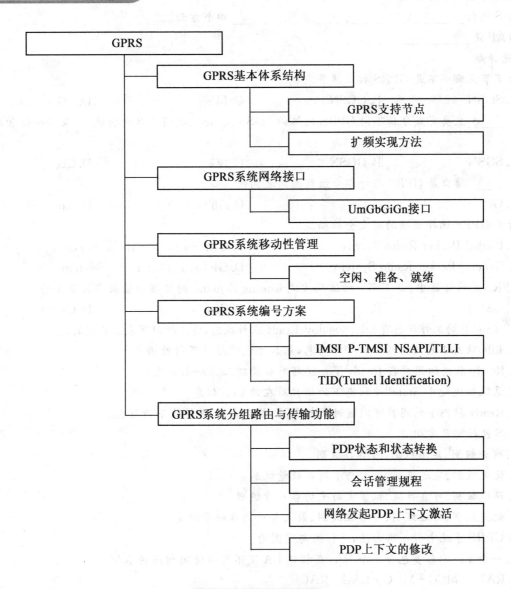

拓展与实训

基础训练

1. 填空题

(1)GPRS 的英文全称是_____。为了引入 GPRS,原有的 GSM 网元需要增加_____。

(2)_____接口是 GPRS 与外部分组数据网之间的接口。SGSN 和短信中心之间的接口为_____。

(3)GGSN 及 SGSN 与 CG 间的接口为_____。

(4)PCU 的主要功能是_____。

(5)CG 与 BS 间通过_____通信协议传输计费文件。在 GPRS 中,切换决定由_____控制。

(6)一个无线块(Radio Block)由_____个突发脉冲组成,使用 CS-2 编码方式时,单个 TS 的最大传输速率(RLC 层)为_____。LLC 层将使用_____帧传送数据信息。

(7)手机在做完 GPRS Attach 后瞬间处于_____状态。_____状态下的用户可以随时发起 PDP 激活请求,并接收下行数据。

(8)QoS 包括_____、_____、_____、_____四个方面。

(9)WAP 是_____。

2. 单项选择题

(1)以下节点哪个不是 GPRS 核心网节点 ( )
    A. SGSN   B. GGSN   C. MSC   D. CG

(2)_____主要完成分属不同 GPRS 网络的 SGSN、GGSN 之间的路由功能,以及安全性管理功能 ( )
    A. SGSN   B. GGSN   C. BG   D. CG

(3)_____接口是 GPRS 与外部分组数据网之间的接口 ( )
    A. Gi   B. Gn   C. Gb   D. Gp

(4)请为 GPRS 选择正确的英文全称描述 ( )
    A. Global Packet Radio Service   B. General Packet Radio Service
    C. General Packet Radio System   D. Global Packet Radio System

(5)GPRS 无线传输中,以下哪一种编码方式 Coding Scheme 的数据传输效率是最高的 ( )
    A. CS-1   B. CS-2   C. CS-3   D. CS-4

(6)GPRS 用户的工作状态有 Idle、Standby、Ready 三种状态,请选择以下表述正确的是 ( )
    A. Idle 状态下的用户须接收寻呼消息,然后才能够接收下行数据
    B. Ready 状态的用户在 Ready Timer 超时后将转入 Standby 状态
    C. 系统知道处于 Standby 状态下的用户所在的 Cell 信息
    D. Ready 状态下的用户可以随时发起 PDP 激活请求,并接收下行数据

(7)QoS 包括哪几方面 ( )
    A. 优先级别、延迟级别、可靠性级别
    B. 优先级别、延迟级别、最大与平均吞吐量级别
    C. 延迟级别、可靠性级别、最大与平均吞吐量级别
    D. 优先级别、延迟级别、可靠性级别、最大与平均吞吐量级别

(8)在 GPRS 系统中引入路由区,其作用与范围为 ( )
    A. 一个 LA 中最多包含 7 个 RA,在相邻 LA 下不可以使用相同的 RAC
    B. RAI = MCC+MNC+LAC+RAC
    C. RAC 与 Ra_colour 没有区别,都是用于区分路由区的
    D. Ra_colour 无需规划,相邻 RA 之间 Ra_colour 取值不受限制

(9)手机开机后自动完成 Attach,3 分钟后处于何种 GMM 状态 ( )
    A. Idle   B. Ready
    C. Standby   D. 以上都进入 Idle 状态

(10)GPRS 的一个时隙在同一时刻只能支持一个用户进行数据传输,多用户的共享是建立在对同一资源的时分复用上的,下列哪一个因素不影响一个时隙对多用户的支持个数 ( )
    A. 多个用户的数据传输的并发性
    B. 每个用户的数据应用的数据量类型(大数据量或小数据量)
    C. 每个用户的数据应用的数据流类型(持续性数据流或间歇性数据流)

D. 每个用户的应用程序对时延的适应能力
E. 以上皆是

3. 判断题
(1) 软切换是先"连"后"断"。( )
(2) Class B 类的手机支持同时语音和数据业务。( )
(3) GPRS 时隙能被电路交换所共享。( )
(4) 访问 Internet 只能通过 GPRS 手机连接 PC 电脑实现。( )
(5) 每次网页下载时都须激活一个 PDP 上下文。( )
(6) 手机和 MFS 之间的分组数据通过 GCH 在 BSC 是透明传输的。( )
(7) 传送数据至 Ready 状态的手机不需要被 Paging。( )
(8) 路由区范围一般小于位置区。( )
(9) GPRS 的服务质量与 BSC 无关。( )
(10) 不同的 MS 可占用同一个 PDCH。( )

4. 简答题
(1) 为什么要在移动通信系统中引入 GPRS 系统?
(2) 简述 PCU 的主要功能。
(3) 为了引入 GPRS,原有的 GSM 网元哪个需要增加硬件?
(4) 具有会话管理功能的网元有哪些?
(5) GPRS 采用的是何种数据传输方式?
(6) 哪类 GPRS 终端能够同时支持电路与分组连接?
(7) 在 GPRS 网络中,BSC 和 SGSN 之间的接口是什么?
(8) GPRS 协议栈中 RLC 属第几层?
(9) GPRS 用户的工作状态有几种?简述它们之间如何切换。
(10) 简述由网络发起的 PDP 上下文激活流程。

技能实训

实训 多信道共用

实训目的

(1) 掌握移动通信系统多信道共用选取的方式、原理及应用;
(2) 掌握移动通信系统空闲信道选取的方式、原理及应用。
(3) 观测 MS-BS 呼叫接续各阶段工作信道的变化,了解其多信道共用、空闲信道选取方式。
(4) 了解专用控制信道方式、循环不定位方式信道分配的流程。

实训原理

多信道共用的移动通信系统,在基站控制的小区内有多个无线信道提供给所有移动用户共用。那么,在某一用户主呼或被呼时,如何从多个信道中选择一个空闲信道分配给该用户使用呢?

空闲信道选取方式有以下四种:
(1) 专用呼叫信道(专用控制信道)方式;
(2) 循环定位方式;
(3) 循环不定位方式;
(4) 循环分散定位方式。

1.专用呼叫信道方式

采用专用呼叫信道方式时,在挂机状态下 BS 及 MS 都守候在专用呼叫信道上(专用呼叫信道号预先分配,并在此信道上以专用呼叫标识进行广播),BS 还时分扫描其他所有的通话信道,检测并记录其中的空闲信道。当 MS 主呼或被呼时,BS 通过专用呼叫信道给 MS 指定一个空闲信道,BS 和 MS 由专用呼叫信道转移到指定的空闲信道。在后续的拨号(MS 主呼时)及通话过程中双方将一直占用该信道,直至挂机。挂机后则均返回专用呼叫信道守候。

2.循环不定位方式

采用循环不定位方式时,所有空闲状态下的 MS 均处于信道扫描状态,并通过对 DET2 的检测来实现对被扫描信道的忙(被占用)判别(当被扫描信道忙(被占用)时,DET2 为低电平)。当 MS 主呼时,MS 在扫描到的第一个空闲信道上发起呼叫,随后占用此信道进行通话,通话结束后返回信道扫描状态。当移动台被呼时,BS 在一个空闲信道上发送召集标识,MS 在扫描过程中收到此标识后就停在此信道上接收后续的选呼信令,被呼移动台在此信道上应答、与 BS 通话,通话结束后返回信道扫描状态;未被呼叫的移动台则继续扫描。

说明:DET1(Z1 的第四脚)、DET2(Z201 的第四脚)为载波检测输出端,当接收机在当前频道上收到射频载波时(表示当前频道被占用),输出低电平,否则为高电平。因而可利用它来作为信道忙或闲的指示。

本实验模拟一个二信道的 FDMA 移动通信网,用两台工作于基站(BS)模式的实验仪提供两个基站信道,为若干台工作于移动台(MS)模式的实验仪(简称"移动台")所共用,以专用呼叫信道方式或循环不定位方式实现信道的共用与分配。

实训器材

(1)每组移动通信实验系统 N 台($N\geqslant 4$);

(2)20 M 双踪示波器 1 台。

实训步骤

(1)按同组两台工作于基站(BS)模式的实验仪(简称"基站")、若干台工作于移动台(MS)模式的实验仪(简称"移动台")配置实验系统。基站的话柄插入 BS 侧的 J2,移动台的话柄插入 MS 侧的 J202。

(2)示波器两个通道的探头分别接在移动台的 TP107 及 TP207 端,打开各实验系统电源。利用"前"或"后"键、"确认"键进入本实验操作界面,如图 2.15 所示。

```
┌─────────────────┐
│  5.频分多址      │
│                  │
│  专用信道方式    │
│  循环不定位方式  │
└─────────────────┘
```

图 2.15 本实验操作界面

(3)利用"前"或"后"键、"确认"键选择进入"专用信道方式"操作界面,如图 2.16 所示。

```
┌─────────────────┐   ┌─────────────────┐
│  5.频分多址      │   │  5.频分多址      │
│   BS             │   │   MS             │
│  专用信道方式    │   │  专用信道方式    │
│  控制信道:CH06   │   │   CH09           │
└─────────────────┘   └─────────────────┘
      (a)基站                (b)移动台
```

图 2.16 "专用信道方式"操作界面

对于基站,此时光标停在频道号上闪烁,等待设置控制信道号,可利用"+"或"-"键改变控制信道号(应与其他组不一样,但组内两台基站应相同),将两台基站控制信道号设为与其他组不一样的某个信道(假设为CH06),然后均按"确认"。

对于移动台,此时它们处于信道扫描状态,在CH01~CH20间循环扫描,等待接收控制信道标识,捕获控制信道。

(4)按一下其中一基站(称为基站A)的"PTT"键,该基站将在控制信道上持续发射专用控制信道标识约9秒,移动台扫描、收到此标识后停在专用控制信道上,LCD上显示专用控制信道号,并发出一声蜂鸣声;以后此基站(称为基站A)将专作控制信道分配用。基站B收到此标识后也将发出一声蜂鸣声。至此,基站、移动台均停在控制信道上等待下一步的操作。

提示:若某个移动台未收到控制信道标识而仍继续扫描,可再按一下基站A的"PTT"键,再次发射专用控制信道标识,让所有移动台均停在控制信道上。

(5)按一下某一移动台(称为移动台A)的"PTT"键(表示MS摘机),这时可用示波器在其TP107端观测到移动台发射的数字信令(摘机信令),随后在其TP207端可观测到基站发射的数字信令(空闲信道指配信令);再随后,基站B和移动台A均转至指配的某空闲信道(LCD上指示对应信道号)上,手持话柄可进行基站B—移动台A间通话。

(6)通话完毕,按一下移动台A的"PTT"键挂机,基站B及移动台A一起返回控制信道上守候。

(7)多次重复步骤(4)~(6),观测、理解FDMA信道分配的过程。

说明:

若在基站B和移动台A转至指配的某空闲信道上通话时,另一移动台(称为移动台B)也摘机起呼,基站A将指配另一空闲信道给它,它也将转至此指配的某空闲信道(LCD上指示对应信道号)上,但由于只有2个基站,没有另一个基站随它一起转至此指配信道上,因而移动台将没有基站与之通话(我们观察的重点是信道的分配),按一下移动台B的"PTT"键,它将返回控制信道上守候。

实训习题:

1.根据实验步骤及观测,画出信道分配的简要流程。

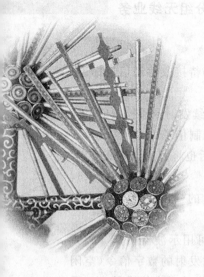

模块 3
CDMA 数字蜂窝移动通信系统

知识目标
- ◆ 了解扩频通信的基本概念、理论基础以及性能指标；
- ◆ 掌握 CDMA 系统的特点；
- ◆ 了解功率控制与 RAKE 接收机技术；
- ◆ 掌握语音编码技术；
- ◆ 掌握 CDMA 系统的地址码和扩频码；
- ◆ 了解 CDMA 系统的信道划分与网络结构。

技能目标
- ◆ 熟练掌握功率控制与 RAKE 接收机；
- ◆ 熟练掌握 CDMA 系统的频率配置。

课时建议
12 课时

课堂随笔

3.1 认识扩频通信技术

传输任何信息都需要一定的带宽,称为信息带宽。例如语音信息的带宽为 20~20 000 Hz,普通电视图像信息带宽大约为 6 MHz。为了充分利用频率资源,通常都是尽量压缩传输带宽。如电话是基带传输,人们通常把带宽限制在 3 400 Hz 左右。如使用调幅信号传输,因为调制过程中将产生上下两个边带,信号带宽需要达到信息带宽的两倍,而在实际传输中,人们采用压缩限幅技术,把广播语音的带宽限制在 2×4 500 Hz=9 kHz 左右;采用边带压缩技术,把普通电视信号包括语音信号一起限制在 1.2×6.5 MHz=8 MHz 左右。即使在普通的调频通信上,人们最大也只把信号带宽放宽到信息带宽的十几倍左右,这些都是采用了窄带通信技术。扩频通信属于宽带通信技术,通常的扩频信号带宽与信息带宽之比将高达几百甚至几千倍。那么为什么要这么做? 这样是不是太浪费频率资源了? 我们先来认识一下扩频通信、信息论和抗干扰技术。

3.1.1 扩频通信的基本概念

所谓扩展频谱通信,可简单表述如下:"扩频通信技术是一种信息传输方式,其信号所占有的频带宽度远大于所传信息必需的最小带宽;频带的扩展是通过一个独立的码序列来完成,用编码及调制的方法来实现的,与所传信息数据无关;在接收端则用同样的码进行相关同步接收、解扩及恢复所传信息数据。"这一定义包含了以下三方面的意思:

1. 信号的频谱被展宽了

我们知道,传输任何信息都需要一定的带宽,称为信息带宽。例如人类的语音信息带宽为 300~3 400 Hz,电视图像信息带宽为数 MHz。为了充分利用频率资源,通常都是尽量采用大体相当的带宽的信号来传输信息。在无线电通信中射频信号的带宽与所传信息的带宽是相比拟的。如用调幅信号来传送语音信息,其带宽为语音信息带宽的两倍;电视广播射频信号带宽也只是其视频信号带宽的一倍多。这些都属于窄带通信。

一般的调频信号,或脉冲编码调制信号,它们的带宽与信息带宽之比也只有几到十几。扩展频谱通信信号带宽与信息带宽之比则高达 100~1 000,属于宽带通信。

2. 采用扩频码序列调制的方式来展宽信号频谱

我们知道,在时间上有限的信号,其频谱是无限的。例如很窄的脉冲信号,其频谱则很宽。信号的频带宽度与其持续时间近似成反比。1 μs 的脉冲的带宽约为 1 MHz。因此,如果用很窄的脉冲序列被所传信息调制,则可产生很宽频带的信号。

如下面介绍的直接序列扩频系统就是采用这种方法获得扩频信号。这种很窄的脉冲码序列,其码速率是很高的,称为扩频码序列。这里需要说明的一点是所采用的扩频码序列与所传信息数据是无关的,也就是说它与一般的正弦载波信号一样,丝毫不影响信息传输的透明性。扩频码序列仅仅起扩展信号频谱的作用。

3. 在接收端用相关解调来解扩

正如在一般的窄带通信中,已调信号在接收端都要进行解调来恢复所传的信息。在扩频通信中接收端则用与发送端相同的扩频码序列与收到的扩频信号进行相关解调,恢复所传的信息。换句话说,这种相关解调起到解扩的作用。即把扩展以后的信号又恢复成原来所传的信息。这种在发端把窄带信息扩展成宽带信号,而在收端又将其解扩成窄带信息的处理过程,会带来一系列好处。弄清楚扩频和解扩处理过程的机制,是理解扩频通信本质的关键所在。

3.1.2 扩频通信的理论基础

长期以来,人们总是尽量使信号所占频谱尽量窄,以充分利用十分宝贵的频谱资源。为什么要用这样宽频带的信号来传送信息呢?简单的回答就是主要为了通信的安全可靠。

扩频通信的基本特点,是传输信号所占用的频带宽度(W)远大于原始信息本身实际所需的最小(有效)带宽(ΔF),比值称为处理增益 G_p,即

$$G_p = W/\Delta F$$

众所周知,任何信息的有效传输都需要一定的频率宽度,如语音为 1.7~3.1 kHz,电视图像则宽到数兆赫。为了充分利用有限的频率资源,增加通路数目,人们广泛选择不同调制方式,采用宽频信道(同轴电缆、微波和光纤等)和压缩频带等措施,同时力求使传输的媒介中传输的信号占用尽量窄的带宽。因现今使用的电话、广播系统中,无论是采用调幅、调频或脉冲编码调制方式,G_p 值一般都在十多倍范围内,统称为"窄带通信"。而扩频通信的 G_p 值,高达数百、上千,称为"宽带通信"。

扩频通信的可行性,是从信息论和抗干扰理论的基本公式中引申而来的。信息论中关于信息容量的香农(Shannon)公式为

$$C = W\log_2(1 + P/N)$$

式中　C——信道容量(用传输速率度量);
　　　W——信号频带宽度;
　　　P——信号功率;
　　　N——白噪声功率。

上式说明,在给定的传输速率 C 不变的条件下,频带宽度 W 和信噪比 P/N 是可以互换的。即可通过增加频带宽度的方法,在较低的信噪比 $P/N(S/N)$ 情况下,传输信息。

扩展频谱换取信噪比要求的降低,正是扩频通信的重要特点,并由此为扩频通信的应用奠定了基础。

总之,我们用信息带宽的 100 倍,甚至 1 000 倍以上的宽带信号来传输信息,就是为了提高通信的抗干扰能力,即在强干扰条件下保证可靠安全地通信。这就是扩展频谱通信的基本思想和理论依据。

3.1.3 扩频通信的性能指标

处理增益和抗干扰容限是扩频通信系统的两个重要性能指标。

1. 处理增益

处理增益也称扩频增益(Spreading Gain),它定义为频谱扩展前的信息带宽 ΔF 与频带扩展后的信号带宽 W 之比,即

$$G = W/\Delta F$$

在扩频通信系统中,接收机作扩频解调后,只提取伪随机编码相关处理后的带宽为 F 的信息,而排除掉宽频带 W 中的外部干扰、噪音和其他用户的通信影响。因此,处理增益 G 反映了扩频通信系统信噪比改善的程度。

2. 抗干扰容限

抗干扰容限是指扩频通信系统能在多大干扰环境下正常工作的能力,定义为

$$M_j = G - [(S/N)_{out} + L_s]$$

式中　M_j——抗干扰容限;
　　　G——处理增益;

$(S/N)_{out}$——信息数据被正确解调而要求的最小输出信噪比；

L_s——接收系统的工作损耗。

例如，一个扩频系统的处理增益为 35 dB，要求误码率小于 10^{-5} 的信息数据解调的最小的输出信噪比 $(S/N)_{out} < 10$ dB，系统损耗 $L_s = 3$ dB，则干扰容限 $M_j = 35 - (10 + 3) = 22$ dB。

这说明，该系统能在干扰输入功率电平比扩频信号功率电平高 22 dB 的范围内正常工作，也就是该系统能够在接收输入信噪比大于或等于 -22 dB 的环境下正常工作。

3.1.4 扩频通信的实现方法

按照扩展频谱的方式不同，现有的扩频通信系统分为以下几种：

1. 直接序列扩频（Direct Sequence Spread Spectrum）

所谓直接序列（Direct Sequence, DS）扩频，简称直扩（DS）方式，就是直接用具有高码率的扩频码序列在发端去扩展信号的频谱。而在收端，用相同的扩频码序列去进行解扩，把展宽的扩频信号还原成原始的信息。直接序列扩频的原理如图 3.1 所示。

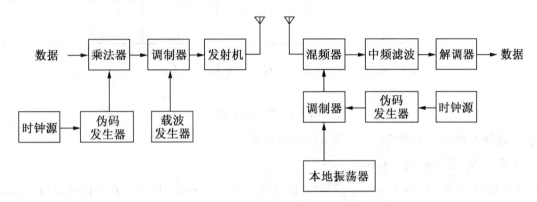

图 3.1　直接序列扩频系统原理图

例如我们用窄脉冲序列对某一载波进行二相相移键控调制。如果采用平衡调制器，则调制后的输出为二相相移键控信号，它相当于载波抑制的调幅双边带信号。图中输入载波信号的频率为 f_c，窄脉冲序列的频谱函数为 $G(C)$，它具有很宽的频带。平衡调制器的输出则为两倍脉冲频谱宽度，而 f_c 被抑制的双边带的展宽了的扩频信号，其频谱函数为 $f_c + G(C)$。

在接收端应用相同的平衡调制器作为解扩器。可将频谱为 $f_c + G(C)$ 的扩频信号，用相同的码序列进行再调制，将其恢复成原始的载波信号 f_c。

2. 跳变频率（Frequency Hopping, FH）

跳频（FH）方式是另外一种扩展信号频谱的方式，所谓跳频，比较确切的意思是：用一定码序列进行选择的多频率频移键控。也就是说，用扩频码序列去进行频移键控调制，使载波频率不断地跳变，所以称为跳频。

简单的频移键控如 2FSK，只有两个频率，分别代表传号和空号。而跳频系统则有几个、几十个甚至上千个频率，由所传信息与扩频码的组合去进行选择控制，不断跳变。

图 3.2(a) 为跳频的原理示意图。发端信息码序列与扩频码序列组合以后按照不同的码字去控制频率合成器。

从图 3.2(b) 中可以看出，在频域上输出频谱在一宽频带内所选择的某些频率随机地跳变。在收端，为了解调跳频信号，需要有与发端完全相同的本地扩频码发生器去控制本地频率合成器，使其输出的跳频信号能在混频器中与接收信号差频出固定的中频信号，然后经中频带通滤波器及信息解调器输出恢复的信息。

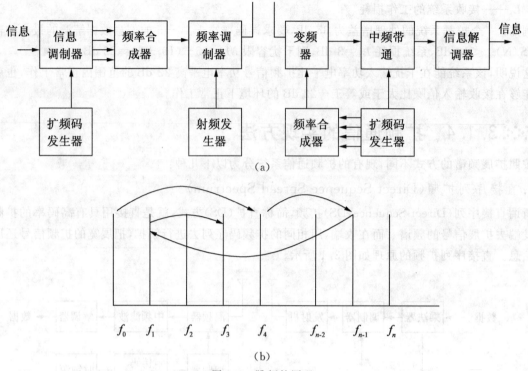

图 3.2 跳频的原理

总之,跳频系统占用了比信息带宽要宽得多的频带。

3. 跳变时间(Time Hopping)

与跳频相似,跳时(Time Hopping,TH)是使发射信号在时间轴上跳变。首先把时间轴分成许多时片,在一帧内哪个时片发射信号由扩频码序列去进行控制。可以把跳时理解为:用一定码序列进行选择的多时片的时移键控。

由于采用了窄得很多的时片去发送信号,相对说来,信号的频谱也就展宽了。图 3.3 是跳时系统的原理方框图。在发端,输入的数据先存储起来,由扩频码发生器的扩频码序列去控制通一断开关,经二相或四相调制后再经射频调制后发射。在收端,由射频接收机输出的中频信号经本地产生的与发端相同的扩频码序列控制通一断开关,再经二相或四相解调器,送到数据存储器和再定时后输出数据。只要收发两端在时间上严格同步进行,就能正确地恢复原始数据。

跳时也可以看成是一种时分系统,所不同之处在于它不是在一帧中固定分配一定位置的时片,而是由扩频码序列控制的按一定规律跳变位置的时片。跳时系统的处理增益等于一帧中所分的时片数。

由于简单的跳时抗干扰性不强,很少单独使用。跳时通常都与其他方式结合使用,组成各种混合方式。

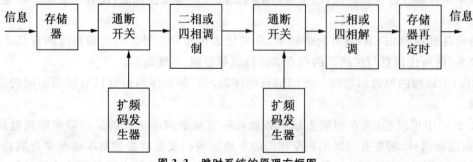

图 3.3 跳时系统的原理方框图

3.2 CDMA 系统的关键技术

CDMA (Code Division Multiple Access) 又称码分多址，是基于扩频通信的一种无线通信技术。CDMA 允许所有使用者同时使用全部频带(1.228 8 MHz)，且把其他使用者发出的信号视为干扰，完全不必考虑到信号碰撞 (Collision) 问题。CDMA 中所提供的语音编码技术，通话品质比 GSM 好，且可把用户对话时周围环境噪音降低，使通话更清晰。就安全性能而言，CDMA 不但有良好的认证体制，更因其传输特性，用码来区分用户，防止被第三方监听的能力大大增强。那么它采用哪些关键技术呢？我们先从它的系统特点开始学习。

3.2.1 CDMA 系统的特点

CDMA 系统是基于码分技术（扩频技术）和多址技术的通信系统，系统为每个用户分配各自特定的地址码。地址码之间具有相互准正交性，从而在时间、空间和频率上都可以重叠；将需传送的具有一定信号带宽的信息数据，用一个带宽远大于信号带宽的伪随机码进行调制，使原有的数据信号的带宽被扩展，接收端进行相反的过程，进行解扩，增强了抗干扰的能力。CDMA 给每一用户分配一个唯一的码序列（扩频码），并用它对承载信息的信号进行编码。知道该码序列用户的接收机对收到的信号进行解码，并恢复出原始数据，这是因为该用户码序列与其他用户码序列的互相关系是很小的。由于码序列的带宽远大于所承载信息的信号的带宽，编码过程扩展了信号的频谱，所以也称为扩频调制，其所产生的信号也称为扩频信号。CDMA 通常也用扩频多址 (SSMA) 来表征。对所传信号频谱的扩展给予 CDMA 以多址能力。因此，对扩频信号的产生及其性能的了解就十分重要。扩频调制技术必须满足两条基本要求：

(1) 传送信号的带宽必须远大于信息的带宽。
(2) 所产生的射频信号的带宽与所传信息无关。

所传信号的带宽 B_t 与信息带宽 B_i 之比称为扩频系统的处理增益 G_p，即

$$G_p = B_t / B_i$$

接收机采用相同的扩频码与收到的信号进行相关运算恢复出所携带的原始信息。由于扩频信号扩展了信号的频谱，所以它具有一系列不同于窄带信号的性能：

(1) 多址能力。
(2) 抗多径干扰的能力。
(3) 具有隐私性能。
(4) 抗人为干扰的能力。
(5) 具有低截获概率的性能。
(6) 具有抗窄带干扰的能力。

CDMA 系统采用码分多址的技术及扩频通信的原理，使得可以在系统中使用多种先进的信号处理技术，为系统带来许多优点。以下介绍 CDMA 无线通信系统的几个显著特点：

1. 大容量

根据理论计算及现场试验表明，CDMA 系统的信道容量是模拟系统的 10～20 倍，是 TDMA 系统的 4 倍。CDMA 系统的高容量很大一部分因素是因为它的频率复用系数远远超过其他制式的蜂窝系统，同时 CDMA 使用了语音激活和扇区化，快速功率控制等。按照香农定理，各种多址方式（FDMA、TDMA 和 CDMA）都应有相同的容量。但这种考虑有几种欠缺，一是假设所有的用户在同一时间内连续不断地传送消息，这对语音通信来说是不符合实际的；二是没有考虑在地理上重新分配频率的问题；三是没有考虑信号传输中的多径衰落。

决定 CDMA 数字蜂窝系统容量的主要参数是：处理增益、E_b/N_0、语音负载周期、频率复用效率和基站天线扇区数。

若不考虑蜂窝系统的特点，只考虑一般扩频通信系统，接收信号的载干比定义为载波功率与干扰功率的比值，可以写成

$$\frac{C}{I}=\frac{R_b E_b}{I_0 W}=\frac{\frac{E_b}{I_0}}{\frac{W}{R_b}}$$

式中　E_b——信息的比特能量；

　　　R_b——信息的比特率；

　　　I_0——干扰的功率谱密度；

　　　W——总频段宽度（这里也是 CDMA 信号所占的频谱宽度，即扩频宽度）；

　　　E_b/I_0——类似于通常所说的归一化信噪比，其取值决定于系统对误比特率或语音质量的要求，并与系统的调制方式和编码方案有关；

　　　W/R_b——系统的处理增益。

若 N 个用户共用一个无线信道，显然，每一个用户的信号都受到其他 $N-1$ 个用户信号的干扰。假定到达一个接收机的信号强度和各干扰强度都相等，则载干比为

$$\frac{C}{I}=\frac{1}{N-1}$$

或

$$N-1=\frac{\frac{W}{R_b}}{\frac{E_b}{I_0}}$$

若 $N\gg 1$，于是

$$N=\frac{\frac{W}{R_b}}{\frac{E_b}{I_0}}$$

结果说明，在误比特率一定的条件下，所需要的归一化信噪比越小，系统可以同时容纳的用户数越多。应该注意这里的假定条件，所谓到达接收机的信号强度和各个干扰强度都一样，对单一小区（没有邻近小区的干扰）而言，在前向传输时，不加功率控制即可满足；但是在反向传输时，各个移动台向基站发送的信号必须进行理想的功率控制才能满足。

2. 软容量

在 FDMA、TDMA 系统中，当小区服务的用户数达到最大信道数，已满载的系统再无法增添一个信号，此时若有新的呼叫，该用户只能听到忙音。而在 CDMA 系统中，用户数目和服务质量之间可以相互折中，灵活确定。例如系统运营者可以在话务量高峰期将某些参数进行调整，例如可以将目标误帧率稍稍提高，从而增加可用信道数。同时，在相邻小区的负荷较轻时，本小区受到的干扰较小，容量就可以适当增加。

体现软容量的另外一种形式是小区呼吸功能。所谓小区呼吸功能就是指各个小区的覆盖大小是动态的。当相邻两个小区负荷一轻一重时，负荷重的小区通过减小导频发射功率，使本小区的边缘用户由于导频强度不够，切换到相邻的小区，使负荷分担，即相当于增加了容量。这项功能可以避免在切换过程中由于信道短缺造成的掉话。在模拟系统和数字 TDMA 系统中，如果没有可用信道，呼叫必须重新被分配到另一条候选信道，或者在切换时中断。但是在 CDMA 中，建议可以适当提高用户的可接受的误比特率直到另外一个呼叫结束。

3. 软切换

所谓软切换是指移动台需要切换时，先与新的基站连通再与原基站切断联系，而不是先切断与原基站的联系再与新的基站连通。软切换只能在同一频率的信道间进行，因此，模拟系统、TDMA 系统不具有这种功能。

软切换可以有效地提高切换的可靠性，大大减少切换造成的掉话，因为据统计，模拟系统、TDMA 系统无线信道上的掉话 90% 发生在切换中。

同时，软切换还提供分集，在软切换中，由于各个小区采用同一频带，因而移动台可同时与小区 A 和邻近小区 B 进行通信。在反向信道，两基站分别接收来自移动台的有用信号，以帧为单位译码分别传给移动交换中心，移动交换中心内的声码器/选择器（Vocoder/Selector）也以帧为单位，通过对每一帧数据后面的 CRC 校验码来分别校验这两帧的好坏，如果只有一帧为好帧，则声码器就选择这一好帧进行声码变换；如果两帧都为好帧，则声码器就任选一帧进行声码变换；如果两帧都为坏帧，则声码器放弃当前帧，取出前面的一个好帧进行声码变换。这样就保证了基站最佳的接收结果。在前向信道，两个小区的基站同时向移动台发射有用信号，移动台把其中一个基站来的有用信号实际作为多径信号进行分集接收。这样在软切换中，由于采用了空间分集技术，大大提高了移动台在小区边缘的通信质量，增加了系统的容量。从反向链路来说，移动台根据传播状况好的基站情况来调整发射功率，减少了反向链路的干扰，从而增加了反向链路的容量。

4. 采用多种分集技术

分集技术是指系统能同时接收并有效利用两个或更多个输入信号，这些输入信号的衰落互不相关。系统分别解调这些信号然后将它们相加，这样可以接收到更多的有用信号，克服衰落。

移动通信信道是一种多径衰落信道，发射的信号要经过直射、反射、散射等多条传播路径才能到达接收端，而且随着移动台的移动，各条传播路径上的信号负担、时延及相位随时随地发生变化，所以接收到的信号的电平是起伏的、不稳定的，这些不同相位的多径信号相互叠加就形成衰落。叠加后的信号幅度变化符合瑞利分布，因而又称瑞利衰落。瑞利衰落随时间急剧变化时，称为"快衰落"。而阴影衰落是由于地形的影响（例如建筑物的阻挡等）而造成的信号中值的缓慢变化。

分集接收是克服多径衰落的一个有效方法，采用这种方法，接收机可对多个携有相同信息且衰落特性相互独立的接收信号在合并处理之后进行判决。由于衰落具有频率、时间和空间的选择性，因此分集技术包括频率分集、时间分集和空间分集。

减弱慢衰落的影响可采用空间分集，即用几个独立天线或在不同的场地分别发送和接收信号，以保证各信号之间的衰落独立。由于这些信号在传输过程中的地理环境不同，所以各信号的衰落各不相同。采用选择性合成技术选择较强的一个输出，降低了地形等因素对信号的影响。根据衰落的频率选择性，当两个频率间隔大于信道的相关带宽时，接收到的此两种频率的衰落信号不相关。市区的相关带宽一般为 50 kHz 左右，郊区的相关带宽一般为 250 kHz 左右。而码分多址的一个信道带宽为 1.23 MHz，无论在郊区还是在市区都远远大于相关带宽的要求，所以码分多址的宽带传输本身就是频率分集。

5. 语音激活

典型的全双工双向通话中，每次通话的占空比小于 35%，在 FDMA 和 TDMA 系统中，由于通话停顿等重新分配信道存在一定的时延，所以难以利用语音激活因素。CDMA 系统因为使用了可变速率声码器，在不讲话时传输速率低，减轻了对其他用户的干扰，这即是 CDMA 系统的语音激活技术。

6. 保密

CDMA 系统的信号扰码方式提供了高度的保密性，使这种数字蜂窝系统在防止串话、盗用等方面具有其他系统不可比拟的优点。

7. 低发射功率

众所周知,由于 CDMA(IS—95)系统中采用快速的反向功率控制、软切换、语音激活等技术,以及 IS—95 规范对手机最大发射功率的限制,使 CDMA 手机在通信过程中辐射功率很小而享有"绿色手机"的美誉,这是与 GSM 相比,CDMA 的重要优点之一。

从手机发射功率限制的角度来比较:

目前普遍使用的 GSM 手机 900 MHz 频段最大发射功率为 2 W(33 dBm),1 800 MHz 频段最大发射功率为 1 W(30 dBm),同时规范要求,对于 GSM900 和 1800 频段,通信过程中手机最小发射功率分别不能低于 5 dBm 和 0 dBm。CDMA IS—95A 规范对手机最大发射功率要求为 0.2~1 W(23~30 dBm),实际上目前网络上允许手机的最大发射功率为 23 dBm(0.2 W),规范对 CDMA 手机最小发射功率没有要求。

在实际通信过程中,在某个时刻某个地点,手机的实际发射功率取决于环境、系统对通信质量的要求、语音激活等诸多因素,实际上就是取决于系统的链路预算。在通常的网络设计和规划中,对于基本相同的误帧率要求,GSM 系统要求到达基站的手机信号的载干比通常为 9 dB 左右,由于 CDMA 系统采用扩频技术,扩频增益对全速率编码的增益为 21 dB(对其他低速率编码的增益更大),所以对解扩前信号的等效载干比的要求为 −14 dB(CDMA 系统通常要解扩后信号的 E_b/N_o 值为 7 dB 左右)。

从手机发射功率的初始值的取定及功率控制机制的角度来进行比较:

手机与系统的通信可分为两个阶段,一是接入阶段,二是通话阶段。对于 GSM 系统,手机在随机接入阶段没有进入专用模式以前,是没有功率控制的,为保证接入成功,手机以系统能允许的最大功率发射(通常是手机的最大发射功率)。在分配专用信道(SDCCH 或 TCH)后,手机会根据基站的指令调整手机的发射功率,调整的步长通常为 2 dB,调整的频率为 60 ms 一次。

对于 CDMA 系统,在随机接入状态下,手机会根据接收到的基站信号电平估计一个较小的值作为手机的初始发射功率,发送第一个接入试探,如果在规定的时间内没有得到基站的应答信息,手机会加大发射功率,发送第二个接入试探,如果在规定时间内还没有得到基站的应答信息,手机会再加大发射功率。这个过程重复下去,直到收到基站的应答或者到达设定的最多尝试次数为止。在通话状态下,每 1.25 ms 基站会向手机发送一个功率控制命令信息,命令手机增大或减少发射功率,步长通常为 1 dB。

由上面的比较可以看出,总体而言,考虑到 CDMA 系统其他独有的技术,如软切换,RAKE 接收机对多径的分集作用,强有力的前向纠错算法对上行链路预算的改善,CDMA 系统对手机的发射功率的要求比 GSM 系统对手机发射功率的要求要小得多,而且 GSM 手机在接入过程中以最大的功率发射,在通话过程中功率控制速度较慢,所以手机以大功率发射的概率较大;而 CDMA 手机独特的随机接入机制和快速的反向功率控制,可以使手机平均发射功率维持在一个较低的水平。

8. 大覆盖范围

CDMA 的链路预算中包含以下的一些因素:软切换增益、分集增益等,这些都是 CDMA 技术本身带来的,是 GSM 中所没有的。虽然 CDMA 在链路预算中还要考虑自干扰对覆盖范围的影响(加入了干扰余量因子)以及 CDMA 手机最大发射功率低于 GSM 手机的最大发射功率,但是从总体来说,CDMA 的链路预算所得出的允许的最大路径损耗要比 GSM 大(一般是 5~10 dB)。这意味着,在相同的发射功率和相同的天线高度条件下,CDMA 有更大的覆盖半径,因此需要的基站也更少(对于覆盖受限的区域这一点意义重大);另外的好处是,对于相同的覆盖半径,CDMA 所需要的发射功率更低。

9. CDMA 鉴权问题

CDMA 标准中已经详细规定了 CDMA 鉴权的场合和需要的参数,但由于网络现状,许多系统目前不支持鉴权功能,许多手机既没有鉴权算法也无法输入。另外,在 CDMA 鉴权中起重要作用的 A−KEY 参数的管理也存在问题,即如何输入手机,如何进行管理。为了防止 A−KEY 的被盗,必须由尽量少的人处理,使用非常保密的系统,不能被任何人读取,在手机和鉴权中心(AC)中修改 A-KEY 必须以保密的方式进行,TIA 已经建议了一种将 A-KEY 编入手机的程序,但目前还很难操作。A-KEY 的输入与管理应由运营者按照一定规则进行,与用户无关,应尽快规范。

10. CDMA 国际漫游问题

CDMA 技术起源于美国,目前北美均使用 10 位 MIN 码进行漫游,在这 10 位 MIN 码中是不含移动国家码的,为了尽快实现 CDMA 的国际漫游,IFAST(International Forum on AMPS Standards Technology)将 MIN 码的第一位为 0 和 1 预留给国际,供美洲之外的其他 CDMA 运营者国际漫游时使用。这在 IS41 不支持 IMSI 之前(IS95 和 IS634 是支持 15 位 IMSI 号码的),也不失为一个权宜之计,尤其是对于急切需要国际漫游的国家而言。但从长远来讲(也许仅是近一两年之内的事情),MIN 码预留给国际的号码很少,再加上这些号码经过按国家的分配、国内各地区的分配,号码利用率很低,很难满足 CDMA 的发展需要,况且使用 MIN 进行国际漫游会带来许多额外的工作。因为最终国际漫游是要靠 IMSI 来实现的,到那时,所有签约漫游国家的数据就需要修改,各国国内 GT 翻译数据也需要修改,这就给 CDMA 的国际漫游带来很大困难。标准应该为运营做好技术上的准备,不应拖运营的后腿,阻碍技术的发展。因此所有 CDMA 运营者应该统一认识,尽快督促厂家提供基于 IMSI 的产品,实现基于 IMSI 的 CDMA 国际漫游。

3.2.2 功率控制技术

由于 CDMA 系统不同用户同一时间采用相同的频率,所以 CDMA 系统为自干扰系统,如果系统采用的扩频码不是完全正交的(实际系统中使用的地址码是近似正交的),因而造成相互之间的干扰。在一个 CDMA 系统中,每一码分信道都会受到来自其他码分信道的干扰,这种干扰是一种固有的内在干扰。由于各个用户距离基站距离不同而使得基站接收到各个用户的信号强弱不同,由于信号间存在干扰,尤其是强信号会对弱信号造成很大的干扰,甚至造成系统的崩溃,因此必须采用某种方式来控制各个用户的发射功率,使得各个用户到达基站的信号强度基本一致。

CDMA 系统的容量主要受限于系统内部移动台的相互干扰,所以每个移动台的信号达到基站时都达到最小所需的信噪比,系统容量将会达到最大值。

CDMA 功率控制分为:前向功率控制和反向功率控制,反向功率控制又分为开环和闭环功率控制。

1. 反向开环功率控制

反向开环功率控制是移动台根据在小区中所接收功率的变化,迅速调节移动台发射功率。其目的是试图使所有移动台发出的信号在到达基站时都有相同的标称功率。

开环功率控制是为了补偿平均路径衰落的变化和阴影、拐弯等效应,它必须有一个很大的动态范围。IS95 空中接口规定开环功率控制的动态范围是 -32~+32 dB。

刚进入接入信道时:

平均输出功率(dBm) = -平均输入功率(dBm) - 73 + NOM_PWR(dB) + INIT_PWR(dB)

其中,平均功率是相对于 1.23 MHz 标称 CDMA 信道带宽而言;

INIT_PWR 是对第一个接入信道序列所需作的调整;

NOM_PWR 是为了补偿由于前向 CDMA 信道和反向 CDMA 信道之间不相关造成的路径损耗。

其后的试探序列不断增加发射功率(步长为 PWR_STEP),直到收到一个效应或序列结束。输出的功率电平为:

平均输出功率(dBm) = -平均输入功率(dBm) - 73 + NOM_PWR(dB) + INIT_PWR(dB) + PWR_STEP 之和(dB)

在反向业务信道开始发送之后一旦收到一个功率控制比特,移动台的平均输出功率变为:

平均输出功率(dBm)＝－平均输入功率(dBm)－73＋NOM_PWR(dB)＋INIT_PWR (dB)＋PWR_STEP 之和(dB)＋所有闭环功率校正之和(dB)

其中，NOM_PWR 的范围为 －8～7 dB，标称值为 0 dB；

INIT_PWR 的范围为 －16～15 dB，标称值为 0 dB；

PWR_STEP 的范围为 0～7 dB。

2. 反向闭环功率控制

闭环功率控制的目的是使基站对移动台的开环功率估计迅速作出纠正，以使移动台保持最理想的发射功率。

功率控制比特是连续发送的，速率为每比特 1.25 ms(即 800 bit/s)。"0"比特指示移动台增加平均输出功率，"1"比特指示移动台减少平均输出功率，步长为 1 dB/bit。基站发送的功率控制比特比反向业务信道延迟 2×1.25 ms。

一个功率控制比特的长度正好等于前向业务信道两个调制符号的长度(即 104.66 μs)。每个功率控制比特将替代两个连续的前向业务信道调制符号，这个技术就是通常所说的符号抽取技术。

反向外环与闭环功率控制如图 3.4 所示。

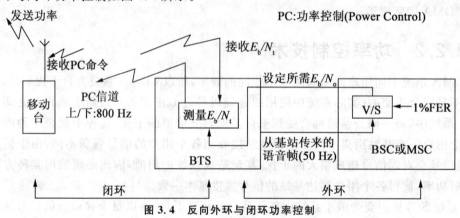

图 3.4 反向外环与闭环功率控制

3. 前向功率控制

基站周期性地降低发射到移动台的发射功率，移动台测量误帧率，当误帧率超过预定义值时，移动台要求基站对它的发射功率增加 1%，每 15～20 ms 进行一次调整。下行链路低速控制调整的动态范围是±6 dB，移动台的报告分为定期报告和门限报告。

3.2.3 RAKE 接收技术

如图 3.5 所示，发射机发出的扩频信号，在传输过程中受到不同建筑物、山冈等各种障碍物的反射和折射，到达接收机时每个波束具有不同的延迟，形成多径信号。如果不同路径信号的延迟超过一个伪码的码片的时延，则在接收端可将不同的波束区别开来。将这些不同波束分别经过不同的延迟线，对齐以及合并在一起，则可达到变害为利，把原来是干扰的信号变成有用信号组合在一起。这就是 RAKE 接收机的基本原理。也就是说，它是利用了空间分集技术。

RAKE 接收机也称为多径接收机，即是指移动台中有多个 RAKE 接收机，由于无线信号传播中存在多径效应，因此基站发出的信号会经过不同的路径到达移动台处，经不同路径到达移动台处的信号的时间是不同的，如果两个信号到达移动台处的时间差超过一个信号码元的宽度，RAKE 接收机就可将其分别成功解调，移动台将各个 RAKE 接收机收到的信号进行矢量相加(即对不同时间到达移动台的信号进行不同的时间延迟到达同相)，每个接收机可单独接收一路多径信号，这样移动台就可以处理几个多径分量,达到抗多径衰落的目的,提高移动台的接收性能。基站对每个移动台信号的接收也是采用同样的道理,即也采用多个 RAKE 接收机。另外,在移动台进行软切换时,也正是由于使用不同的 RAKE 接收机接收不同基站的信号才得以实现。

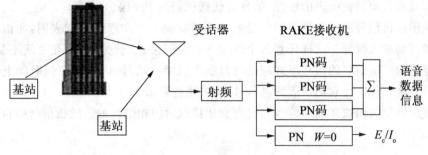

图 3.5　RAKE 接收机

3.2.4　语音编码技术

语音编码为信源编码,是将模拟信号转变为数字信号,然后在信道中传输。在数字移动通信中,语音编码技术具有相当关键的作用,高质量低速率的语音编码技术与高效率数字调制技术相结合,可以为数字移动网提供高于模拟移动网的系统容量。目前,国际上语音编码技术的研究方向有两个:降低语音编码速率和提高语音质量。语音编码技术有三种类型:波形编码、参量编码和混合编码。

1. 波形编码

波形编码是在时域上对模拟语音的电压波形按一定的速率抽样,再将幅度量化,对每个量化点用代码表示。解码是相反过程,将接收的数字序列经解码和滤波后恢复成模拟信号。波形编码能提供很好的语音质量,但编码信号的速率较高,一般应用在信号带宽要求不高的通信中。脉冲编码调制(PCM)和增量调制(ΔM)是常见的波形编码,其编码速率在 16~64 kbit/s。

2. 参量编码

参量编码又称声源编码,是以发音模型作为基础,从模拟语音提取各个特征参量并进行量化编码,可实现低速率语音编码,达到 2~4.8 kbit/s。但语音质量只能达到中等。

3. 混合编码

混合编码是将波形编码和参量编码结合起来,既有波形编码的高质量优点又有参量编码的低速率优点。其压缩比达到 4~16 kbit/s。泛欧 GSM 系统的规则脉冲激励——长期预测编码(RPE-LTP)就是混合编码方案。

CDMA 系统的语音编码主要有从线性预测编码技术发展而来的激励线性预测编码 QCELP 和增强型可变速率编码 EVRC。目前 13 bit/s CELP 语音编码已达到有线长途的音质水平,我国已正式将 CELP 编码列入 CDMA 标准中,总之,CDMA 系统中所使用的编码技术是对现有编码技术的有机组合和高效利用。

3.2.5　CDMA 的地址码和扩频码

1. 设计原则

在扩展频谱通信中需要用高码率的窄脉冲序列,这是指扩频码序列的波形而言,并未涉及码的结构和如何产生等问题。

那么究竟选用什么样的码序列作为扩频码序列呢?它应该具备哪些基本性能呢?现在实际上用得

最多的是伪随机码,或称为伪噪声(PN)码。

这类码序列最重要的特性是具有近似于随机信号的性能。因为噪声具有完全的随机性,也可以说具有近似于噪声的性能。但是,真正的随机信号和噪声是不能重复再现和产生的。我们只能产生一种周期性的脉冲信号来近似随机噪声的性能,故称为伪随机码或 PN 码。

为什么要选用随机信号或噪声性能的信号来传输信息呢?许多理论研究表明,在信息传输中各种信号之间的性能差别越大越好。这样任意两个信号不容易混淆,也就是说,相互之间不易发生干扰,不会发生误判。理想的传输信息的信号形式应是类似噪声的随机信号,因为取任何时间上不同的两段噪声来比较都不会完全相似。用它们代表两种信号,其差别性就最大。

在数学上是用自相关函数来表示信号与它自身相移以后的相似性的。随机信号的自相关函数的定义为下列积分

$$\psi_c(\tau) = \lim_{T \to \infty} \frac{1}{T} \int_0^T f(t) f(t-\tau) \mathrm{d}t = \begin{cases} 0 & (当 \tau \neq 0) \\ 常数 & (当 \tau = 0) \end{cases}$$

式中　$f(t)$——信号的时间函数;

　　　τ——时间延迟。

上式物理概念是 $f(t)$ 与其相对延迟的 $f(t-\tau)$ 来比较:如二者不完全重叠,即 $\tau \neq 0$,则乘积的积分 $\psi_a(\tau)$ 为 0;如二者完全重叠,即 $\tau = 0$,则相乘积分后 $\psi_a(0)$ 为一常数。

因此,$\psi_a(\tau)$ 的大小可用来表征 $f(t)$ 与自身延迟后的 $f(t-\tau)$ 的相关性,故称为自相关函数。

扩频码序列除自相关性外,与其他同类码序列的相似性和相关性也很重要。例如有许多用户共用一个信道,要区分不同用户的信号,就得靠相互之间的区别或不相似性来区分。换句话说,就是要选用互相关性小的信号来表示不同的用户。两个不同信号波形 $f(t)$ 与 $g(t)$ 之间的相似性用互相关函数来表示,即

$$\psi_c(\tau) = \lim_{T \to \infty} \frac{1}{T} \int_0^T f(t) g(t-\tau) \mathrm{d}t$$

如果两个信号都是完全随机的,在任意延迟时间 τ 都不相同,则上式为 0。如果有一定的相似性,则不完全为 0。两个信号的互相关函数为 0,则称之为是正交的。通常希望两个信号的互相关值越小越好,则它们越容易被区分,且相互之间的干扰也小。

2. 各种编码

1) m 序列

m 序列是最长线性移位寄存器序列的简称。由于 m 序列容易产生、规律性强、有许多优良的性能,在扩频通信中最早获得广泛的应用。

顾名思义,m 序列是由多级移位寄存器或其他延迟元件通过线性反馈产生的最长的码序列。在二进制移位寄存器发生器中,若 n 为级数,则所能产生的最大长度的码序列为 $2^n - 1$ 位。

现在来看看如何由多级移位寄存器经线性反馈产生周期性的 m 序列。图 3.6(a) 为一最简单的三级移位寄存器构成的 m 序列发生器。

图中 D_1、D_2、D_3 为三级移位寄存器,为模二加法器。移位寄存器的作用为在时钟脉冲驱动下,能将所暂存的 "1" 或 "0" 逐级向右移。模二加法器的作用为图中 3.6(b) 所示的运算,即 $0+0=0, 0+1=1, 1+0=1, 1+1=0$。图 3.6(a) 中 D_2、D_3 输出的模二和反馈为 D_1 的输入。在图 3.6(c) 中示出,在时钟脉冲驱动下,三级移位寄存器的暂存数据按列改变。D_3 的变化即输出序列。如移位寄存器各级的初始状态为 111 时,输出序列为 1110010。在输出周期为 $2^3 - 1 = 7$ 的码序列后,D_1、D_2、D_3 又回到 111 状态。在时钟脉冲的驱动下,输出序列作周期性的重复。因 7 位为所能产生的最长的码序列,1110010 则为 m 序列。

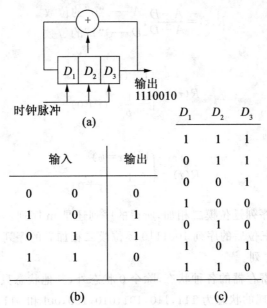

图 3.6 三级移位寄存器构成的 m 序列发生器

这一简单的例子说明:m 序列的最大长度决定于移位寄存器的级数,而码的结构决定于反馈抽头的位置和数量。不同的抽头组合可以产生不同长度和不同结构的码序列。有的抽头组合并不能产生最长周期的序列。对于何种抽头能产生何种长度和结构的码序列,已经进行了大量的研究工作。现在已经得到 3~100 级 m 序列发生器的连接图和所产生的 m 序列的结构。

例如 4 级移位寄存器产生的 15 位的 m 序列之一为 111101011001000。同理我不难得到 31、63、127、255、511、1 023、…位的 m 序列。一个码序列的随机性由以下三点来表征:

①一个周期内"1"和"0"的位数仅相差 1 位。

②一个周期内长度为 1 的游程(连续为"0"或连续为"1")占 1/2,长度为 2 的游程占 1/4,长度为 3 的游程占 1/8。只有一个包含 n 个"1"的游程,也只有一个包含 $n-1$ 个"0"的游程。"1"和"0"的游程数相等。

③一个周期长的序列与其循环移位序列远位比较,相同码的位数与不相同码的位数相差 1 位。

m 序列的一些基本性质:

①在 m 序列中一个周期内"1"的数目比"0"的数目多 1 位。例如上述 7 位码中有 4 个"1"和 3 个"0"。在 15 位码中有 8 个"1"和 7 个"0"。

②在表 3.1 中列出长为 15 位的游程分布。

表 3.1 111101011001000 游程分布

游程长度/bit	游程数目		所包含的比特数
	"1"的	"0"的	
1	2	2	4
2	1	1	4
3	0	1	3
4	1	0	4
	游程总数 8		合计 15

一般说来,m 序列中长为 $R(1 \leqslant R \leqslant n-2)$ 的游程数占游程总数的 $1/2^k$。

③m 序列的自相关函数由下式计算:

$$R(\tau)=\frac{A-D}{A+D}, \quad \begin{array}{l} A\text{——"0"的位数} \\ D\text{——"1"的位数} \end{array}$$

令 $p=A+D=2n-1$，则

$$R(\tau)=\begin{cases} 1 & (\tau=0) \\ -\dfrac{1}{p} & (\tau\neq 0) \end{cases}$$

设 $n=3$，$p=2^3-1=7$，则

$$R(\tau)=\begin{cases} 1 & (\tau=0) \\ -\dfrac{1}{7} & (\tau\neq 0) \end{cases}$$

④m 序列和其移位后的序列逐位模二相加，所得的序列还是 m 序列，只是相移不同而已。

例如 1110100 与向右移三位后的序列 1001110 逐位模二相加后的序列为 0111010，相当于原序列向右移一位后的序列，仍是 m 序列。

⑤m 序列发生器中移位寄存器的各种状态，除全 0 状态外，其他状态只在 m 序列中出现一次。

如 7 位 m 序列中顺序出现的状态为 111,110,101,010,100,001 和 011，然后再回到初始状态 111。

⑥m 序列发生器中，并不是任何抽头组合都能产生 m 序列。理论分析指出，产生的 m 序列数由下式决定

$$\Phi(2^n-1)/n$$

其中由(X)为欧拉数（即包括 1 在内的小于 X 并与它互质的正整数的个数）。例如 5 级移位寄存器产生的 31 位 m 序列只有 6 个。

2)Gold 码序列

m 序列虽然性能优良，但同样长度的 m 序列个数不多，且序列之间的互相关值并不都好。R·Gold 提出了一种基于 m 序列的码序列，称为 Gold 码序列。这种序列有较优良的自相关和互相关特性，构造简单，产生的序列数多，因而获得了广泛的应用。

如有两个 m 序列，它们的互相关函数的绝对值有界，且满足以下条件：

$$|R(\tau)|=\begin{cases} 2^{\frac{n+1}{2}}+1 & (n\text{ 为奇数}) \\ 2^{\frac{n+2}{2}}+1 & (n\text{ 为偶数},n\text{ 不是 }4\text{ 的倍数}) \end{cases}$$

我们称这一对 m 序列为优选对。如果把两个 m 序列发生器产生的优选对序列模二相加，则产生一个新的码序列，即 Gold 序列。图 3.7(a)中示出 Gold 码发生器的原理结构图。图 3.7(b)中为两个 5 级 m 序列优选对构成的 Gold 码发生器。这两个 m 序列虽然码长相同，但相加以后并不是 m 序列，也不具备 m 序列的性质。

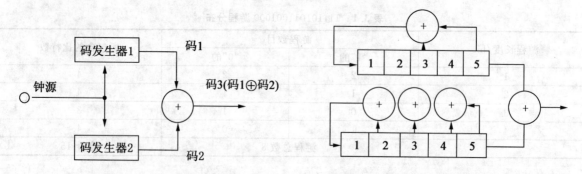

(a)Gold码发生器的原理结构图　　　　(b)5级m序列优选对构成的Gold码发生器

图 3.7　Gold 码与 m 序列

Gold 序列的主要性质有以下三点：

①Gold 序列具有三值自相关特性，类似图 3.5 中的自相关与互相关特性。其旁瓣的极大值满足上式表示的优选对的条件。

②两个 m 序列优选对不同移位相加产生的新序列都是 Gold 序列。因为共有 2^n-1 个不同的相对位移，加上原来的两个 m 序列本身，所以，两个 m 级移位寄存器可以产生 2^n+1 个 Gold 序列。因此，Gold 序列的序列数比 m 序列数多得多。

③同类 Gold 序列互相关特性满足优选对条件，其旁瓣的最大值不超过上式的计算值。在表 3.2 中列出 m 序列和 Gold 序列互相关函数旁瓣的最大值。

表 3.2　m 序列和 Gold 序列互相关函数旁瓣的最大值

m	$n=2^m-1$	m 序列数	m 序列相关峰值 φ_{max}	$\varphi_{max}/\varphi(0)$	Gold 序列相关峰值 $t(m)$	$t(m)/\varphi(0)$
3	7	2	5	0.71	5	0.71
4	15	2	9	0.60	9	0.60
5	31	6	11	0.35	9	0.29
6	63	6	23	0.36	17	0.27
7	127	18	41	0.32	17	0.13
8	255	16	95	0.37	33	0.13
9	511	48	113	0.22	33	0.06
10	1 023	60	383	0.37	65	0.06
11	2 047	176	287	0.14	65	0.03
12	4 095	144	1 407	0.34	129	0.03

从上表中明显地看出 Gold 序列的互相关峰值和主瓣与旁瓣之比都比 m 序列小得多。这一特性在实现码分多址时非常有用。

3.3　CDMA 系统的信道与网络结构

地址码的选择直接影响到 CDMA 系统的容量、抗干扰能力、接入和切换锁定等性能。所选择的地址码应能够提高足够数量的相关函数特性尖锐的码序列，保证信号经过地址码解扩之后具有较高的信噪比。地址码提供的码序列应接近白噪声特性，同时编码方案简单，保证具有较快的同步建立速度。

3.3.1　CDMA 系统的频率配置与信道划分

中国联通 CDMA 网的工作频段为 835～839 MHz（基站收）、880～884 MHz（基站发），即 4 MHz 可用频率，上下行频率间隔为 45 MHz。CDMA 基本频道为 AMPS 的 384 号频道（836.52 MHz），第二 CDMA 频道为 425 号（837.75 MHz）。

长城网的工作频段为 825～835 MHz（基站收）、870～880 MHz（基站发），即 10MHz 可用频率，上下行频率间隔为 45 MHz。CDMA 基本频道为 AMPS 的 283 号频道（833.49 MHz），第二 CDMA 频道为 242 号（832.26 MHz）。扩展 CDMA 频道依次为 201 号（831.03 MHz）、160 号（829.80 MHz）、119 号（828.57 MHz）、78 号（827.34 MHz）和 37 号（826.11 MHz）。长城网共有 7 个可用 CDMA 频道。

伪随机序列（或称 PN 码）具有类似于噪声序列的性质，是一种貌似随机但实际上是有规律的周期性二进制序列。在采用码分多址方式的通信技术中，地址码都是从伪随机序列中选取的，但是不同的用途选用不同的伪随机序列。在所有的伪随机序列中，m 序列是最重要、最基本的伪随机序列，在定时严格的系统中,我们采用 m 序列作为地址码,利用它的不同相位来区分不同的用户,目前的 CDMA 系统就是采用这种方法。在 CDMA 系统中,用到两个 m 序列,一个长度是 $2^{15}-1$,一个长度是 $2^{42}-1$,各自的用处不同。

在前向信道中,长度为 $2^{42}-1$ 的 m 序列被用作对业务信道进行扰码(注意不是被用作扩频,在前向信道中使用正交的 Walsh 函数进行扩频)。长度为 $2^{15}-1$ 的 m 序列被用于对前向信道进行正交调制,不同的基站采用不同相位的 m 序列进行调制,其相位差至少为 64 个码片,这样最多可有 512 个不同的相位可用。

在反向 CDMA 信道中,长度为 $2^{42}-1$ 的 m 序列被用作直接扩频,每个用户被分配一个 m 序列的相位,这个相位是由用户的 ESN 计算出来的,这些相位是随机分配且不会重复的,这些用户的反向信道之间基本是正交的。长度为 $2^{15}-1$ 的 PN 码也被用于对反向业务信道进行正交调制,但因为在反向信道上不需要标识属于哪个基站,所以对于所有移动台而言都使用同一相位的 m 序列,其相位偏置是 0。

3.3.2 前向逻辑信道

前向 CDMA 信道由以下码分信道组成:导频信道、同步信道、寻呼信道(最多可以有 7 个)和若干个业务信道。每一个码分信道都要经过一个 Walsh 函数进行正交扩频,然后又由 1.228 8 Mchip/s 速率的伪噪声序列扩频。在基站可按照频分多路方式使用多个前向 CDMA 信道(1.23 MHz)。

前向码分信道最多为 64 个,但前向码分信道的配置并不是固定的,其中导频信道一定要有,其余的码分信道可根据情况配置。例如可以用业务信道一对一地取代寻呼信道和同步信道,这样最多可以达到有一个导频信道、0 个寻呼信道、0 个同步信道和 63 个业务信道,这种情况只可能发生在基站拥有两个以上的 CDMA 信道(即带宽大于 2.5 MHz),其中一个为基站 CDMA 信道(1.23 MHz),所有的移动台都先集中在基本信道上工作,此时,若基本 CDMA 业务信道忙,可由基站在基本 CDMA 信道的寻呼信道上发生信道支配消息或其他相应的消息将某个移动台指配到另一个 CDMA 信道(辅助 CDMA 信道)上进行业务通信,这时这个辅助 CDMA 信道只需要一个导频信道,而不再需要同步信道和寻呼信道。

1. 导频信道

导频信道在 CDMA 前向信道上是不停发射的。它的主要功能包括:
①移动台用它来捕获系统。
②提供时间与相位跟踪的参数。
③用于使所有在基站覆盖区中的移动台进行同步和切换。
④导频相位的偏置用于扇区或基站的识别。

基站利用导频 PN 序列的时间偏置来标识每个前向 CDMA 信道。由于 CDMA 系统的频率复用系数为"1",即相邻小区可以使用相同的频率,所以频率规划变得简单了,在某种程度上相当于相邻小区导频 PN 序列的时间偏置的规划。在 CDMA 蜂窝系统中,可以重复使用相同的时间偏置(只有使用相同时间偏置的基站的间隔距离足够大)。导频信道用偏置指数(0~511)来区别。偏置指数是指相当于 0 偏置导频 PN 序列的偏置值。

虽然导频 PN 序列的偏置值有 215 个,但实际取值只能是 512 个值中的一个(215/64=512)。一个导频 PN 序列的偏置(用比特片表示)等于其偏置指数乘以 64。例如,若导频 PN 序列偏置指数是 4,则该导频的 PN 序列偏置为 4×64=320 chips。一个前向 CDMA 信道的所有码分信道使用相同的导频 PN 序列。

2. 同步信道

同步信道在发射前要经过卷积编码、码符号重复、交织、扩频可调制等步骤。在基站覆盖区中开机状态的移动台利用它来获得初始的时间同步。基站发送的同步信道消息包括以下信息:

① 该同步信道对应的导频信道的 PN 偏置。
② 系统时间。
③ 长码状态。
④ 系统标识。
⑤ 网络标识。
⑥ 寻呼信道的比特率。

同步信道的比特率是 1 200 bit/s，其帧长为 26.666 ms。同步信道上使用的 PN 序列偏置与同一前向信道的导频信道使用的相同。

一旦移动台捕获到导频信道，即与导频 PN 序列同步，这时可认为移动台在这个前向信道也达到同步。这是因为同步信道和其他所有码分信道是用相同的导频 PN 序列进行扩频的，并且同一前向信道上的整合交织器定时也是用导频 PN 序列进行校准的。

3. 寻呼信道

寻呼信道是经过卷积编码、码符号重复、交织、扰码、扩频和调制的扩频信号。基站使用寻呼信道发送系统信息和对移动台的寻呼消息。

寻呼信道通常被安排在编号为 1 的编码信道上，寻呼信道发送 9 600 bit/s 或 4 800 bit/s 固定数据速率的信息。在一给定的系统中所有寻呼信道发送数据速率相同。寻呼信道帧长为 20 ms。寻呼信道使用的导频序列偏置与同一前向 CDMA 信道相同。寻呼信道分为许多寻呼信道时隙，每个为 80 ms 长。

4. 前向业务信道

前向业务信道是用于呼叫中基站向移动台发送用户信息和信令信息的。一个前向 CDMA 信道所能支持的最大前向业务信道数等于 63 减去寻呼信道和同步信道数。

基站在前向业务信道上以 9 600 bit/s、4 800 bit/s、2 400 bit/s、1 200 bit/s 可变数据速率发送信息。前向业务信道帧长是 20 ms，随机速率的选择是按帧进行的。

同一 CDMA 信道的不同前向业务信道所用的导频偏置不同，帧偏置是由 FRAME_OFFSET 参数决定的。前向业务信道的帧偏置和反向业务信道的帧偏置相同。帧偏置为 0 的前向业务信道与基站发送时间（系统参考时间）的偶数秒对准。帧偏置为 FRAME_OFFSET 的前向业务信道帧比 0 偏置的业务信道帧滞后 1.25×FRAME_OFFSETms。

3.3.3 反向逻辑信道

反向 CDMA 信道由接入信道和反向业务信道组成。这些信道采用直接序列扩频的 CDMA 技术共用于同一 CDMA 频率。在这一反向 CDMA 信道上，基站和用户使用不同的长码掩码区分每一个接入信道和反向业务信道。当长码掩码输入长码发生器时，会产生唯一的用户长码序列，其长度为 $2^{42}-1$。对于接入信道，不同基站或同一基站的不同接入信道使用不同的长码掩码，而同一基站的同一接入信道用户使用的长码掩码则是一致的。进入业务信道以后，不同的用户使用不同的长码掩码，也就是不同的用户使用不同的相位偏置。

反向 CDMA 信道的数据传输以 20 ms 为一帧，所有的数据在发送之前均要经过卷积编码、块交织、64 阶正交调制、直接序列扩频以及基带滤波。接入信道和业务信道调制的区别在于：接入信道调制不经过最初的"增加帧指示比特"和"数据突发随机化"这两个步骤，也就是说，反向接入信道调制中没有加 CRC 校验比特，而且接入信道的发送速率是固定的 4 800 bit/s，而反向业务信道选择不同的速率发送。

反向业务信道支持 9 600 bit/s、4 800 bit/s、2 400 bit/s、1 200 bit/s 的可变数据速率。但是反向业务信道只对 9 600 bit/s 和 4 800 bit/s 两种速率使用 CRC 校验。

1. 接入信道

移动台使用接入信道的功能包括：

①发起同基站的通信。

②响应基站发来的寻呼信道消息。

③进行系统注册。

④在没有业务时接入系统和对系统进行实时情况的回应。

接入信道传输的是一个经过编码、交织以及调制的扩频信号。接入信道由其共用长码掩码唯一识别。

移动台在接入信道上发送信息的速率固定为 4 800 bit/s。接入信道帧长度为 20 ms。仅当系统时间是 20 ms 的整数倍时，接入信道帧才可能开始。一个寻呼信道最多可对应 32 个反向 CDMA 接入信道，标号从 0 至 31。对于每一个寻呼信道，至少应有一个反向接入信道与之对应，每个接入信道都应与一个寻呼信道相关联。

在移动台刚刚进入接入信道时，首先发送一个接入信道前缀，它的帧由 96 全零组成，也是以 4 800 bit/s 的速率发射。发射接入信道前缀是为了帮助基站捕获移动台的接入信道消息。

2. 反向业务信道

反向业务信道是用来在建立呼叫期间传输用户信息和信令信息。移动台在反向业务信道上以可变速率 9 600 bit/s、4 800 bit/s、2 400 bit/s、1 200 bit/s 的数据速率发送信息。反向业务信道帧的长度为 20 ms。速率的选择以一帧（即 20 ms）为单位，即上一帧是 9 600 bit/s，下一帧就可能是 4 800 bit/s。

移动台业务信道初始帧的时间偏置由寻呼信道的信道支配消息中的帧偏置参数定义。反向业务信道的时间偏置与前向业务信道的时间偏置相同。仅当系统时间是 20 ms 的整数倍时，零偏置的反向业务信道帧才开始，帧偏置参数被指定为 FRAME_OFFSET 的业务信道帧在比零偏业务信道帧晚 1.25× FRAME_OFFSET 毫秒时开始。

CDMA 系统是由几个子系统组成的，并且可与各种公用通信网（PSTN、ISDN、PDN 等）互联互通。各子系统之间或各子系统与各种公用通信网之间都明确和详细定义了标准化接口规范，保证任何厂商提供的 CDMA 系统或子系统能互联；CDMA 系统能提供穿过国际边界的自动漫游功能。CDMA 系统除了可以用于电信业务，还可以开放各种承载业务、补充业务、智能业务；CDMA 系统具有加密和鉴权功能，能确保用户保密和网络安全；CDMA 系统具有灵活和方便的组网结构，频率复用系数可以达到 1，移动交换机的话务承载能力一般都很强，保证在语音和数据通信两个方面都能满足用户对大容量、高密度业务的要求；CDMA 系统抗干扰能力强，覆盖区域内的通信质量高。用户终端设备（手持机）功耗小，待机时间长。

3.3.4 CDMA 系统网络结构

CDMA 系统的典型结构如图 3.8 所示。由图可见，CDMA 系统是由若干个子系统或功能实体组成。其中基站子系统（BSS）在移动台（MS）和网络子系统（NSS）之间提供和管理传输通路，特别是包括了 MS 与 CDMA 系统的功能实体之间的无线接口管理。NSS 必须管理通信业务，保证 MS 与相关的公用通信网或与其他 MS 之间建立通信，也就是说 NSS 不直接与 MS 互通，BSS 也不直接与公用通信网互通。MS、BSS 和 NSS 组成 CDMA 系统的实体部分。操作系统（OSS）则提供运营部门一种手段来控制和维护这些实际运行部分。

1. 移动台（MS）

移动台是公用 CDMA 移动通信网中用户使用的设备，也是用户能够直接接触的整个 CDMA 系统中的唯一设备。除了通过无线接口接入 CDMA 系统的通常无线和处理功能外，移动台必须提供与使用者之间的接口。比如完成通话呼叫所需要的话筒、扬声器、显示屏和按键。或者提供与其他一些终端设备之间的接口。比如与个人计算机或传真机之间的接口，或同时提供这两种接口。因此，根据应用与服务情况,移动台可以是单独的移动终端(MT)或者是由移动终端直接与终端设备(TE)传真机相连接而构成,或者是由移动终端通过相关终端适配器(TA)与终端设备相连接而构成,这可参见图3.9,这些都归类为移动台的重要组成部分之一——移动设备。

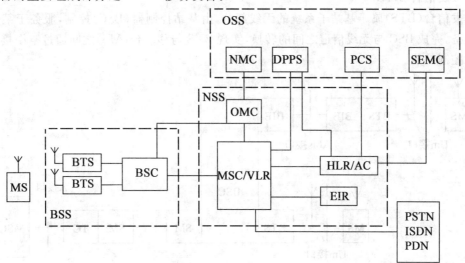

OSS:操作子系统　　　　BSS:基站子系统　　　　NSS:网络子系统
NMC:网络管理中心　　　DPPS:数据后处理系统　　SEMC:安全性管理中心
PCS:用户识别卡个人化中心　OMC:操作维护中心　　　MSC:移动交换中心
VLR:拜访位置寄存器　　HLR:归属位置寄存器　　AC:鉴权中心
EIR:移动设备识别寄存器　BSC:基站控制器　　　　BTS:基站收发信台
PDN:公用数据网　　　　PSTN:公用电话网　　　　ISDN:综合业务数字网
MS:移动台

图3.8　CDMA系统的典型结构

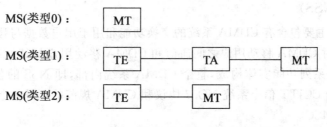

MT：移动终端　　TA：终端适配器　　TE：终端设备
图3.9　移动台功能结构

CDMA手机以前不支持UIM卡,号码和手机捆绑在一起,更换号码必须更换手机,或对手机重新写码。现在机卡分离的CDMA早已研制成功,UIM卡和GSM手机的SIM卡一样,它包含所有与用户有关的和某些无线接口的信息,其中也包括鉴权和加密信息。CDMA系统的机卡分离将促进CDMA系统的大力发展。

2.基站子系统(BSS)

基站子系统(BSS)是CDMA系统中与无线蜂窝方面关系最直接的基本组成部分。它通过无线接口直接与移动台相接,负责无线发送接收和无线资源管理。另一方面,基站子系统与网络子系统(NSS)中的移动交换中心(MSC)相连,实现移动用户之间或移动用户与固定网络用户之间的通信连接,传送系统信号和用户信息等。当然,要对BSS部分进行操作维护管理,还要建立BSS与操作子系统(OSS)之间的通信连接。

基站子系统是由基站收发信台(BTS)和基站控制器(BSC)这两部分的功能实体构成。实际上,一个基站控制器根据话务量需要可以控制数十个BTS。BTS可以直接与BSC相连接,也可以通过基站接口设备采用远端控制的连接方式与BSC相连接。需要说明的是,基站子系统还应包括码变换器(TC)和相应的子复用设备(SM)。码变换器在更多的实际情况下是置于 BSC 和 MSC 之间,在组网的灵活性和减少传输设备配置数量方面具有许多优点。因此,一种具有本地和远端配置 BTS 的典型 BSS 组成方式如图 3.10 示。

1) 基站收发信台(BTS)

基站收发信台(BTS)属于基站子系统的无线部分,由基站控制器(BSC)控制,服务于某个小区的无线收发信设备,完成 BSC 与无线信道之间的转换,实现 BTS 与移动台(MS)之间通过空中接口的无线传输及相关的控制功能。

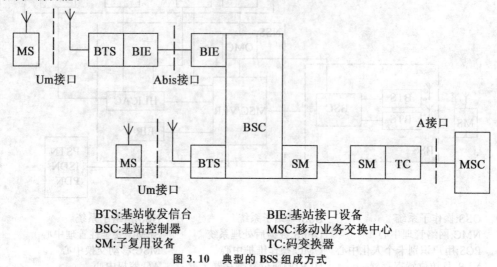

图 3.10 典型的 BSS 组成方式

2) 基站控制器(BSC)

基站控制器(BSC)是基站子系统(BSS)的控制部分,起着 BSS 的变换设备的作用,即各种接口的管理,承担无线资源和无线参数的管理。

3. 网络子系统(NSS)

网络子系统(NSS)主要包含有 CDMA 系统的交换功能和用于用户数据与移动性管理、安全性管理所需的数据库功能,它对 CDMA 移动用户之间通信和 CDMA 移动用户与其他通信网用户之间通信起着管理作用。NSS 由一系列功能实体构成,整个 CDMA 系统内部,即 NSS 的各功能实体之间和 NSS 与 BSS 之间都通过符合 CCITT 信令系统 NO.7 协议和 CDMA 规范的 7 号信令网络互相通信。

1) 移动交换中心(MSC)

移动交换中心(MSC)是网络的核心,它提供交换功能及面向系统其他功能实体:基站子系统 BSS、归属位置寄存器 HLR、鉴权中心 AC、移动设备识别寄存器 EIR、操作维护中心 OMC 和面向固定网(公用电话网 PSTN、综合业务数字网 ISDN、分组交换公用数据网 PSPDN、电路交换公用数据网 CSPDN)的接口功能,把移动用户与移动用户、移动用户与固定网用户互相连接起来。

移动交换中心 MSC 可从三种数据库,即归属位置寄存器(HLR)、拜访位置寄存器(VLR)和鉴权中心(AC)获取处理用户位置登记和呼叫请求所需的全部数据。反之,MSC 也根据其最新获取的信息请求更新数据库的部分数据。MSC 可为移动用户提供一系列业务。对于容量比较大的移动通信网,一个网络子系统 NSS 可包括若干个 MSC、VLR 和 HLR,为了建立固定网用户与 CDMA 移动用户之间的呼叫,无需知道移动用户所处的位置。此呼叫首先被接入到入口移动交换中心,称为 GMSC,入口交换机负责获取位置信息,且把呼叫转接到可向该移动用户提供即时服务的 MSC,称为被访 MSC(VMSC)。因此,GMSC 具有与固定网和其他 NSS 实体互通的接口。目前,GMSC 的功能就是在 MSC 中实现的。根据网络的需要,GMSC 的功能也可以在固定网交换机中综合实现。

2) 拜访位置寄存器(VLR)

拜访位置寄存器(VLR)是服务于其控制区域内移动用户的,存储着进入其控制区域内已登记的移动用户相关信息,为已登记的移动用户提供建立呼叫接续的必要条件。VLR 从该移动用户的归属位置寄存器(HLR)处获取并存储必要的数据。一旦移动用户离开该 VLR 的控制区域,则重新在另一个 VLR 登记,原 VLR 将取消临时记录的该移动用户数据。因此,VLR 可看作一个动态用户数据库。

VLR 的功能总是在每个 MSC 中综合实现的。

3)归属位置寄存器(HLR)

归属位置寄存器(HLR)是 CDMA 系统的中央数据库,存储着该 HLR 控制的所有存在的移动用户的相关数据。一个 HLR 能够控制若干个移动交换区域以及整个移动通信网,所有移动用户重要的静态数据都存储在 HLR 中,这包括移动用户识别号码、访问能力、用户类别和补充业务等数据。HLR 还存储且为 MSC 提供关于移动用户实际漫游所在的 MSC 区域相关动态信息数据。这样,任何入局呼叫可以即刻按选择路径送到被叫的用户。

4)鉴权中心(AC)

CDMA 系统采取了特别的安全措施,例如用户鉴权、对无线接口上的语音、数据和信号信息进行保密等。因此,鉴权中心(AC)存储着鉴权信息和加密密钥,用来防止无权用户接入系统和保证通过无线接口的移动用户通信的安全。

AC 属于 HLR 的一个功能单元部分,专用于 CDMA 系统的安全性管理。

5)移动设备识别寄存器(EIR)

移动设备识别寄存器(EIR)存储着移动设备的电子序列号(ESN),通过检查白色清单、黑色清单或灰色清单这三种表格,在表格中分别列出了准许使用的、出现故障需监视的、失窃不准使用的移动设备的 ESN,使得运营部门对于不管是失窃还是由于技术故障或误操作而危及网络正常运行的 MS 设备,都能采取及时的防范措施,以确保网络内所使用的移动设备的唯一性和安全性。

4. 操作子系统(OSS)

操作子系统(OSS)需完成许多任务,包括移动用户管理、移动设备管理以及网络操作和维护。

移动用户管理可包括用户数据管理和呼叫计费。用户数据管理一般由归属位置寄存器(HLR)来完成这方面的任务,HLR 是 NSS 功能实体之一。用户识别卡 UIM 的管理也可认为是用户数据管理的一部分,但是,作为相对独立的用户识别卡 UIM 的管理,还必须根据运营部门对 UIM 的管理要求和模式采用专门的 UIM 个人化设备来完成。呼叫计费可以由移动用户所访问的各个移动交换中心 MSC 和 GMSC 分别处理,也可以采用通过 HLR 或独立的计费设备来集中处理计费数据的方式。

移动设备管理是由移动设备识别寄存器(EIR)来完成的,EIR 与 NSS 的功能实体之间是通过 SS7 信令网络的接口互联,为此,EIR 也归入 NSS 的组成部分之一。

网络操作与维护是完成对 CDMA 系统的 BSS 和 NSS 进行操作与维护管理任务的,完成网络操作与维护管理的设施称为操作与维护中心(OMC)。从电信管理网络(TMN)的发展角度考虑,OMC 还应具备与高层次的 TMN 进行通信的接口功能,以保证 CDMA 网络能与其他电信网络一起被纳入先进、统一的电信管理网络中进行集中操作与维护管理。直接面向 CDMA 系统 BSS 和 NSS 各个功能实体的操作与维护中心(OMC)归入 NSS 部分。

可以认为,操作子系统(OSS)已不包括与 CDMA 系统的 NSS 和 BSS 部分密切相关的功能实体,而成为一个相对独立的管理和服务中心。主要包括网络管理中心(NMC)、安全性管理中心(SEMC)、用于用户识别卡管理的个人化中心(PCS)、用于集中计费管理的数据后处理系统(DPPS)等功能实体。

技术提示：

CDMA 给每一用户分配一个唯一的码序列（扩频码），并用它对承载信息的信号进行编码，扩频通信技术是一种信息传输方式，其信号所占用的频带宽度远大于所传信息必需的最小带宽；频带的扩展是通过一个独立的码序列来完成，用编码及调制的方法来实现的，与所传信息数据无关；在接收端则用同样的码进行相关同步接收、解扩及恢复所传信息数据。CDMA 功率控制分为前向功率控制和反向功率控制，反向功率控制又分为开环和闭环功率控制。地址码的选择直接影响到 CDMA 系统的容量、抗干扰能力、接入和切换锁定等性能。所选择的地址码应能够提高足够数量的相关函数特性尖锐的码序列，保证信号经过地址码解扩之后具有较高的信噪比。CDMA 系统是由若干个子系统或功能实体组成，有基站子系统（BSS）、网络子系统（NSS）、操作系统（OSS）和移动台子系统 MS。伪随机码，或称为伪噪声（PN）码，这类码序列最重要的特性是具有近似于随机信号的性能。

重点串联

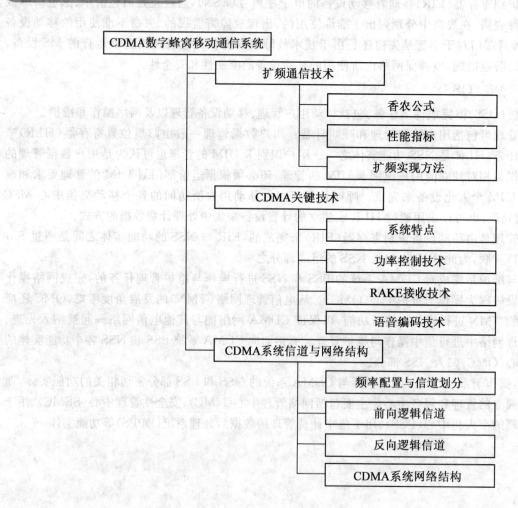

拓展与实训

基础训练

1. 填空题

(1)所谓扩频技术一般是指用＿＿＿＿＿＿＿＿＿＿。

(2)在 CDMA 系统中,＿＿＿＿＿＿被认为是 CDMA 技术的核心。

(3)CDMA 系统的高容量很大一部分因素是因为它的＿＿＿＿＿远远超过其他制式的蜂窝系统,同时 CDMA 使用了＿＿＿＿＿和＿＿＿＿＿,快速功率控制等。

(4)所谓小区呼吸功能就是指各个小区的＿＿＿＿＿是动态的。当相邻两个小区负荷一轻一重时,负荷重的小区通过减小＿＿＿＿＿,使本小区的边缘用户由于＿＿＿＿＿不够,切换到相邻的小区,使负荷分担,即相当于增加了容量。

(5)RAKE 接收机接收原则为:一个或两个 PN 时,解调＿＿＿＿＿,若为三路软切换时尽量多地解调＿＿＿＿＿。

(6)若导频 PN 序列偏置指数为 15,则导频 PN 序列偏置为＿＿＿＿＿(Chip),此时,该导频序列将在每个偶秒起始后的＿＿＿＿＿开始启动。

(7)同步信道的比特率是＿＿＿＿＿bit/s,帧长为＿＿＿＿＿ms。

(8)除语音比特外,前向业务信道还载有＿＿＿＿＿信息。

(9)当某一个导频的强度超过 T_ADD 时,移动台会向基站发送＿＿＿＿＿,并且把该导频列入＿＿＿＿＿集。

(10)移动台的相邻导频集最多能支持＿＿＿＿＿个导频。当移动台第一次被分配前向业务信道时,移动台会将相邻导频集初始化为最后一次接收到的＿＿＿＿＿消息中的导频。

2. 单项选择题

(1)CDMA2000 系统使用的多址方式为 （　　）
 A. TDMA　　　　B. CDMA　　　　C. FDMA　　　　D. FDMA＋CDMA

(2)以下功能实体不属于 CDMA 系统核心网电路域的网元是 （　　）
 A. MSC　　　　B. VLR　　　　C. HLR　　　　D. BSC

(3)CDMA 信道处理过程中,经过扩频码扩频后的数据是 （　　）
 A. 比特　　　　B. 符号　　　　C. 码片　　　　D. 信元

(4)CDMA 手机在呼叫过程中,不支持以下几种切换过程 （　　）
 A. 硬切换　　　　B. 软切换　　　　C. 更软切换　　　　D. 接力切换

(5)对于 CDMA 多址技术,下列哪个说法是错误的 （　　）
 A. 采用 CDMA 多址技术具有较强的抗干扰能力
 B. 采用 CDMA 多址技术具有较好的保密通信能力
 C. 采用 CDMA 多址技术具有较灵活的多址连接
 D. 采用 CDMA 多址技术具有较好的抑制远近效应能力

(6)以下 CDMA 数据业务中,哪种业务覆盖半径最小 （　　）
 A. 9.6 kbit/s　　　　B. 19.2 kbit/s　　　　C. 38.4 kbit/s　　　　D. 153.6 kbit/s

(7)下列哪个不是功率控制的作用 （　　）
 A. 降低多余干扰　　　　　　　　B. 解决远近效应
 C. 调节手机音量　　　　　　　　D. 调节基站或手机的发射功率

(8)下列哪项不是 CDMA 的关键技术 （　　）

A. 功率控制　　　　B. 软切换　　　　C. RAKE 接收　　　　D. 动态时隙分配

(9) CDMA 每个载扇下最多可以配置_____个寻呼信道。　　　　　　　　　　(　　)

A. 6　　　　B. 7　　　　C. 8　　　　D. 9

(10) PCM 编码抽样频率为　　　　　　　　　　　　　　　　　　　　　　　　(　　)

A. 6 kHz　　　　B. 8 kHz　　　　C. 10 kHz　　　　D. 12 kHz

3. 判断题

(1) 软切换是先"连"后"断"。　　　　　　　　　　　　　　　　　　　　　　(　　)

(2) CDMA 的前向功率控制的控制对象是移动台。　　　　　　　　　　　　　　(　　)

(3) CDMA 基站使用的调制方式是 QPSK。　　　　　　　　　　　　　　　　　(　　)

(4) CDMA 的空中传输速率是 1.228 8 Mbit/s。　　　　　　　　　　　　　　　(　　)

(5) CDMA 空口前向有功率控制,反向没有功率控制。　　　　　　　　　　　　(　　)

(6) 在 CDMA 系统中,给不同用户分配相同的码序列(扩频码,一般采用伪随机码),并用它对承载信息的信号进行编码。　　　　　　　　　　　　　　　　　　　　　　　　(　　)

(7) CDMA 因为采用码分方式,所以频率不会复用。　　　　　　　　　　　　　(　　)

(8) 对于一个 CDMA 信道可有多个码道用作同步信道。　　　　　　　　　　　(　　)

(9) 软切换一定是同频之间的切换。　　　　　　　　　　　　　　　　　　　　(　　)

(10) 在手机开机后,接收到的第一条系统消息是同步信道消息(SCHM)。　　　　(　　)

4. 简答题

(1) CDMA 系统中零偏置 PN 码的起始时刻是什么?

(2) m 序列是一种伪随机序列(PN 码),在 CDMA 系统中,短码和长码均为 m 序列,PN 长码周期为 241 个码片,PN 长码的作用是什么?

(3) CDMA 系统中,移动台在开电源后,就进入系统初始化状态,系统初始化状态可分为哪几个子状态?

(4) 简述 CDMA 系统的频率配置与信道划分。

(5) 简述 CDMA 系统信道如何划分,频率如何配置。

(6) 描述 CDMA 系统结构图。

(7) 什么是扩频通信,它的理论依据是什么?

(8) 简述为什么要进行功率控制?功率控制有几种方式?

(9) 什么是 RAKE 接收技术?作用有什么?

(10) 简述 CDMA 语音编码技术,它与 GSM 的语音编码技术有何区别?

▶ 技能实训

实训　扩频与解扩

实训目的

(1) 掌握扩频的基本原理,理解扩频增益的概念。

(2) 观察基带信号扩频前后波形(频谱)。

(3) 观察扩频前后 PSK 调制的波形(频谱)。

实训原理

扩展频谱通信系统是指将待传输信息的频谱用某个特定的扩频函数扩展成为宽频带信号后送入信道中传输,在接收端利用相应手段将信号解压缩,从而获取传输信息的通信系统。也就是说在传输同样

信息时所需的射频带宽,远比我们已熟知的各种调制方式要求的带宽要宽得多。扩频带宽至少是信息带宽的几十倍甚至几万倍。信息不再是决定调制信号带宽的一个重要因素,其调制信号的带宽主要由扩频函数来决定。

这一定义包括以下三方面的意思:

(1)信号频谱被展宽了。在常规通信中,为了提高频率利用率,通常都是采用大体相当带宽的信号来传输信息,即在无线电通信中射频信号的带宽和所传信息的带宽是属于同一个数量级的,但扩频通信的信号带宽与信息带宽之比则高达100~1 000,属于宽带通信,原因是为了提高通信的抗干扰能力,这是扩频通信的基本思想和理论依据。扩频通信系统扩展的频谱越宽,处理增益越高,抗干扰能力就越强。

(2)采用扩频码序列调制的方式来展宽信号频谱。由信号理论知道,脉冲信号宽度越窄,其频谱就越宽,信号的频带宽度和脉冲宽度近似成反比,因此,所传信息被越窄的脉冲序列调制,则可产生很宽频带的信号。扩频码序列就是很窄的脉冲序列。

(3)在接收端用与发送端完全相同的扩频码序列来进行解扩。

扩频技术的理论依据定性地讨论有以下几点:

首先,扩频技术的理论基础可用香农信道容量公式来描述:

$$C = W\log_2(1+S/N)$$

式中　C——信道容量;

　　　W——系统传输带宽;

　　　S/N——传输系统的信噪比。

该公式表明,在高斯信道中当传输系统的信噪比S/N下降时,可用增加系统传输带宽W的办法来保持信道容量C不变。对于任意给定的信噪比可以用增大传输带宽来获得较低的信息差错率。扩频技术正是利用这一原理,用高速率的扩频码来达到扩展待传输的数字信息带宽的目的。故在相同的信噪比条件下,具有较强的抗噪声干扰的能力。

香农指出,在高斯噪声干扰下,在限制平均功率的信道上,实现有效和可靠通信的最佳信号是具有白噪声统计特性的信号。目前人们找到的一些伪随机序列的统计特性逼近于高斯白噪声的统计特性。使用于扩频系统中,可以使得所传输信号的统计特性逼近于高斯信道要求的最佳信号形式。

早在20世纪50年代,哈尔凯维奇就从理论上证明:要克服多径衰落干扰的影响,信道中传输的最佳信号形式也应该是具有白噪声统计特性的信号形式。由于扩频函数逼近白噪声的统计特性,因此扩频通信又具有抗多径干扰的能力。

常用的扩展频谱方式可分为:

(1)直接序列扩频CDMA(DS-CDMA)。用待传信息信号与高速率的伪随机码序列相乘后,去控制射频信号的某个参量而扩展频谱。

(2)跳频扩频CDMA(FH-CDMA)。数字信息与二进制伪随机码序列模二相加后,去离散地控制射频载波振荡器的输出频率,使发射信号的频率随伪随机码的变化而跳变。

(3)跳时扩频CDMA(TH-CDMA)。跳时是用伪随机码序列来启闭信号的发射时刻和持续时间。发射信号的"有"、"无"同伪随机序列一样是伪随机的。

(4)混合式。由以上三种基本扩频方式中的两种或多种结合起来,便构成了一些混合扩频体制,如FH/DS,DS/TH,FH/TH等。

在本实验中我们采用的是直接序列扩频。

图3.11和3.12分别是扩频前后PSK信号的频谱。

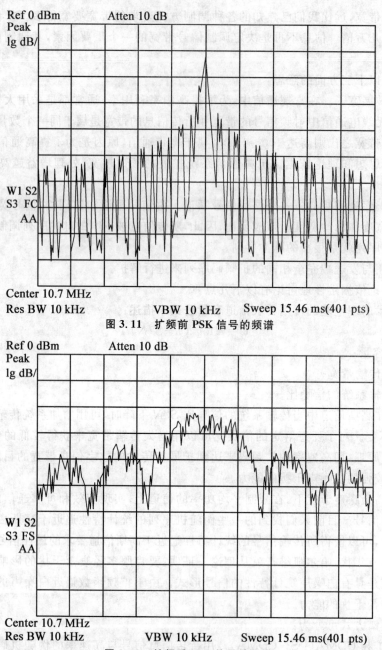

图 3.11 扩频前 PSK 信号的频谱

图 3.12 扩频后 PSK 信号的频谱

通过对比可以发现 PSK 信号的频谱大大展宽了。

图 3.13 为直接序列扩频的示意图。

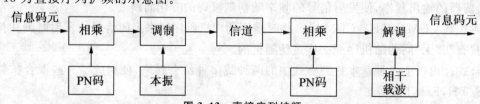

图 3.13 直接序列扩频

直接序列扩频通信的过程是将待传送的信息码元与伪随机序列相乘,在频域上将二者的频谱卷积,将信号的频谱展宽,展宽后的频谱呈窄带高斯特性,经载波调制之后发送出去。在接收端,一般首先恢复同步的伪随机码,将伪随机码与调制信号相乘,这样就得到经过信息码元调制的载波信号,再作载波同步,解调后得到信息码元。

我们采用"扩频增益"G_P的概念来描述扩频系统抗干扰能力的优劣,其定义为解扩接收机输出信噪比与其输入信噪比的比值,即

$$G_P = \frac{输出信噪比}{输入信噪比}$$

它表示经扩频接收处理之后,使信号增强的同时抑制输入到接收机的干扰信号能力的大小,值越大,则抗干扰能力越强。在直接序列扩频通信系统中,扩频增益G_P为

$$G_P = 10\lg\left(\frac{扩频码速率}{信息码速率}\right)$$

从上式中可以看到,提高扩频码速率或者降低信息码速率都可以提高扩频增益。

实训器材

(1) 移动通信原理实验箱,一台;
(2) 20 M 双踪示波器,一台;
(3) 频谱分析仪或带 FFT 功能的数字示波器(选用),一台。

实训步骤

(1) 安装好发射天线和接收天线。

(2) 插上电源线,打开主机箱右侧的交流开关,再按下开关 POWER301、POWER302、POWER401 和 POWER402,对应的发光二极管 LED301、LED302、LED401 和 LED402 发光,CDMA 系统的发射机和接收机均开始工作。

(3) 发射机拨位开关"信码速率"、"扩频码速率"、"扩频"、"编码"均拨下,接收机拨位开关"信码速率"、"扩频码速率"、"跟踪"、"解码"均拨下。此时系统的信码速率为 1 kbit/s,扩频码速率为 100 kbit/s。

(4) 观察基带信号扩频前后波形(频谱)变化的实验。

① 将"SIGN1 置位"设置成不为全 0 或全 1 的码字,设置"GOLD1 置位"。用示波器分别观察"SIGN1"和"S1－KP"的波形,并做对比。

② (选做)用带 FFT 功能的数字示波器分别观察"SIGN1"和"S1－KP"的频谱,并做对比。

③ 分别改变发射机的信码速率和扩频码速率,重复上一步骤。

(5) (选做)观察扩频前后 PSK 调制频谱的实验。

① 码字设置不变,将"扩频"开关拨下,用频谱仪观察"PSK1"的频谱。

② 将"扩频"开关拨上,观察"PSK1"的频谱,并与实验步骤(5)①中的结果比较。

③ 分别改变发射机的信码速率和扩频码速率,重复上述步骤。

说明:改变拨位开关后,应按复位键。

(6) 解扩实验。

① 将拨位开关恢复到实验步骤(3)要求的设置,按"发射机复位"键。

② 将拨位开关"第一路"连接,拨位开关"第二路"断开,此时发射机输出 GOLD1 为扩频码的第一路扩频信号。

③ 将拨码开关"GOLD3 置位"拨为与"GOLD1 置位"一致,按"接收机复位"键。

④ 调节"捕获"和"跟踪"旋钮,使接收机与发射机 GOLD 码完全一致,此时"TX2"处输出即为解扩后的 PSK 信号。

⑤ 用示波器双踪分别观察"SIGN1"和"TX2"处的波形。

⑥ (选做)用频谱仪观察"TX2"处的频谱,并与实验步骤(5)中的结果比较。

实训习题

1. 当"SIGN1 设置"拨码开关全部设为全 1 或全 0 时，比较"S1－KP"与"GOLD1"信号波形，并分析出现这种现象的原因。

2. 目前商用的 CDMA 系统是采用的哪种扩频方式？查找相关资料画出该系统的组成框图。

3. 实训步骤(5)③中分别改变发射机的信码速率和扩频码速率，"PSK1"处扩频前后的频谱分别发生了什么样的变化，说明了什么问题？

模块 4
第三代移动通信系统

知识目标
◆ 掌握第三代移动通信系统的三种制式；
◆ 了解基于第三代移动通信系统三种不同制式的系统结构；
◆ 掌握第三代移动通信系统中智能天线与联合检测技术；
◆ 掌握 TD-SCDMA 系统的帧结构；
◆ 了解 TD-SCDMA 网络规划与优化方案；
◆ 了解 HSDPA（高速下行分组接入技术）。

技能目标
◆ 熟练掌握 WCDMA 无线接入网体系结构；
◆ 熟练掌握 TD-SCDMA 系统的帧结构；
◆ 熟练掌握 TD-SCDMA 系统的干扰分析。

课时建议
14 课时

课堂随笔

4.1 认识第三代移动通信技术

什么是第三代移动通信系统？它有什么特点？它的系统结构是怎么样的？3G的演进策略和关键技术有哪些？第三代移动通信系统空中接口和无线接入网的结构与第二代移动通信系统有什么区别？要想学习全IP网络与HSDPA技术的实现、无线资源管理等，我们先来认识第三代移动通信系统的演进与标准。

4.1.1 3G的演进与标准

第三代移动通信，即国际电信联盟（ITU）定义的IMT－2000（International Mobile Telecommunication－2000），简称3G，相对第一代模拟通信系统（1G）和第二代GSM、CDMA等通信系统（2G），3G一般地讲是指将无线通信与国际因特网等多媒体通信结合的新一代移动通信系统，共有五种标准，如图4.1所示。第三代移动通信系统能够提供更大的通信容量和覆盖范围，具有可变的高速数据率，同时能提供高速电路交换和分组交换业务，具有更高的频谱利用率等特点。另外，3G系统还能提供更为可靠的信道编码、灵活配置的传输信道和逻辑信道，支持多种语音编码方案，为用户提供更为灵活的接入服务；与此同时，3G系统还继承了窄带CDMA系统容易使用软件无线电实现、语音质量高、手机功耗小等优点。

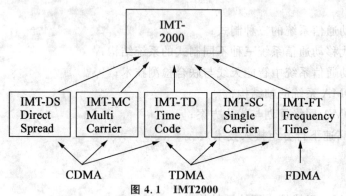

图 4.1 IMT2000

当前，3G存在三大主流标准：一是WCDMA标准，也称为"宽带码分多址接入"，支持者主要是以GSM系统为主的欧洲厂商；二是CDMA2000标准，也称为"多载波码分多址接入"，由美国高通北美公司为主导提出，韩国现在成为该标准的主导者；三是TD－SCDMA标准，中文含义为"时分同步码分多址接入"，是我国独自制定的3G标准，它在频谱利用率、对业务的支持、频率灵活性及成本等方面都具有独特的优势，全球一半以上的设备厂商都宣布可以支持TD－SCDMA标准。其与前两代移动通信系统相比，可以把3G系统的特点概括为以下几点：

(1) 全球普及和全球无缝漫游的通信系统。2G系统一般为区域或国家标准，而3G是一个可以实现全球范围内覆盖和使用的通信系统，它可以实现使用统一的标准，以便支持同一个移动终端在世界范围内的无缝通信。

(2) 具有支持多媒体业务的能力，特别是支持因特网业务。2G系统主要以提供语音业务为主，即使2G的增强技术一般也仅能提供100~200 kbit/s的传输速率，GSM系统演进到最高阶段的速率传输能力为384 kbit/s。但是3G系统的业务能力将有明显的改进，它能支持从语音到分组数据再到多媒体业务，并能支持固定和可变速率的传输以及按需分配带宽等功能，国际电信联盟（ITU）规定的3G系统无线传输技术的最低要求中，必须满足四个速率要求：卫星移动环境中至少可提供9.6 kbit/s的速率的多媒体业务；高速运动的汽车上可提供144 kbit/s速率的多媒体业务；在低速运动的情况下（如步行时）可提供384 kbit/s速率的多媒体业务；在室内固定情况下可提供2 Mbit/s速率的多媒体业务。

(3)便于过渡和演进。由于3G引入时,现在的2G已具相当的规模,所以3G网络一定要能在原来2G网络的基础上灵活地演进而成,并应与固定网络兼容。

(4)高频谱效率。3G具有高于现在2G移动通信系统两倍的频谱效率。

(5)高服务质量。3G移动通信系统的通信质量与固定网络的通信质量相当。

(6)高保密性。尽管2G系统的CDMA也有相当的保密性,但是还是不及3G的保密性高。

我国形成三大运营商竞争3G市场的新格局,目前3G网络的演进策略有以下四个方面:

1. GSM向WCDMA网络演进策略

对于无线侧网络的演进,目前普遍认同的方案是在原GSM设备的基础上进行3G网络的叠加。

对于核心网侧的演进,根据核心网侧电路域和分组域的演进方式不同,主要有3种解决方案。

(1)核心网全升级过渡。在原有的GSM/GPRS核心网的基础上,通过硬件的更新和软件的升级来实现向WCDMA系统的演进。

(2)叠加、升级组合建网。是将原有GSM/GPRS核心网的电路域进行叠加、分组域进行升级的一种组网方式。

(3)完全叠加建网。对于电路域,本地网采用完全叠加的方案。因为长途网一般仅起到话务转接的作用,与GSM作用相同,则WCDMA和GSM可以共享长途网资源。

对于分组域,WCDMA网络PS域骨干网与现有的GPRS骨干网共享,WCDMA网络PS域省网新建SGSN和GGSN,并且由于WCDMA的PS域与GPRS在流程以及核心网的协议方面都非常相似,省网的CG、DNS和路由器等设备与GPRS现网共用。

而对于大多数现网的情况,GPRS网络无法只是通过软件升级过渡到3G的PS域,因此建议采用完全叠加网的方案。该方案避免了对现有2G业务的影响,易于网络规划和实施,充分保障了现有网络的稳定性,容量不受原有网络的限制;且通过核心网的叠加来引入宽带接入、补充新的频谱和核心网资源,可以分流语音和数据业务,从而刺激业务增长,促进3G系统的发展。采用叠加方式建设WCDMA网络,不仅有利于3G网络建设的逐步推进,而且为网络向全IP方向演进扫除了障碍。

2. IS-95向CDMA2000的网络演进策略

与GSM系统相比,窄带CDMA系统无线部分和网络部分向第三代移动通信过渡都采用演进的方式。

其中,基于无线部分尽量和原有部分兼容,通过IS-95A(速率9.6/14.4 kbit/s)、IS-95B(速率115.2 kbit/s)、CDMA2000 1x(144 kbit/s)的方式演进。

CDMA2000 1x(CDMA2000的单载波方式)是CDMA2000的第一阶段。通过不同的无线配置(RC)来区分,它可与IS-95A和IS-95B共存于同一载波中。

CDMA2000 1x 增强型 CDMA2000 1x EV可以提供更高的性能,目前CDMA2000 1x EV的演进方向包括两个方面,仅支持数据业务的CDMA2000 1x EV-DO(Data Only)和同时支持数据和语音业务的分支CDMA2000 1x EV-DV(Data & Voice)。在CDMA2000 1x(EV-DO)方面目前已经确定采用Qualcomm公司提出的HDR,在我国各地已经有多个实验局,而在CDMA2000 1x EV-DV方面目前已有多家方案。

网络部分则将引入分组交换方式,以支持移动IP业务。在CDMA2000 1x商用初期,网络部分在窄带CDMA网络基础上,保持电路交换、引入分组交换方式,分别支持语音和数据业务;CDMA2000的网络也将向全IP方向发展;CDMA2000 1x再往后发展,沿着CDMA2000 3x(CDMA2000三载波系统)及更多载波方式发展。

3. GSM向TD-SCDMA的网络演进策略

TD-SCDMA标准是由第三代合作项目组织(3GPP)制订,目前采用的是中国无线通信标准组织

(CWTS)制订的 TSM(TD—SCDMA over GSM)标准,思想就是在 GSM 的核心网上使用 TD—SCDMA 的基站设备,只须对 GSM 的基站控制器进行升级,以后 TD—SCDMA 将融入 3GPP 的 R4 及以后的标准中。

4. 中国 3G 演进之路

对于中国 3G 网络的建设,首先应该从长期、全局的角度进行规划,进一步融合移动固定业务能力,便于向 NGN(Next Generation Network)演进。其次,第三代网络建设是逐步进行的,第二代网络还将在一定时期内扮演重要角色,所以建设第三代网络是要充分考虑到对现网设备资源的充分整合和有效的利用,3G 核心网建设应该对现有网络的影响最小。第三,我国 3G 的潜在需求目前主要集中在长三角、珠三角和环渤海地区,因此短期的 3G 网络建设应该是"孤岛型"网络。此外,运营商在进行 3G 网络建设时,部分地区的小灵通和 2G 网络投资将会大大减少,因此 3G 网络前期投资的绝对增加额并不会太大。

总体来说,针对现在拥有 3G 牌照的运营商(中国移动、中国联通和中国电信),一般会面临三种建网选择:新建、升级、叠加,当然实际情况往往会采用其中两种或三种组合策略。

在 2009 年 1 月中国确认国内 3G 牌照发放给三家运营商,分别是中国移动、中国联通还有中国电信。下面简单介绍其演进方案:

(1)中国移动。中国移动获得 TD—SCDMA 牌照后,也在大力开展 3G 的演进讨论和技术开发,TD—SCDMA 核心网基于 GSM/GPRS 网络的演进,保持与 GSM/GPRS 网络的兼容性,核心网也可以基于 TDM ATM 和 IP 技术,并向全 IP 的网络演进。

(2)中国联通。中国联通获得 WCDMA 牌照,在电信重组,CDMA 由电信公司运营后,中国联通在 3G 的演进过程中需要对 GSM 网络加以考虑。

WCDMA 是通用移动通信系统(UMTS)的空中接口技术。UMTS 的核心网基于 GSM—MAP,保持与 GSM/GPRS 网络的兼容性,同时通过网络扩展方式提供基于 ANSI—41 的核心网上运行的能力,并可以基于 TDM ATM 和 IP 技术,并向全 IP 的网络演进。MAP 技术和 GPRS 隧道技术是 WCDMA 体制移动性管理机制的核心。

(3)中国电信。中国电信获得 CDMA2000 牌照,对 2G 向 3G 演进也作了较大的努力,他们在 C 网演进到 3G 的策略是 IS—95 CDMA(2G)→CDMA2000 1x→CDMA2000 3x(3G)。第一阶段建设一个完善的 IS—95A+网络,以支持漫游、机卡分离及向 CDMA2000 1x 平滑过渡;第二阶段向 CDMA2000 1x 过渡,尽快将单一的语音业务和补充业务模式过渡为业务多元化模式;第三阶段向 1x EV—DO 或 1x/EV—DV 方向演进,其中 1x 代表其载波一倍于 IS—95 带宽,1x EV—DO 和 1x EV—DV 技术在性能上已超过了 3x 系统,1x EV 将是 CDMA2000 的演进方向。

4.1.2 第三代移动通信系统的结构

1. IMT—2000 系统的组成

IMT—2000(国际移动通信—2000)系统构成如图 4.2 所示,它主要由四个功能子系统构成,即由核心网(CN)、无线接入网(RAN)、移动台(MT)和用户识别模块(UIM)组成。分别对应于 GSM 系统的交换子系统(NSS)、基站子系统(BSS)、移动台(MS)和 SIM 卡。

2. 系统标准接口

ITU 定义了 4 个标准接口:

(1)网络与网络接口(NNI):由于 ITU 在网络部分采用了"家族概念",因而此接口是指不同家族成员之间的标准接口,是保证互通和漫游的关键接口。

(2)无线接入网与核心网之间的接口(RAN-CN),对应于 GSM 系统的 A 接口。
(3)无线接口(UNI)。
(4)用户识别模块和移动台之间的接口(UIM-MT)。

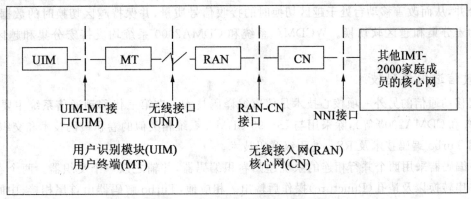

图 4.2 IMT-2000 功能模型及接口

3. 第三代移动通信系统的分层结构

第三代移动通信系统的结构分为三层,物理层、链路层和高层。各层的主要功能描述如下:

(1)物理层。它由一系列下行物理信道和上行物理信道组成。

(2)链路层。它由媒体接入控制(MAC)子层和链路接入控制(LAC)子层组成;MAC 子层根据 LAC 子层不同业务实体的要求对物理层资源进行管理与控制,并负责提供 LAC 子层业务实体所需的 QoS(服务质量)级别。LAC 子层与物理层相对独立的链路管理与控制,并负责提供 MAC 子层所不能提供的更高级别的 QoS 控制,这种控制可以通过 ARQ 等方式来实现,以满足来自更高层业务实体的传输可靠性。

(3)高层。它集 OSI 模型中的网络层、传输层、会话层、表达层和应用层为一体。高层实体主要负责各种业务的呼叫信令处理,语音业务(包括电路类型和分组类型)和数据业务(包括 IP 业务,电路和分组数据,短消息等)的控制与处理等。

4.1.3 3G 的关键技术

第三代移动通信系统关键技术包括:

1. 初始同步与 Rake 多径分集接收技术

CDMA 通信系统接收机的初始同步包括 PN 码同步、符号同步、帧同步和扰码同步等。CDMA2000 系统采用与 IS-95 系统相类似的初始同步技术,即通过对导频信道的捕获建立 PN 码同步和符号同步,通过同步信道的接收建立帧同步和扰码同步。WCDMA 系统的初始同步则需要通过"三步捕获法"进行,即通过对基本同步信道的捕获建立 PN 码同步和符号同步,通过对辅助同步信道的不同扩频码的非相干接收,确定扰码组号等,最后通过对可能的扰码进行穷举搜索,建立扰码同步。

由于移动通信是在复杂的电波环境下进行的,如何克服电波传播所造成的多径衰落现象是移动通信的另一基本问题。在 CDMA 移动通信系统中,由于信号带宽较宽,因而在时间上可以分辨出比较细微的多径信号。对分辨出的多径信号分别进行加权调整,使合成之后的信号得以增强,从而可在较大程度上降低多径衰落信道所造成的负面影响。这种技术称为 Rake 多径分集接收技术。

为实现相干形式的 Rake 接收,需发送未经调制的导频(Pilot)信号,以使接收端能在确知已发数据的条件下估计出多径信号的相位,并在此基础上实现相干方式的最大信噪比合并。WCDMA 系统采用用户专用的导频信号,而 CDMA2000 下行链路采用公用导频信号,用户专用的导频信号仅作为备选方案用于使用智能天线的系统,上行信道则采用用户专用的导频信道。

Rake多径分集技术的另外一种极为重要的体现形式是宏分集及越区软切换技术。当移动台处于越区切换状态时,参与越区切换的基站向该移动台发送相同的信息,移动台把来自不同基站的多径信号进行分集合并,从而改善移动台处于越区切换时的接收信号质量,并保持越区切换时的数据不丢失,这种技术称为宏分集和越区软切换。WCDMA系统和CDMA2000系统均支持宏分集和越区软切换功能。

2. 高效信道编译码技术

第三代移动通信的另外一项核心技术是信道编译码技术。在第三代移动通信系统主要提案中(包括 WCDMA 和 CDMA2000 等),除采用与 IS-95 CDMA 系统相类似的卷积编码技术和交织技术之外,还建议采用 Turbo 编码技术及 RS-卷积级联码技术。

Turbo 编码器采用两个并行相连的系统递归卷积编码器,并辅之以一个交织器。两个卷积编码器的输出经并串转换以及凿孔(Puncture)操作后输出。相应地,Turbo 解码器由首尾相接、中间由交织器和解交织器隔离的两个以迭代方式工作的软判输出卷积解码器构成。虽然目前尚未得到严格的 Turbo 编码理论性能分析结果,但从计算机仿真看,在交织器长度大于 1 000、软判输出卷积解码采用标准的最大后验概率(MAP)算法的条件下,其性能比约束长度为 9 的卷积码提高 1~2.5 dB。目前 Turbo 码用于第三代移动通信系统的主要困难体现在以下几个方面:

(1) 由于交织长度的限制,无法用于速率较低、时延要求较高的数据(包括语音)传输;

(2) 基于 MAP 的软输出解码算法所需计算量和存储量较大,而基于软输出 Viterbi 的算法所需迭代次数往往难以保证;

(3) Turbo 编码在衰落信道下的性能还有待于进一步研究,目前还不够成熟。

3. 智能天线技术

从本质上来说,智能天线技术是雷达系统自适应天线阵在通信系统中的新应用。由于其体积及计算复杂性的限制,目前仅适应于在基站系统中的应用。

智能天线包括两个重要组成部分,一是对来自移动台发射的多径电波方向进行到达角(DOA)估计,并进行空间滤波,抑制其他移动台的干扰;二是对基站发送信号进行波束形成,使基站发送信号能够沿着移动台电波的到达方向发送回移动台,从而降低发射功率,减少对其他移动台的干扰,如图 4.3 所示。

图 4.3 智能天线

智能天线技术用于 TDD 方式的 CDMA 系统是比较合适的,能够起到在较大程度上抑制多用户干扰,从而提高系统容量的作用。其困难在于由于存在多径效应,每个天线均需一个 Rake 接收机,从而使基带处理单元复杂度明显提高。

4. 多用户检测技术

在传统的 CDMA 接收机中,各个用户的接收是相互独立进行的。在多径衰落环境下,由于各个用户之间所用的扩频码通常难以保持正交,因而造成多个用户之间的相互干扰,并限制系统容量的提高。解决此问题的一个有效方法是使用多用户检测技术,通过测量各个用户扩频码之间的非正交性,用矩阵求逆方法或迭代方法消除多用户之间的相互干扰,如图 4.4 所示。

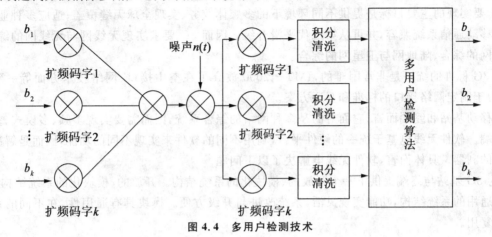

图 4.4　多用户检测技术

从理论上讲,使用多用户检测技术能够在极大程度上改善系统容量。但一个较为困难的问题是对于基站接收端的等效干扰用户等于正在通话的移动用户数乘以基站端可观测到的多径数。这意味着在实际系统中等效干扰用户数将多达数百个,这样即使采用与干扰用户数呈线性关系的多用户抵消算法仍使得其硬件实现显得过于复杂。如何把多用户干扰抵消算法的复杂度降低到可接受的程度是多用户检测技术能否实用的关键。

5.功率控制技术

在 CDMA 系统中,由于用户共用相同的频带,且各用户的扩频码之间存在着非理想的相关特性,用户发射功率的大小将直接影响系统的总容量,从而使得功率控制技术成为 CDMA 系统中的最为重要的核心技术之一。

常见的 CDMA 功率控制技术可分为开环功率控制、闭环功率控制和外环功率控制三种类型。

开环功率控制的基本原理是根据用户接收功率与发射功率之积为常数的原则,先行测量接收功率的大小,并由此确定发射功率的大小。开环功率控制用于确定用户的初始发射功率,或用户接收功率发生突变时的发射功率调节。开环功率控制未考虑到上、下行信道电波功率的不对称性,因而其精确性难以得到保证。

闭环功率控制可以较好地解决此问题,通过对接收功率的测量值及与信干比门限值的对比,确定功率控制比特信息,然后通过信道把功率控制比特信息传送到发射端,并据此调节发射功率的大小。外环功率控制技术则是通过对接收误帧率的计算,确定闭环功率控制所需的信干比门限。

外环功率控制通过对接收误帧率的计算,调整闭环功率控制所需的信干比门限通常需要采用变步长方法,以加快上述信干比门限的调节速度。在 WCDMA 和 CDMA2000 系统中,上行信道采用了开环、闭环和外环功率控制技术,下行信道则采用了闭环和外环功率技术。但两者的闭环功率控制速度有所不同,WCDMA 为每秒 1 600 次,CDMA2000 系统为每秒 800 次。

6.软件无线电技术

软件无线电是近几年发展起来的技术,它基于现代信号处理理论,尽可能在靠近天线的部位(中频,甚至射频),进行宽带 A/D 和 D/A 变换。无线通信部分把硬件作为基本平台,把尽可能多的无线通信功能用软件来实现。软件无线电为 3G 手机与基站的无线通信系统提供了一个开放的、模块化的系统结构,具有很好的通用性、灵活性,使系统互联和升级变得非常方便。其硬件主要包括天线、射频部分、基带的 A/D 和 D/A 转换设备以及数字信号处理单元。在软件无线电设备中所有的信号处理(包括放大、变频、滤波、调制解调、信道编译码、信源编译码、信号流变换、信道、接口的协议/信令处理、加/解密、抗干扰处理、网络监控管理等）都以数字信号的形式进行。由于软件处理的灵活性，使其在设计、测试和修改方面非常方便，而且也容易实现不同系统之间的兼容。

3G所要实现的主要目标是提供不同环境下的多媒体业务、实现全球无缝覆盖；适应多种业务环境；与第二代移动通信系统兼容，并可从第二代平滑升级。因而3G要求实现无线网与无线网的综合、移动网与固定网的综合、陆地网与卫星网的综合。

由于3G标准的统一是非常困难的，IMT－2000放弃了在空中接口、网络技术方面等一致性的努力，而致力于制定网络接口的标准和互通方案。

对于移动基站和终端而言，它面对的是多种网络的综合系统，因而需要实现多频、多模式、多业务的基站和终端。软件无线电基于统一的硬件平台，利用不同的软件来实现不同的功能，因而是解决基站和终端问题的利器。具体而言，软件无线电解决了以下问题。

（1）为3G基站与终端提供了一个开放的、模块化的系统结构。开放的、模块化的系统结构为3G系统提供了通用的系统结构，功能实现灵活，系统改进与升级方便。模块具有通用性，在不同的系统及升级时容易复用。

（2）智能天线结构的实现、用户信号到来方向的检测、射频通道加权参数的计算、天线方向图的赋形。

（3）各种信号处理软件的实现，包括各类无线信令处理软件，信号流变换软件，同步检测、建立和保持软件，调制解调算法软件，载波恢复、频率校准和跟踪软件，功率控制软件，信源编码算法软件以及信道纠错算法编码软件等。

7．快速无线IP技术

快速无线IP（Wireless IP，无线互联网）技术将是未来移动通信发展的重点，宽频带多媒体业务是最终用户的基本要求。根据ITM－2000的基本要求，第三代移动通信系统可以提供较高的传输速度（本地区2 Mbit/s，移动144 kbit/s）。现代的移动设备越来越多了（手机、笔记本电脑、PDA等），剩下的好像就是网络是否可以移动，无线IP技术与第三代移动通信技术结合将会实现这个愿望。由于无线IP主机在通信期间需要在网络上移动，其IP地址就有可能经常变化，传统的有线IP技术将导致通信中断，但第三代移动通信技术因为利用了蜂窝移动电话呼叫原理，完全可以使移动节点采用并保持固定不变的IP地址，一次登录即可实现在任意位置上或在移动中保持与IP主机的单一链路层连接，完成移动中的数据通信。

> **技术提示：**
>
> 多载波MC－CDMA是第三代移动通信系统中使用的一种新技术。多载波CDMA技术早在1993年的PIMRC会议上就被提出来了。目前，多载波CDMA作为一种有着良好应用前景的技术，已吸引了许多公司对此进行深入研究。多载波CDMA技术的研究内容大致有两类：一是用给定扩频码来扩展原始数据，再用每个码片来调制不同的载波。另一种是用扩频码来扩展已经进行了串并变换后的数据流，再用每个数据流来调制不同的载波。

4.2 WCDMA技术

什么是第三代移动通信系统中的WCDMA制式？WCDMA的演进策略和关键技术有哪些？WCDMA关键技术的实现及其空中接口和无线接入网的结构是什么样的？它是如何实现全IP网络与无线

资源管理的？首先让我们来认识 WCDMA。

4.2.1 认识 WCDMA

WCDMA 是通用移动通信系统（UMTS）的空中接口技术，全称为 Wideband CDMA，也称为 CDMA Direct Spread，意为宽频分码多重存取，这是基于 GSM 网发展出来的 3G 技术规范，是欧洲提出的宽带 CDMA 技术，它与日本提出的宽带 CDMA 技术基本相同，目前正在进一步融合。WCDMA 系统能够架设在现有的 GSM 网络上，对于系统提供商而言可以较轻易地过渡，而 GSM 系统相当普及的亚洲对这套新技术的接受度预料会相当高。因此 WCDMA 具有先天的市场优势。该标准提出了 GSM（2G）—GPRS—EDGE—WCDMA（3G）的演进策略。GPRS 是 General Packet Radio Service（通用分组无线业务）的简称，EDGE 是 Enhanced Data rate for GSM Evolution（增强数据速率的 GSM 演进）的简称，这两种技术被称为 2.5 代移动通信技术。

WCDMA 具有以下特点。

(1) 调制方式：上行为 HPSK，下行为 QPSK；

(2) 解调方式：导频辅助的相干解调；

(3) 接入方式：DS—CDMA 方式；

(4) 三种编码方式：在语音信道采用卷积码（$R=1/3, K=9$）进行内部编码和 Viterbi 译码；在数据信道上采用 Reed Solomon 编码；在控制信道采用卷积码（$R=1/2, K=9$）进行内部编码和 Viterbi 译码；

(5) 适应多种速率的传输，可灵活地提供多种业务，并根据不同的业务质量和业务速率分配不同的资源；同时对多速率、多媒体的业务，可通过改变扩频比（对于低速率的 32 kbit/s，64 kbit/s，128 kbit/s 的业务）和多码并行传送（对于高于 128 kbit/s 的业务）的方式来实现；

(6) 上下行快速、高效的功率控制大大减少了系统的多址干扰，提高系统的容量，同时也降低了传输的功率；

(7) 核心网基于 GSM/GPRS 网络的演进，并保持与 GSM/GPRS 网络的兼容性；

(8) 基站之间无需同步，因为基站可以收发异步的 PN 码，即基站可跟踪对方发出的 PN 码，同时移动终端也可用额外的 PN 码进行捕获与跟踪，因此可获得同步，支持越区切换及宏分集，而在基站之间不必进行同步；

(9) 支持软切换和更软切换，切换方式包括三种，即扇区间软切换、小区间软切换和载频间的硬切换。

4.2.2 WCDMA 的关键技术

1. 多径无线信道和 Rake 接收

Rake 接收不同于传统的空间、频率与时间分集技术，它是一种典型的利用信号统计与信号处理技术将分集的作用隐含在被传输的信号之中的技术，因此又称为隐分集或带内分集。

由于移动通信传播中多径原因会引起信号时延功率谱的扩散，导致信号能量的扩散，而 Rake 接收就是设法将上述被扩散的信号能量充分利用起来，其主要手段就是扩频信号设计与 Rake 接收的信号处理。由于多径信号中含有可以利用的信息，所以接收机可以通过合并多径信号来改善接收信号的信噪比。其实 Rake 接收机所做的就是通过多个相关检测器接收多径信号中的各路信号并把它们合并在一起。Rake 接收机既可以接收来自同一天线的多径，也可以接收来自不同天线的多径，但是多天线会增加信号处理的复杂度。

2. 功率控制

快速、准确的功率控制是保证 WCDMA 系统性能的基本要求，尤其是在上行链路中，如果没有功率控制,超功率发射的移动台就会堵塞整个小区,如图4.5所示,移动台1和移动台2工作于同一个频率,基站只依靠两者各自的扩频码来区分它们,则可能会出现这样的情况:移动台2处于靠近基站位置,移动台1远离基站,移动台1的路径损耗要比移动台2高得多。如果没有采取某种功率控制机制来使两个移动台到达基站的功率在相同水平上,移动台2的功率很容易超过移动台1的功率,给移动台1造成很大的干扰,进而阻塞小区大部分区域的正常通信,造成"远近效应"问题。

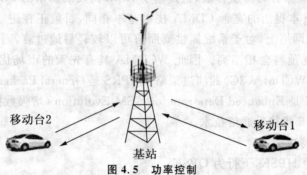

图 4.5 功率控制

在 WCDMA 中采用的功率控制方案是快速闭环功率控制,在上行链路的功率控制中,基站要频繁地估计接收到的信干比(S/R)值,并把它同目标 S/R 值相比较。如果测得的 S/R 高于目标 S/R,基站就命令移动台降低功率;如果测得的 S/R 要比目标值低得多,基站命令移动台提高功率。快速功率控制的周期为 $1.5\ \text{kHz}$,比任何较明显的路径耗损的变化都快,这样的闭环功率控制就能防止在基站接收的所有上行链路信号中出现功率不平衡的现象。

下行链路中采用的同样是闭环功率控制技术,但是目的不一样。下行链路基站对多个移动台发送信号,但是处于小区边缘的用户受到其他小区的干扰增加,需要提高功率来克服干扰,这就是下行的闭环功率控制。

为了配合移动台不同的移动速度和传播环境,WCDMA 中还采用了外环功率控制;根据各个单独的无线链路的需要来调整目标 S/R 的设定值,其目标是获得恒定的链路质量,通常定义为误码率(BER)和误块率(BLER)。

3. 软切换

WCDMA 系统中使用了软切换和更软切换,其中软切换指切换过程中和两个或多个基站同时通过不同的空中接口信道进行通信的切换方式。更软切换是指在切换过程中,移动台和基站同时通过两条空中接口信道进行通信。

图4.6所示为软切换过程,在切换期间,移动台处于属于不同基站的两个扇区覆盖的重叠部分,和两个基站同时通过不同的空中接口进行通信。在下行链路方向,移动台采用 Rake 接收机通过最大比例合并接收两个信道(信号)。在切换期间,每次接续的两个功率控制环路都是激活的,每个基站各用一个。

在更软切换时,移动台位于一个基站的两个相邻扇区的小区覆盖重叠区域,移动台和基站通过两条空中接口信道通信,每个扇区各有一条。更软切换在下行链路方向与软切换类似,这样下行链路方向需要使用两个不同的扩频码,移动台可以区分这些信号。移动台通过 Rake 处理接收这两个信号,这个过程类似于多径接收。

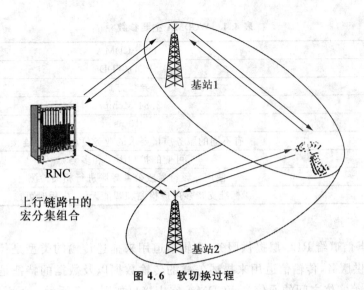

图 4.6 软切换过程

在上行链路中,软切换和更软切换的差别很大:两个基站接收移动台的码分信道,但接收到的数据被发送到 RNC 进行合并。这样做是因为在 RNC 中要使用提供给外环功率控制的帧可靠性指示符去选择这两个候选帧中更好的帧。

4. 多用户检测

多用户检测技术(MUD)是通过取消小区间干扰来改进性能,增加系统容量。实际容量的增加取决于算法的有效性、无线环境和系统负载。除了系统的改进,还可以有效地缓解远近效应。由于信道的非正交性和不同用户扩频码字的非正交性,导致用户间存在相互干扰,多用户检测的作用就是去除多用户之间的相互干扰。也就是根据多用户检测算法,再经过非正交信道和非正交的扩频码字,重新定义用户判决的分界线,在这种新的分界线上,可以达到更好的判决效果,去除用户之间的相互干扰。

通过在 WCDMA 上行链路中使用短扰码,可以使用自适应接收机,在 WCDMA 下行链路中,扩频码在一个持续时间为 10 ns 的无线帧上是周期的,这个周期过长,以至于无法应用常规的自适应接收机。通过引入码片均衡器可以克服这个问题,码片均衡是在码片持续时间内对频率选择性多径信道的影响进行均衡。它抑制了信号路径间的干扰,并且保持一个小区内用户扩频码的正交性。也就是说,通过均衡器可以补偿下行链路中由于多径传播导致的多址干扰。

高级的接收机算法可以在 WCDMA 终端中应用,以提高终端用户的数据速率和系统容量。干扰删除,比如干扰抵消技术(SQ-PIC),它是一个具有前景的改善基站接收机性能、系统容量和覆盖的方法。在上行链路中,当数据速率峰值高于 1 Mbit/s 时,即采用高速上行链路分组接入技术(HSUPA),应用上行链路干扰抵消技术可以给终端用户的吞吐量带来进一步的增益。

4.2.3 WCDMA 空中接口

1. WCDMA 的主要参数

WCDMA 是一个宽带直扩码分多址(DS-CDMA)系统,为了支持很高的比特速率(最高可达 2 Mbit/s),采用可变扩频因子和多码连接。WCDMA 支持各种可变的用户数据速率,即可以很好地支持带宽需要,WCDMA 主要参数见表 4.1。

表 4.1　WCDMA 主要参数

多址接入方式	DS－CDMA
双工方式	FDD/TDD
基站同步	异步方式
码片速率	3.84 Mchip/s
帧长	10 ns
业务复用	有不同的服务质量要求的业务复用在一个连接
多速率	可变的扩频因子和多码
检测	使用导频符号或公共导频进行相关检测
接收机理念	标准支持多用户检测和智能天线,应用时可选

2. WCDMA 的信道

MAC 层通过逻辑信道给 RLC 层提供服务,逻辑信道用来描述传输的类型是什么。物理层通过传输信道向 MAC 层提供服务,传输信道用来描述怎样的传输数据以及数据的特征是什么。物理层之间通过物理信道进行对等实体之间的通信。WCDMA 空中接口如图 4.7 所示。下面介绍逻辑信道、传输信道和物理信道的分类和功能。

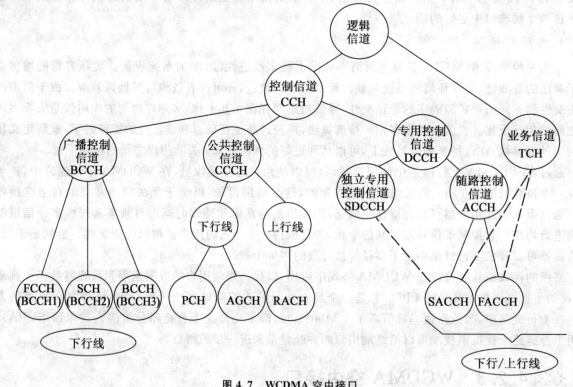

图 4.7　WCDMA 空中接口

1)逻辑信道

MAC 层在逻辑信道上提供业务数据,针对 MAC 层提供的不同类型的数据传输业务,专门定义了一组逻辑信道类型。逻辑信道通常可以分为两大类:控制信道和业务信道。

(1)控制信道通常用来传输控制平面信息,包括:广播控制信道(BCCH)、寻呼控制信道(PCCH)、专用控制信道(DCCH)和公共控制信道(CCCH)。

①广播控制信道。传输广播系统控制信息的下行链路信道。

②寻呼控制信道。传输寻呼信息的下行链路信道。

③专用控制信道。在 UE 和 RNC 之间传送专用控制信息的点对点双向信道,在 RPC 连接建立过

程中建立此信道。

④公共控制信道。在网络和UE之间发送控制信息的双向信道,这个逻辑信道总是映射到传输信道RACH/FACH。

(2)业务信道用来传输用户平面信息,包括:专用业务信道(DTCH)和公共业务信道(CTCH)。

①专用业务信道。专为一个UE传输用户信息的专用点对点信道,该信道在上行链路和下行链路都存在。

②公共业务信道。向全部或者一组特定UE传输专用用户信息的点对多点的下行链路信道。

2)传输信道

传输信道有两种类型:专用信道和公用信道。公用信道资源可由小区内的所有用户或一组用户共同分配使用,而专用信道仅仅是为单个用户预留的,并在某个特定的速率采用特定编码加以识别。以下分别介绍这两种传输信道。

(1)专用传输信道。专用传输信道只存在一种类型,即专用信道,在UTRA规范的25系列中用DCH表示。专用传输信道用于发送既定用户物理层以上的所有信息,其中包括实际业务的数据以及高层控制信息。由于DCH上发送的信息内容对物理层是不可见的,因此,高层控制信息和拥护数据采用相同的处理方式。当然,UTRAN对控制信息和数据设置的物理层参数设定不同。

专用传输信道的主要特征包括:快速功率控制,逐帧快速数据速率变化,以及通过改变自适应天线系统的天线权值来实现对某小区或某扇区的特定部分区域的发射等。专用信道支持软切换。

(2)公用传输信道。UTRA Release99中定义的公用传输信道有6种,介绍如下:

①广播信道(BCH)。广播信道用来发送UTRA网络特定的信息或某一给定的特定信息。每个网络最典型的数据是小区内的可用随机接入码和接入时隙,或该小区中与其他信道一起使用的发送分集方式。如果对广播信道的译码不正确将导致终端不能进行小区注册,因此,广播信道需要用相对较高的功率进行发送,从而使覆盖范围内的所有用户能接收到该信息。

②寻呼信道(PCH)。寻呼信道是下行链路传输信道,用于发送与寻呼工程相关的数据,也就是用于网络与终端开始通信时的初始化工作。比如,网络向终端发起语音呼叫的过程就是使用终端所在区域内各小区的寻呼信道向终端发送寻呼信息。终端必须在整个小区范围内都能收到寻呼信息,因此,寻呼信道的设计影响到终端在待机模式下的功耗,终端调整接收机监听的寻呼次数越少,在待机模式下终端电池的持续时间就越长。

③前向接入信道(FACH)。前向接入信道是下行链路传输信道,用于向处于给定小区的终端发送控制信息,即该信道用于基站接收到随机接入消息之后。FACH不使用快速功率控制,且发送的消息中必须包括带内标识信息来确保正确接收。

④随机接入信道(RACH)。随机接入信道是上行链路传输信道,用来发送来自终端的控制信息(如请求建立连接)。随机接入信道也可以用来发送终端到网络的少量分组数据。系统正常工作时,整个小区覆盖范围内都期望能接收到随机接入信道,因此,实际速率必须足够低,至少对于系统初始化接入和其他控制过程应该如此。

⑤上行链路公共分组信道(CPCH)。上行链路公共分组信道是RACH的扩展,用来在上行链路方向发送基于分组方式的用户数据。在上行链路方向上与之成对出现的信道是RACH。CPCH和RACH在物理层上的主要区别在于:前者使用快速功率控制,采用基于物理层的碰撞检测机制和CPCH状态检测过程,且上行链路CPCH的传输可能会持续几个帧,而RACH可能只占用一个或者两个帧。

⑥下行链路共享信道(DSCH)。下行链路共享信道是用来发送专用用户数据和/或控制信息的传输信道,它可以由几个用户共享。DSCH在很多方面与前向接入信道相似,不过共享信道支持使用快速功率控制和逐帧可变比特速度。DSCH不要求能在整个小区范围内接收到,可以采用与之相关的下行

链路 DCH 的发送天线分集技术。DSCH 总是与一个下行链路 DCH 相关联。

3）物理信道

物理信道是物理层的承载信道,物理层主要完成的功能包括:传输层前向纠错编码(FEC)、对高层进行测量和指示、宏分集的分解与合并、软切换、传输链路的纠错(CRC)、传输链路的复用和 CCTRCH 分离、速率匹配、闭环功率控制和射频处理等。包含下列信道：

①物理专用信道。上下行通用,上行控制信息和数据信息通过正交调制复用;下行以时分方式复用。对于下行提供可变速率业务承载信道。

（下面为下行信道）

②公用导频信道。用于区分扇区。

③公用控制信道。有主控制信道和辅控制信道两种。主控制信道用于传送广播信息;辅控制信道完成信道接入控制和寻呼。

④下行物理共享信道。主要传送非实时的突发业务,可以通过正交码由多用户共享。

⑤寻呼指示信道。用于寻呼控制。

⑥分配指示信道。与上行物理随机接入信道一起完成终端接入过程。

⑦同步信道:用于小区搜索过程的同步。

（下面为上行信道）

⑧物理随机接入信道。用于终端的接入。

⑨物理公共分组信道。作为数据传送的补充,主要用于突发的数据。

3. WCDMA 的扩频与调制

WCDMA 的扩频编码分为信道化编码和扰码两个过程,如图 4.8 所示。

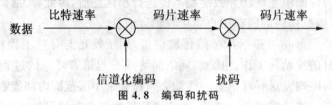

图 4.8 编码和扰码

1）信道化编码

信道化编码用于区分来自同一信源的传输,即区分一个扇区内的下行链路连接,以及来自某一终端的所有上行链路专用物理信道。WCDMA 在信道化编码过程中采用可变码速的正交扩频序列(OVSF)码进行序列扩频,OVSF 码的长度决定了信息的扩频增益,在传递码片的速率固定(对 WCDMA 为 3.84 Mchip/s)的情况下,OVSF 码越短,传递信息的速率就越高。信道化编码过程与 CDMA2000 系统的扩频编码过程相同。

2）扰码

加扰的目的是为了将不同的终端或基站区分开来。加扰在扩频之后,它不会改变信号的带宽,而只是用来区分来自不同信源的信号,即使多个发射机使用相同码字扩频也不会出现问题。如图 4.9 所示,在扰码过程之前,经过信道化编码,需要传送的信息已经被扩频,以需要的码片速率进行传送,所以在扰码过程中不再改变信号的带宽和扩频增益。

WCDMA 的一个非常重要的特征就是无需 GPS,其原因是 WCDMA 通过正交的扰码来区分扇区和用户,不同于 CDMA2000 系统采用 PN 码的不同偏置相位区分扇区和用户,所以不需要基站之间的严格同步,WCDMA 基站也不需要 GPS,这使得基站的选址和安装更加方便,可以实现分层组网等更加灵活的组网方式,而且 WCDMA 不需要进行 PN 偏置规划,取而代之的是扰码规划。

信道化编码和扰码的功能与特征见表 4.2。

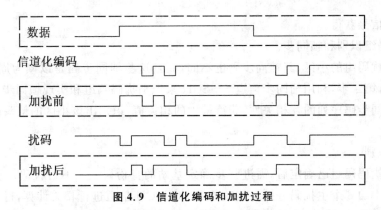

图 4.9 信道化编码和加扰过程

表 4.2 信道化编码和扰码的功能与特征

	信道化编码	扰码
用途	上行链路:区分同一终端的物理数据信道和控制信道 下行链路:区分同一小区中不同用户的下行链路连接	上行链路:区分终端 下行链路:区分扇区(小区)
长度	4 个码片—256 个码片(1.0~66.7 μs) 下行链路还包括 512 个码片	上行链路:(1)10 ms＝38 400 chip (2)66.7 μs＝256 个码片 下行链路:10 ms＝38 400 chip
码字数目	一个扰码下的码字数＝扩频因子	上行链路:几百万 下行链路:512
码族	正交可变扩频因子	长码(10 ms):Gold 短码:扩展的 S(2)码族

3)调制

WCDMA 上、下行链路的信道调制过程是不同的。在下行链路中,经过时分复用后的控制流和数据流采用标准的 QPSK 调制(除 SCH 信道外)。在 WCDMA 上行链路中,两种专用物理信道不是时分复用方式,而是采用 I-Q 支路/码复用方式。

4. WCDMA 小区搜索和同步过程

移动台开机,需要与系统联系,首先要与某一个小区的信号取得时序同步。这种从无联系到时序同步的过程就是移动台的小区搜索过程。

WCDMA 不需要基站间的同步,其终端与小区的同步主要是借助下行链路的主、从同步信道完成,同时会获取目标小区的扰码信息,完成小区搜索。

主、从同步信道都不进行扰码,在每个时隙中,两道信息并行发送。主同步信道由 256 个调制后的码片组成,在系统内所有扇区采用的码片都是同一个,该信道包含了小区的时隙边界信息。辅同步信息也是由 256 个调制后的码片组成的,在一个小区内,不同的帧重复相同的码片组;而在一帧内的 15 个不同的时隙中,则分别安排不同的码片组。这 15 个不同的码片组组成 64 种不同的码形,表示该扇区属于 64 个扰码组中的哪一个,同时提供帧的定位信息。同步信道采用时分复用的方式,与主公共控制信道合成在一起,占用每个时隙 2 560 个码片中的 256 个。

小区搜索(即同步)过程的目的是捕获一个合适的小区,并据此确定这个小区的下行扰码和帧同步。一般的小区搜索过程执行的都是以下三步。

第一步:时隙同步。

移动台首先搜索主同步信道的主同步码,与信号最强的基站取得时隙同步。因为所有的小区都使用同一个 256 位码字作自己的主同步码,而且各时隙中的同一个位置重复发射。这一步一般都是利用单一的匹配主同步码来实现,也可用其他类似的设备比如相关器实现。时隙同步不可以通过检测匹配滤波器输出的峰值信号获得。

第二步：扰码码组识别和帧同步。

由于使用不同扰码组的小区，其辅同步码也不同，而且这些辅同步码是以帧为周期，所以在时隙已经同步后，可以进行第二步，利用辅同步信道 S—SCH 来识别扰码码组和实现帧同步。通过计算接收信号和所有可能的辅同步码序列的互相关性，获得最大的相关值，识别出该小区的帧头以及主扰码所属的码组。

第三步：扰码识别。

当基站所属的扰码码组已确定后，需进一步确定基站的身份码——下行扰码。移动台使用第二步识别到的扰码码组中的 8 个主扰码分别与捕获的 P—CCPCH 信道进行相关计算，得到该小区使用的下行扰码。根据识别到的扰码，P—CCPCH 就可以被检测出，从而获得超帧同步，系统以及小区的特定的广播信息就可被读出。

经过以上三个步骤，一方面可实现扇区与终端的同步，另一方面也可识别小区使用的主扰码。在进行小区扰码规划时，可以通过给相邻的小区选择不同扰码组的主扰码来简化这些过程。这样，除了开机搜索，一般情况下的终端可以借助于系统广播的邻小区扰码信息，根据第二步了解到的码组，直接搜索到目标小区，只需确认检测的结果而无需比较不同的主扰码，跳过第三步复杂的查找过程，加快了搜索的速度。

进一步提高小区搜索性能的方法还包括可以提供小区之间相对定时的消息，任何情况下，只要终端将要进行软切换，都会对此进行测量，它可以用于改善第二步的性能。相关的定时信息越准确，搜索辅 SCH 码需要进行检测的时隙位置就越小，正确检测的概率就越高。

4.2.4　WCDMA 无线接入网体系结构

1. 系统结构概述

UMTS 系统由三个部分构成，即 CN（核心网）、UTRAN（无线接入网）和 UE（用户装置）组成，此外核心网还可以与外部通信，以提供更丰富的业务，如许多基于 Internet 的业务。CN 与 UTRAN 的接口定义为 Iu 接口，UTRAN 与 UE 的接口定义为 Uu 接口，如图 4.10 所示。

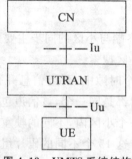

图 4.10　UMTS 系统结构

无线接入网和核心网的发展不同，核心网受有线网络技术发展的影响很大，从现有的 GSM/GPRS 核心网平台开始，以平滑演进的方式逐步过渡到全 IP 通信网络；而无线接入网的演进是革命性的，目标是提高无线资源利用率（频率效率）和灵活地提供多种业务，这也是第三代移动通信系统与第二代移动通信系统的主要区别。

1）核心网（CN）

核心网（Core Network，CN）负责处理 WCDMA 系统内语音呼叫（Call）、数据会话（Session）以及与外部网络的交换和路由。WCDMA 几个版本的核心网部分的分组域设备主体没有变化，只进行了协的升级和优化,电路域设备的变化也不是非常大。

R99 核心网基于 GSM/GPRS 的电路交换和分组交换网络平台,以实现第二代向第三代网络的平滑演进。

R4 核心网在分组域没有变化,而在电路域引入了控制和承载分离的结构。

R5 核心网在分组域引入了 IP 多媒体域,即 IP 多媒体服务(IMS)域,以实现全 IP 多业务移动网络的最终发展目标。

R6 版本阶段在网络构架方面已没有太大的变化,主要是增加了一些新的功能特性以及对已有的功能特征的加强。

2)用户设备(UE)

用户设备(User Equipment,UE)主要包括基带处理单元、射频单元、协议栈模块以及应用层软件模块,其物理实体包括移动设备(Mobile Equipment,ME)和 UMTS 用户识别模块(UMTS Subscriber Identity Module,USIM)两部分。

移动设备(ME)是进行无线通信的无线终端,用户识别模块(USIM)是一张智能卡,记载用户标识,执行鉴权算法,存储鉴权、密钥及终端所需的一些预约信息。

用户设备(UE)为用户提供电路域和分组域的各种业务功能,包括语音、短信、移动数据业务。WCDMA 终端和双模终端更可以提供宽带语音和高速的数据通信。

3)无线接入网(UTRAN)

无线接入网连接到移动用户设备和核心网,实现无线接入和无线资源管理。由于采用了 UMTS 的陆地无线接入网络技术,所以又称为 UMTS 陆地无线接入网络(UMTS Terrestrial Radio Access Network,UTRAN)。

UTRAN 包括许多通过 Iu 接口连接到 CN 的 RNS。一个 RNS 包括一个 RNC 和一个或多个 Node B。Node B 通过 Iub 接口连接到 RNC 上,它支持 FDD 模式与 TDD 模式或者双模式。Node B 包括一个或多个小区。

在 UTRAN 结构中,Iu、Iur、Iub 接口分别为 CN 与 RNC、RNC 与 RNC、RNC 与 Node B 之间的接口。UTRAN 结构如图 4.10 所示。

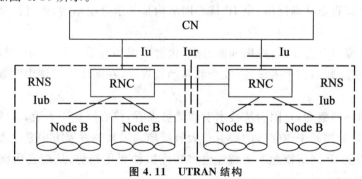

图 4.11 UTRAN 结构

2. WCDMA 的开放接口

WCDMA 主要的开放接口包括:Cu 接口、Uu 接口、Iu 接口、Iur 接口和 Iub 接口。

(1)Cu 接口。Cu 接口是 USIM 智能卡和 ME 间的电气接口,它遵循智能卡的标准格式。

(2)Uu 接口。Uu(UE－UTRAN)接口被称为 WCDMA 的空中接口,是指用户设备(UE)和 UMTS 地面无线接入网(UTRAN)之间的接口,通常也被称为无线接口。无线接口使用无线传输技术(RTT)将用户设备接入到系统固定网络部分。

WCDMA 的无线接口是 UMTS 最重要的开放接口,也是 WCDMA 技术的关键所在,其中涉及很多关键技术。所谓接口是开放的,意思是接口的定义允许接口的终端设备可以由不同的厂家生产。即只要遵从接口的规范,不同的制造商生产的终端设备能够相互通信,制定一个开放的无线接口有利于不同制造商产品之间的兼容,当然对于不同无线传输技术的产品来说是无法做到相互兼容的。

(3) Iu 接口。Iu(UTRAN－CN)接口连接 UTRAN 和 CN,它是一个开放接口,将系统分成专用于无线通信的 UTRAN 和负责处理交换、寻找路由和业务控制的 CN 两部分。Iu 可以有两种主要的不同实体,它们分别是用于将 UTRAN 连接至电路交换(CS)CN 的 Iu CS(Iu Circuit Switched)和连接至分组交换(PS)CN 的 Iu PS(Iu Packet Switched)。还有一种 Iu 实体称为 Iu BC,连接 UTRAN 和核心网的广播域,用于支持小区广播业务。这样相应的传输网络控制平台也就不同。但设计指导的一个主要原则仍然是:用于 Iu CS 和 Iu PS 的控制平面应尽量相同,它们之间的差别应该很小。

(4) Iur 接口。Iur(RNC－RNC)接口最初设计是为了支持 RNC 之间的软切换,但随着标准的发展,更多的特性被加了进来,目前 Iur 接口可以提供如下 4 种功能:

① 支持基本的 RNC 之间的移动性;
② 支持专用信道业务;
③ 支持公共信道业务;
④ 支持全局资源管理。

一般来说,根据运营商的需要,在两个无线网络控制器之间只实现 4 个 Iur 功能模块中的某些部分就可以了。

(5) Iub 接口。Iub(RNC－Node B)接口信令可以分成两个基本部分:公共 B 接点协议和专用 B 接点协议。公共 B 接点协议定义了经由公共信令链路的信令过程,而专用 B 接点协议则应用于专用信令链路中。

4.2.5 全 IP 网络

所谓全 IP 是指结构(含网络和终端)IP 化、协议 IP 化到业务 IP 化的全过程。全 IP 化首先从核心网 IP 化开始,即一个 IP 核心网应能提供基于 IP 的各种媒体业务;多种媒体(含语音、数据、图像等)流和多媒体流均应在统一的 IP 核心网上传送和交换;IP 作为承载和传输技术,应从核心网开始逐步延伸至无线接入网、无线接口直至移动终端;全 IP 核心网结构是基于分层结构,而且控制域和传输域相互独立。

基本的全 IP 网络模型分为 4 层:应用和服务层,包含应用如电子信件、日历和浏览;服务控制层,维持用户的资料、位置信息、账单和个人设置;安全和移动管理层,在网络控制层中实现;连接层,主要处理信令和业务的传输。

强调全 IP 核心网络的概念,是因为从技术发展趋势来看,核心网趋于一致,各式各样的服务器接入统一的核心网来为用户提供越来越完善的服务是大势所趋。未来的发展方向是全面改造传统网络的各层次,从而形成真正的全 IP 网络概念。运营业也将顺应这种变化趋势,从现在大而全的方式逐步走向专业化发展。

3GPP 标准化组织已提出了一系列的对全 IP 网络的目标要求,主要包含:建立一个能够快速地增强服务的灵活环境,能够承载实时业务包含多媒体业务,具体规范化和可裁减性,接入方式独立性。无缝隙连接服务、公共服务扩展、专用网和公共网的公用、固定和移动汇集能力,将服务、控制和传输分开,将操作和维护集成,在不降低质量的前提下,减少 IP 技术成本,具有开放的接口,能够支持多厂家产品,至少能达到目前的安全性水平和服务质量 Node B 水平。

在面向全 IP 的下一代的无线通信系统中,采用移动 IP 来处理接入网间的切换,采用蜂窝 IP 来处理接入网内的切换。这种分层式的移动性管理策略很有研究价值,随着未来数据业务和多媒体等业务的主导地位确立,宽带和分组交换模式的 IP 骨干网也将成为主流,语音、数据和图像等各种多媒体业务将根据市场的需要在整个网络中综合传递。

全 IP 网络可以节约成本，提高可扩展性、灵活性，并使网络运作效率高。它支持 IPv6，可解决 IPv4 地址不足的问题，并支持移动 IP 技术。全 IP 无线网络技术现在还处在发展之中，相信在不久的将来会得到很好的应用。

4.2.6 HSDPA 技术

为了在 WCDMA 系统中实现更高的数据速率，在 WCDMA R5 规范中推出了高速下行分组接入（HSDPA）特征。HSDPA 是 WCDMA R5 引入的增强型技术，同样使用 5 MHz 的带宽，最高可以提供 14.4 Mbit/s 的流量，减少了往返数据的延迟，提高了系统的吞吐量，优化了频谱技术。

HSDPA 技术的核心是通过使用在 GSM/EDGE 标准中已经有的方法来提高分组数据的吞吐量，这些方法包括合并使用链路自适应和快速物理层（L1）重传技术。基于现有 RNC 侧的 ARQ 机制内在的大处理延迟会要求终端侧有不现实的存储器容量，这样，为了使存储器的要求可行，并使链路的自适应控制更接近空间接口的实际变化，需要对 ARQ 机制的结构进行调整。

图 4.12 给出了 HSDPA 的基本功能的简要介绍。Node B 根据每个 HSDPA 激活用户的功率控制、ACK/NACK 比率、服务质量（QoS）和 HSDPA 特定的用户反馈等消息来进行信道质量估计，并根据当前采用的调度算法和用户优先级算法，快速进行调度和链路自适应。

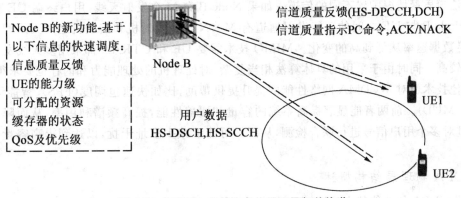

图 4.12 HSDPA 的基本工作原理及相关信道

1. HSDPA 的关键技术

在 HSDPA 技术方案中，涉及的关键技术主要包括：自适应编码和调制（AMC）、混合自动重传技术（HARQ）、快速蜂窝选择（FCS）、多入多出天线处理（MIMO）。

1）自适应编码和调制（AMC）

AMC 是根据无线信道变化选择合适的调制和编码方式，网络侧根据用户瞬时信道质量状况和目前资源选择最合适的下行链路调制和编码方式，使用户达到尽量高的数据吞吐量。当用户处于有利的通信地点时（如靠近 Node B 或存在视距链路），用户数据发送可以采用高阶调制和高速率的信道编码方式，例如 16QAM 和 3/4 编码速率，从而得到高的峰值速率；而当用户处于不利的通信地点时（如位于小区边缘或者信道深衰落），网络侧则选取低阶调制方式和低速率的信道编码方案，例如 QPSK 和 1/4 编码速率，来保证通信质量。另外，HSDPA 相关的 HS-PDSCH 信道取消了快速功率控制。缩短的子帧长度（2 ms）可以有效地提高 AMC 的调度速率，从而能够适应无线信道的快速变化。

2）混合自动重传技术（HARQ）

HARQ 技术可以提高系统性能，并可灵活地调整有效编码速率，还可以补偿由于采用链路适配所带来的误码。HSDPA 将 AMC 和 HARQ 技术结合起来可以达到更好的链路自适应效果。HSDPA 先通过 AMC 提供粗略的数据速率选择方案，然后再使用 HARQ 技术来提供精确的速率调解，从而提高自适应调节的精度和提高资源利用率。HARQ机制本身的定义是将前向纠错编码(FEC)和自动重传请求(ARQ)结合起来的一种差错控制方案,在发送的每个数据包中含有纠错和检错的校验比特。如果接收包中的出错比特数目在纠错能力之内,则错误被自行纠正,当差错已经超出FEC的纠错能力时,则请求发端重发。

3)快速蜂窝选择(FCS)

有了快速蜂窝选择,UE就不必同时从许多蜂窝中进行数据传输,也不必联合承载分组数据的业务信道了。UE在每帧选择最好的蜂窝来传输数据,这不仅要基于无线信号传播的条件,还要考虑在激活集中小区的功率和码字空间的资源。一般来说,同时有很多小区处于激活集,但只有最适合的小区基站允许发送,这样可以降低干扰、提高系统容量。

在离小区中心较远的边缘,每个信道质量都比较低,使用FCS策略可以选择一个服务小区使得链路的质量相对稳定。它是通过C/I和上行DCCH的小区指示信息来对各个小区进行比较。FCS对物理层方面的要求和R99中的选择性分集(SSDT)相似。

4)多入多出天线处理(MIMO)

多入多出(MIMO)系统是在发送和接收端同时使用多天线,这样相对于只在发送端使用多天线有更多的好处。在MIMO系统中,通过码复用技术可以使峰值吞吐量得到提高。

MIMO技术在基带处理部分需要多信道选择(MCS)功能来定义天线传输模型,根据用户业务请求等级不同和信道质量情况配置不同的信道。如果Node B有M个发射天线,用户终端UE有N个接收天线,那么Node B与UE之间的下行发射通道有M×N个。发射机和接收机之间天线配置的不同组合,可以满足数据速率从低到高的变化。MIMO技术需要UE和UTRAN都采用多天线发射机,对UE而言要求比较高。同时由于采用的具体算法相当复杂,对处理机的处理能力和内存也要求很高。

此外其他技术也对WCDMA网络性能的提升提供帮助,比如快速包调度(FPS)、智能天线(SA)和多用户检测(MUD)。前两者能显著提高系统的容量和覆盖性能,提高频谱利用率,从而降低运营商成本;后者通过对多个用户信号进行联合检测,从而尽可能地减少多址干扰,以达到提高容量和覆盖的目的。

2. HSDPA物理层结构概述

为支持HSDPA的功能特点,HSDPA引入了新的物理信道,即:

(1)高速下行共享信道;

(2)高速共享控制信道;

(3)高速专用物理控制信道;

为了提高速率HS-DSCH新引入了16QAM调制。

HSDPA借用了GSM/EDGE中的一些方法,如链路自适应(自适应调制编码)和快速层1重传合并。为提升性能和降低延迟,HSDPA的重传控制由Node B来实现。

HS-DSCH的扩频因子固定为16,数据调制方法为QPSK或16QAM,信道编码为Turbo码,编码效益为1/4到3/4。为了进一步提高速率,最大可以有15条码道捆绑使用。这样在16QAM调制下,3/4编码效益,15条码道捆绑使用条件下,HSDPA的理想下行峰值数据速率达到10.8 Mbit/s。

在HSDPA中取消了功率控制,采用了AMC方式根据SNR调整编码调制方式,实现尽量大的数据传输速率,这样在基站附近,数据传输速率高,在远离基站的地方,速率将变低。

3. HSDPA技术的演进

3GPP中确定了HSDPA演进的三个阶段:

第1阶段:基本HSDPA,在3GPP R5中进行了说明,引进了一些新的基础特征以获得10.8 Mbit/s峰值数据速率。这些特征包括由控制信道支持侧高速下行共享信道、自适应调制、速率匹配以及Node

B 的共享媒体高速访问控制。

第 2 阶段：增强 HSDPA，在 3GPP R6 中进行了说明，将引进天线阵列处理技术以提高峰值数据速率至 30 Mbit/s。引入的新技术主要包括面向单天线移动通信可采用基于波束成型技术的智能天线，面向 2~4 天线移动通信可采用多输入多输出技术。

第 3 阶段：HSDPA 进一步演进，将引进新型空中接口，增加平均比特率，OFDM 技术（每台用户设备选择子载波传输）和 64QAM 调制的引入将使峰值速率达到 50 Mbit/s 以上，主要的新特征包括：结合更高调制方案和阵列处理的正交频分复用（OFDM）物理层；具有快速调度算法的 MAC−hs/OFDM，根据空中接口质量为每一用户设备选择专用子载波，从而优化传输性能；作为控制实体的多标准 MAC（Mx−MAC），以实现正交频分多址（OFDMA）和码分多址（CDMA）信道间的快速交换。

> **技术提示：**
> HSDPA 技术作为 WCDMA 的增强型无线技术，可以有效提升网络性能和容量。它不仅能有效支持非实时业务，同样可以用于支持某些实时业务，支持高速不对称数据业务，大大增加了网络容量的同时还使运营商成本的投入减少。它为 UMTS 更高数据传输速率和更高容量提供了一条平稳的演进途径。

4.2.7 WCDMA 无线资源管理

1. 无线资源管理的基本概念

移动通信系统的无线资源包括频谱、时间、功率、空间和特征码等要素。无论是从哪个角度来看，移动通信为代表的无线通信系统都受到资源的限制，但是移动通信的用户在数量上高速地增长，故如何高效地利用现有的无线资源来满足日益增长的用户的需求，提高无线资源利用率，一直是移动通信系统的制造商和运营商追求的主要目标。

无线资源管理（RRM）是对移动通信系统的空中接口资源的规划和调度，希望保证在一定的规划覆盖和服务质量的前提下，能接入更多的用户。WCDMA 系统的无线资源要素包括以下几个方面：码字（包括信道化编码和扰码）、功率（包括用户设备和基站的发射功率与接收功率）、时隙（资源管理的最小时间单位）、频率（包括载频和频段）等。在 WCDMA 系统中，无线资源管理所具有的功能是以无线资源的分配和调整为基础来展开的。

WCDMA 系统中的无线资源管理的主要功能包括：功率控制、切换控制、接入控制、分组调度、负载控制、码资源分配。功率控制根据信道状况和服务质量的需求来决定正确的功率水平；由于用户的移动性，造成用户在通话过程中从一个小区转移到另外一个小区，切换保证了用户通信的连续性；接入控制决定新呼叫或切换状态的呼叫是被接受或者被拒绝；分组调度在分组用户之间共享可用的空中接口资源；负载控制确保系统不要过载，保持稳定。后面简单介绍几种功能。

1）功率控制

CDMA 自从被提出来以后，存在的主要问题是无法克服"远近效应"，由于"远近效应"和功率有很大关系，为了克服"远近效应"，WCDMA 系统必须引入功率控制。同时，功率控制还能够调整发射功率，保持上下行链路的通信质量；克服阴影衰落和快衰落；降低网络干扰，提高系统质量和容量。

功率控制分为开环、闭环两种功率控制，其中闭环功率控制又分为上下行内功率控制和上下行外功率控制。

开环功控就是根据测量结果，对路径损耗和干扰水平进行估计，从而计算初始发射功率的过程。其目的是提供初始发射功率的粗略估计。

内功率控制的目的是使基站处接收到的每个 UE 信号的比特能量相等。而每一个 UE 都有一个自己的控制环路。

如前所述,功率是最终的无线资源,最有效地使用无线资源的唯一手段就是严格控制功率的使用。

2)切换控制

处于不同状态 UE 越区,要使用不同的方法处理其移动性管理问题。比如在 Idle 模式下,UTRAN (UMTS 陆地无线接入网络)根本不知道 UE 的存在,UE 越区时利用 Cell Reselection 算法选择新的小区,如果 LA 发生变化则到 CN 进行登记处理;Cell-DCH 状态下的 UE 越区时,切换时机、切换的目标小区、切换的类型等都由位于 RNC 中的切换算法进行判决和控制;还有 Cell-PCH 和 Cell-FACH 状态的 UE 越区和 URA-PCH 状态下的 UE 越区,都有各自不同的处理措施。

移动中的越区切换大体分为两种:软切换和硬切换。软切换中有更软切换。硬切换包括同频硬切换、异频硬切换、系统间切换(在 WCDMA 和 GSM 中进行切换)。

硬切换的特点是先中断源小区的链路,后建立目标小区的链路,这时通话会产生"缝隙",非 CDMA 系统都只能进行硬切换。频内硬切换要注意码树重整;频间硬切换由于网络规划的原因,在特定的区域是需要的。这时要注意频间负载的平衡。在 3G 建设初期,网络覆盖有限,所以存在 3G 和 2G 网络之间的切换,这就是系统间切换,目的是在 2G 和 3G 之间进行平滑的演进。

软切换的特点是 CDMA 系统所特有,只能发生在同频小区间:软切换先建立目标小区的链路,后中断源小区的链路,这样可以避免通话的"缝隙"。其增益可以有效地增加系统的容量,但是要比硬切换占用更多的系统资源。当进行软切换的两个小区属于同一个 Node B 时,上行的合并可以进行最大比合并 (RAKE 合并),此时就成了更软切换。由于最大比合并可以比选择合并获得更大的增益,所以在切换的方案中更软切换优先。

切换类型的选择要遵循两个原则:一是需要根据不同的业务 QoS 和上述介绍的两种切换的优缺点来选择切换的类型。二是需要综合考虑业务的 QoS 要求和切换对于系统资源的占用,在系统资源占用和 QoS 保证上实现折中。

还有更进一步的技术如压缩模式、SRNS(服务无线网络子系统)迁移等,都可以更好地在越区切换时对目标小区进行测量,增强系统的适应能力,减少切换时的延迟。

3)接入控制

接入控制主要应用在新的呼叫发起时,在呼叫(新接入呼叫和切换呼叫)时要测量系统小区当前的负荷情况,并对呼叫进行预测和估计,判断是否能接入呼叫。对呼叫进行预测时,必须考虑呼叫业务的 QoS 要求,即通信速率、通信质量(信噪比或误码率)和时延要求,接近某个门限时就要拒绝,接入控制的关键是在混合业务环境中精确预测呼叫业务对资源的要求,需要分别进行上行和下行的预测和判断,一项好的接入控制策略,不仅可以同时保证新用户和已有用户的业务质量,还能最大限度地为系统提供高容量,使系统的业务分布更趋于合理化,资源分配更加科学化。

WCDMA 系统是一个自干扰系统,它的系统容量不是一个相对固定的值,而是具有较大的弹性。服务质量与同时接入的用户量之间存在着平衡与折中的关系。若允许空中接口负荷过度增长,那么小区的覆盖面积将会减少到规划的数值以下,而且已有连接的服务质量也无法得到保证。因此,必须采取有效的接入算法,使得小区容量处于饱和状态时,不再接入新的连接请求,以保证现有用户的服务质量要求;小区容量未达到饱和状态时,在保护已有用户服务质量要求的同时,尽可能多地接入新连接请求,以达到充分利用无线资源的目的。合理有效地接入控制对 WCDMA 系统的稳定运行具有相当重要的意义。

4)负载控制

简单来说,网络负载一般指对网络数据流的限制,使发送端不会因为发送的数据流过大或过小而影响数据传输的效率。在小区管理的移动系统中也会存在要求负载平衡的问题,希望将某些"热点小区"

的负载分担到周围负载较低的小区中,提高系统容量的利用率。那么就用到了负载控制技术。

负载控制技术分为:准入控制、小区间负载的平衡、数据调度和拥塞控制。准入控制涉及负载监测和衡量、负载预测、不同业务的准入策略、不同呼叫类型的准入策略。而且,上下行链路要分别进行准入控制。

小区间负载的平衡主要包括:同频小区间负载的平衡、异频小区间负载的平衡、潜在用户控制。数据调度是为了提高小区资源的利用率,引入 Packet Scheduling 技术,在小区内的速率不可控业务负载过大或过小时,降低或增加 BE 业务的吞吐量,以控制小区的整体负载在一个稳定的水平。

拥塞控制是在前面三种技术的基础上,为了保证系统的绝对稳定引入的技术。其目的是保证系统的负载处于绝对稳定的门限以下。具体的方法有暂时降低某些低优先级业务的 QoS;还有一些比较极端的手段,如暂时降低 CS 业务的 QoS 等。

5) 分组调度

未来网络的发展中,基于分组的多媒体业务将得到更快的发展。为适应这种应用需求,为了保证通信实时的与非实时的、高速的与低速的不同业务的 QoS,并同时对无线资源加以优化使用,需要采用流量控制技术结合无线链路的特征,对分组进行调度。

分组调度包括以下功能:

① 在分组用户之间共享可用的空中接口资源,确保用户申请业务的服务质量,如传输时延、时延抖动、分组丢失、系统吞吐量以及用户间的公平性等;

② 确定用于每个用户的分组数据传输的传输信道。

③ 监视分组分配和系统负载。分组调度器决定比特速率和相应的数据长度,通过对数据速率的调解对网络负载进行匹配。

通常分组调度器位于 RNC,这样可以进行多个小区的有效调度,同时还可以考虑到小区切换的进行。移动台或基站给调度器提供了空中接口负载的测量值,若负载超过目标门限值,调度器可通过减小分组用户的比特速率来降低空中接口负载;若负载低于目标门限值,可以增加比特速率,以便更有效地利用无线资源。

6) 码资源分配

由于码资源管理的数学算法非常烦琐,在此不再赘述,只给大家介绍有关码资源管理的一些策略性能指标和分配原则。

码分配策略性能指标包括利用率和复杂度两个方面。利用率是指分配的带宽和总带宽的比值,这个值当然越高越好,同时尽量保留扩频因子小的码字,这将提高利用率。复杂度与多码的数目成反比,复杂度越小越好,注意尽量使用单码传输。

码资源分配原则大致包括:提高码字利用率;降低码分配策略复杂度;确保尽量使用正交性好的码字;降低信道间干扰;提高系统容量等。

4.3 CDMA2000 技术

作为 3G 的一个代表,CDMA2000 已经在许多国家和地区投入商用,中国也进入了试运营阶段。那么什么是 CDMA2000?它的特点和系统结构如何?与之前认识的 WCDMA 有什么区别?如何掌握 CDMA2000 的演进策略和关键技术?以及 CDMA2000 的空中接口和无线接入网的结构。我们先认识一下 CDMA2000 的系统结构。

4.3.1 CDMA2000 的系统结构

CDMA2000 系统将 IS-95 从一个语音、低速数据系统改进为一个无线多媒体系统,使之能够提供基本满足 ITM－2000 要求的容量和服务,同时优化了语音和数据业务,并能支持高速的电路和分组业务,提供平滑的后兼容(与 IS－95),其网络结构也与 IS－95 兼容。

1. 概述

CDMA2000 1x 的系统结构如图 4.13 所示。

CDMA2000 1x 数字移动通信系统由若干个子系统或功能实体构成。其中基站子系统(BSS)在移动台(MS)和网络子系统(NSS)之间提供和管理传输通道,特别是包括了 MS 与 CDMA 系统的功能实体之间的无线接口管理。NSS 必须管理通信业务,保证 MS 与相关的公用通信网或与其他 MS 之间建立通信,也就是说 NSS 不直接与 MS 互通,BSS 也不直接与公用通信网互通。MS、BSS、NSS 和分组子系统组成 CDMA 系统的实体部分。操作系统(OSS)则提供运营部门一种手段来控制和维护这些实体运行部分。

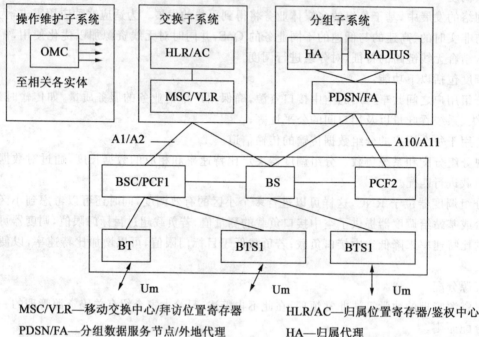

MSC/VLR—移动交换中心/拜访位置寄存器　　HLR/AC—归属位置寄存器/鉴权中心
PDSN/FA—分组数据服务节点/外地代理　　　HA—归属代理
RADIUS—AAA(鉴权、认证、记费)服务器　　BSC/PCF—基站控制器/分组控制功能
BTS—基站收发信机　　OMC—操作维护中心　　UM—移动台(手机)

图 4.13　CDMA2000 1x 数字移动通信系统结构

与 IS－95 相比,核心网中的 PCF 和 PDSN 是两个新增加的模块,通过支持移动 IP 协议的 A10、A11 接口互联,可以支持分组数据业务传输。而以 MSC/VLR 为核心的网络部分,支持语音和增强的电路交换型数据业务,与 IS－95 一样,MSC/VLR 与 HLR/AC 之间的接口基于 ANSI－41 协议。

新增节点 PCF(分组控制单元)是新增功能实体,用于转发无线子系统和 PDSN 分组控制单元之间的消息。PDSN 节点为 CDMA2000 1x 接入 Internet 的接口模块。

2. 基站子系统(BSS)

基站子系统(BSS)通过无线接口直接与移动台相接,负责无线发送接收和无线资源管理。另一方面,基站子系统(BSS)与网络子系统(NSS)中的移动业务交换中心(MSC)相连,实现移动用户之间或移动用户与固定网络用户之间的通信连接,传送系统信号和用户信息。当然,要对 BSS 部分进行操作维护管理,还要建立 BSS 与操作子系统(OSS)之间的通信连接。

基站子系统是由基站收发信台(BTS)和基站控制器(BSC)这两部分的功能实体构成。实际应用中,一个基站控制器根据话务量需要可以控制数十个BTS,BTS可以直接与BSC相连接,也可以通过基站接口设备采用远端控制的连接方式与BSC相连接。需要说明的是,基站子系统还应包括码变换器(TC)和相应的子复用设备(SM)。码变换器在更多的实际情况下是置于BSC和MSC之间,在组网的灵活性和减少传输设备配置数量方面具有相当多的优点。

1)基站收发信台(BTS)

基站收发信台(BTS)属于基站子系统的无线部分,由基站控制器(BSC)控制,服务于某个小区的无线收发信设备,完成BSC与无线信道之间的转换,实现BTS与移动台(MS)之间通过空中接口的无线传输及相关的控制功能。

2)基站控制器(BSC)

基站控制器(BSC)是基站子系统(BSS)的控制部分,起着BSS的变换设备的作用,即各种接口的管理,承担无线资源和无线参数的管理。

3. 网络子系统(NSS)

网络子系统(NSS)主要包含有CDMA系统的交换功能和用于用户数据与移动性管理、安全性管理所需的数据库功能,它对CDMA移动用户之间通信和CDMA移动用户与其他通信网用户之间通信起到管理作用。

1)移动交换中心(MSC)

移动交换中心(MSC)是网络的核心,它提供交换功能及面向系统其他功能实体:基站子系统(BSS)、归属位置寄存器(HLR)、鉴权中心(AC)、移动设备识别寄存器(EIR)、操作维护中心(OMC)和面向固定网(公共电话网(PSTN)、综合业务数据网(ISDN)、分组交换公用数据网(PSPDN)、电路交换公用数据网(CSPDN))的接口功能,把移动用户与移动用户、移动用户与固定网用户相互连接起来。

移动交换中心可以从三种数据库(HLR、VLR和AC)获取处理用户位置登记和呼叫请求所需的全部数据。反之,MSC也根据其最新获得的信息请求更新数据库的部分数据。

2)拜访位置寄存器(VLR)

拜访位置寄存器(VLR)是服务于其控制区域内移动用户的,存储着进入其控制区域内已登记的移动用户相关信息,为已登记的移动用户提供建立呼叫接续的必要条件。VLR从该移动用户的归属位置寄存器(HLR)处获取并存储必要的数据。一旦移动用户离开该VLR的控制区域,则重新在另外一个VLR登记,原VLR将取消临时登记的该移动用户的数据。因此,VLR可以看作一个动态用户数据库。

3)归属位置寄存器(HLR)

归属位置寄存器(HLR)是CDMA系统的中央数据库,存储着HLR控制的所有存在的移动用户的相关数据。一个HLR能够控制若干个移动交换区域以及整个移动通信网,所有移动用户重要的静态数据都存储在HLR中,这包括移动用户识别号码、访问能力、用户类别和补充业务等数据。HLR还存储着并且能为MSC提供关于移动用户实际漫游所在的MSC区域相关的动态信息数据。这样,任何入局呼叫可以即刻按选择路径送到被呼叫的用户上去。

4)鉴权中心(AC)

CDMA系统采用了特别的安全措施,例如用户的鉴权、对无线接口上的语音、数据和信号信息进行保密等。因此,鉴权中心(AC)存储着鉴权信息和加密密钥,用来防止无权用户接入系统和保证通过无线接口的移动用户通信的安全。

AC属于HLR的一个功能单元部分,专用于CDMA系统的安全性管理。

5)移动设备识别寄存器(EIR)

移动设备识别寄存器(EIR)存储着移动设备的电子序列号(ESN),通过检查白色清单、黑色清单或灰色清单这三种表格,在表格中分别列出了准许使用的、出现故障需要监视的、失窃不准使用的移动设备的 ESN,使得运营部门对于不管是失窃或是由于技术故障或误操作而危及网络正常运行的 MS 设备,都能采取及时的防范措施,以保证网络内所使用的移动设备的唯一性和安全性。

4. 操作子系统(OSS)

操作子系统(OSS)需要完成许多任务,包括移动用户管理、移动设备管理以及网络操作和维护。

移动用户管理可包括用户数据管理和呼叫计费。用户数据管理一般由 HLR 来完成,HLR 是 NSS 功能实体之一。用户识别卡(UIM)的管理也认为是用户数据管理的一部分,但是,作为相对独立的用户识别卡的管理,还必须根据运营部门对 UIM 的管理要求和模式采用专门的 UIM 个人化设备来完成。呼叫计费可以由移动用户所访问的各个移动交换中心和 GMSC 分别处理,也可以采用通过 HLR 或独立的计费设备来集中处理计费数据的方式。

移动设备管理是由移动设备识别寄存器来完成,EIR 与 NSS 的功能实体之间是通过 SS7 信令网络的接口互联,为此,EIR 也归入 NSS 的组成部分之一。

网络操作与维护是完成对 CDMA 系统的 BSS 和 NSS 进行操作与维护管理任务的,完成网络操作与维护管理的设施称为操作与维护中心(OMC)。OMC 还应具备与高层次的电信管理网络进行通信的接口功能,以保证 CDMA 网络能与其他电信网络一起被纳入先进、统一的电信管理网络中进行集中操作与维护管理。直接面向 CDMA 系统的 BSS 和 NSS 各个功能实体的操作与维护中心(OMC)归入 NSS 部分。

可以认为,操作子系统(OSS)已不包括与 CDMA 系统的 NSS 和 BSS 部分密切相关的功能实体,而成为一个相对独立的管理和服务中心。主要包括网络管理中心(NMC)、安全性管理中心(SEMC)、用于用户识别卡管理的个人化中心(PCS)、用于集中计费管理的数据后处理系统(DPPS)等功能实体。

5. 主要接口

CDMA 系统的主要接口是指 A 接口和 Um 接口,如图 4.14 所示。

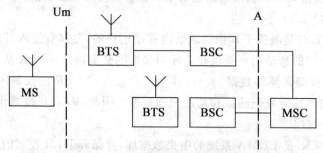

图 4.14 CDMA 系统的主要接口

A 接口定义为网络子系统(NSS)与基站子系统(BSS)之间的通信接口,从系统的功能实体来说,就是移动交换中心(MSC)与基站控制器(BSC)之间的互联接口,其物理链接通过采用标准的 2.048 Mbit/s PCM 数字传输链路来实现。此接口传递的信息包括移动台管理、基站管理、移动性管理和接续管理等。

Um 接口(空中接口)定义为移动台与基站收发信台(BTS)之间的通信接口,用于移动台与 CDMA 系统的固定部分之间的互通,其物理链接通过无线链路实现。此接口传递的信息包括无线资源管理、移动性管理和接续管理等。

除了这两个接口外,其他接口如下:

(1) Abis 接口用于 BTS 和 BSC 之间的连接;

(2) A1 接口用于传输 MSC 和 BSC 之间的信令信息;

(3) A2 接口用于传输 MSC 和 BSC 之间的语音信息;

(4) A3 接口用于传输 BSC 和 SDU(交换数据单元模块)之间的用户话务(包括语音和数据)和信令;

(5) A7 接口用于传输 BSC 之间的信令,支持 BSC 之间的软交换;
(以上节点与接口与 IS-95 系统需求相同)
(6) A8 接口用于传输 BSC 和 PCF 之间的用户业务;
(7) A9 接口用于传输 BSC 和 PCF 之间的信令信息;
(8) A10 接口用于传输 PCF 和 PDSN 之间的用户业务;
(9) A11 接口用于传输 PCF 和 PDSN 之间的信令信息;
(10) A10/A11 接口是无线接入网和分组核心网之间的开放接口。

4.3.2 CDMA2000 移动通信系统的关键技术

1. 初始同步与 Rake 多径分集接收技术

1) 初始同步技术

CDMA2000 系统采用与 IS-95 系统类似的初始同步技术,即通过对导频信道的捕获建立 PN 码同步和符号同步,通过同步信道的接收建立帧同步和扰码同步。

2) 分集接收技术

在 CDMA 系统中,由于信号带宽较宽,因而在时间上可以分辨出比较细微的多径信号,对分辨出来的多径信号分别进行加权调整,使合成之后的信号得到加强,从而可以在较大程度上降低多径衰落信道造成的负面影响。这种技术称为 Rake 多径分集接收技术。

CDMA2000 下行链路采用公用导频信号,用户专用的导频信号仅作为备选方案用于智能天线系统,上行信道则采用用户专用的导频信道。

2. 高效的信道编译码技术

1) 卷积和交织技术

CDMA2000 上行链路和下行链路中均采用了比 IS-95 系统中码率更低的卷积编码,同时采用交织技术将突发错误分散成随机错误,两者配合使用,从而更加有效地对抗移动信道中的多径衰落。

2) Turbo 编解码技术

为了适应高速数据业务的需求,在第三代移动通信系统中还采用了 Turbo 编码技术。Turbo 编码器采用两个并行相连的系统递归卷积编码器,并辅之一个交织器。两个卷积编码器的输出经过并串转换以及凿孔操作后输出。

Turbo 解码器由首位相接、中间由交织器和解交织器隔离的两个以迭代方式工作的软判输出卷积解码器构成。

3. 功率控制技术

第三代移动通信系统中采用的功率控制技术可以分为三种类型:开环功率控制、闭环功率控制和外环功率控制。上行链路采用开环、闭环和外环功率控制相结合的技术,主要解决"远近效应"问题,保证所有的信号到达基站时都具有相同的功率;下行链路则采用闭环和外环功率控制相结合的技术,主要解决同频干扰的问题,可以使处于严重干扰区域的移动台保持较好的通信质量,减少对其他移动台的干扰。

4. 智能天线技术

目前智能天线仅适应于基站系统中的应用,智能天线包括两个重要组成部分:一是对来自移动台发射的多径电波方向进行到达角(DOA)估计,并进行空间滤波,抑制其他移动台的干扰;二是对基站发送信号进行波束成形,使基站发送信号能够沿着移动台电波的到达方向发送回移动台,从而降低发射功率,减少对其他移动台的干扰。

智能天线技术用于 TDD 方式的 CDMA 系统是比较适合的,它能够在较大程度上抑制多用户干扰,从而提高系统容量。应用智能天线技术的困难在于由于存在多径效应,每个天线需要一个 Rake 接收机,从而使基带处理单元复杂度明显提高。

5. 多用户检测技术

在传统的 CDMA 接收机中,各个用户的接收是相互独立进行的,在多径衰落环境下,由于各个用户之间所用的扩频码通常难以保持正交,因而造成多个用户之间的相互干扰,并限制系统容量的提高。解决该问题的一个有效的方法是使用多用户检测技术,通过测量各个用户扩频码之间的非正交性,用矩阵求逆方法或迭代方法消除多用户之间的相互干扰。通过多用户检测技术理论上可以改善系统容量。

6. CDMA2000 软切换

软切换的过程中,移动台不断地搜索着激活类、候选类、邻近类和剩余类各个导频的强度,并且根据强度维护各个类,当移动台靠近切换区时,移动台开始进行相关的操作。

由于前面我们了解到 CDMA 系统的软切换,在此我们就 IS-95 和 CDMA2000 中的软切换进行比较。众所周知,CDMA 系统中的软切换技术具有切换中断率低、可靠性高等优点,但是由于移动台在软切换过程中支持宏分集,所以移动台在切换区同时和两个 BTS 保持通信,这在一定程度上影响了基站的无线信道利用率。尤其是在基站较忙时,这种切换方式反而会影响系统的切换成功率。由于移动台在切换区中逗留的时间与移动台的速度大小、方向和切换区的大小等因素有密切关系,所以这个问题的处理比较复杂。IS-95 和 CDMA2000 对这个问题的处理有些区别。

首先,移动台在靠近切换区时,在 IS-95 中当移动台搜索到邻区导频强度大于 T-ADD-s 时,立即把这个导频加入到候选类,同时向基站报告导频强度,准备接受基站的切换指示消息后开始宏分集。但是在 CDMA2000 中,当移动台搜索到邻区导频强度大于 T-ADD 时,移动台只是把这个导频加入到候选类,直到移动台认为其搜索到的强度足够大时,才开始向基站发导频报告,准备宏分集。

其次,移动台准备离开切换区时,判断的门限也有很大的不同。在 IS-95 中,移动台直到原 BTS 导频的强度低于 T-DROP-s 时,才开始启动下降定时器,所以其判断的尺度比较单一。但是在 CDMA2000 中,移动台对参与宏分集的基站的导频不断地按照大小排队,然后判断最小的几个有没有达到下降门限。

由此可以看出,CDMA2000 在保持与 IS-95 兼容性的同时,大大增加了灵活性,针对 IS-95 软切换造成信道利用率低的不足,CDMA2000 采用了更为有效的相对门限判断方法。

4.4 TD-SCDMA 技术

时分同步码分多址(Time Division-Synchronous Code Division Multiple Access,TD-SCDMA)作为中国提出的 3G 标准,自 1998 年正式向 ITU(国际电联)提交以来,完成了标准的专家评估、ITU 认可并发布。TD-SCDMA 标准由中国提出,以我国知识产权为主,在国际上被广泛接受和认可的无线通信国际标准。现在中国开始由运营商(中国移动)开始进行试运营。我们先来认识一下 TD-SCDMA。

4.4.1 认识 TD-SCDMA

TD-SCDMA 标准规范的实质工作主要在 3GPP 体系下完成。在 R4 标准发布后的两年多时间里,众多的业界运营商、设备制造商一起经历了无数次会议和邮件组的讨论,通过提交的大量文稿,对 TD-SCDMA 标准规范的物理层处理、高层协议栈消息、网络和接口信令消息、射频指标和参数、一致性测试等部分的内容进行了一次次的修订和完善,使得到目前为止 TD-SCDMA R4 规范达到了相当稳定和成熟的程度。

在 3GPP 的体系框架下,经过融合完善后,由于双工方式的差别,TD-SCDMA 的所有技术特点和优势得以在空中接口的低层体现。物理层技术的差别也就是 TD-SCDMA 与 WCDMA 最主要的差别所在。在核心网方面,TD-SCDMA 与 WCDMA 采用完全相同的标准规范,包括核心网与无线网之间采用相同的 Iu 接口;在空中接口高层协议栈上,TD-SCDMA 与 WCDMA 二者也完全相同。这些共同之处保证了系统间可以无缝漫游、切换、业务支持的一致性和服务质量的保证等。

在 3G 技术和系统快速发展之际,无论是设备制造商、运营商,还是各个研究机构、政府机构、ITU,都已经开始对 3G 以后的技术发展方向展开研究。在 ITU 认定的几个技术发展方向中,包含了智能天线技术和 TDD 时分双工技术,认为这两种技术都是以后技术发展的趋势,这两项技术在目前的 TD-SCDMA 标准体系中已经得到了很好的体现和应用,可以说 TD-SCDMA 标准的技术很有发展前景。

另外,在 R4 之后的 3GPP 版本发布中,TD-SCDMA 标准也不同程度地引进了新的技术特征,用以进一步提高系统的性能,其中主要包括以下几个方面:

(1)通过空中接口实现基站之间的同步,作为基站同步的另外一个备用方案,尤其适用于紧急情况下对于通信网可靠性的保证;

(2)终端定位功能,可以通过智能天线,利用信号到达角对终端用户位置定位,以便更好地提供基于位置的服务;

(3)高速下行分组接入,采用混合自动重传、自适应调制编码,实现高速率下行分组业务支持;

(4)多天线输入输出技术(MIMO),采用基站和终端多天线技术和信号处理,提高天线系统性能;

(5)上行增强技术,采用自适应调制和编码、混合 ARQ 技术、对专用/共享资源的快速分配以及相应的物理层和高层信令支持的机制,增强上行信道和业务能力。

在政府和运营商的全力支持下,TD-SCDMA 产业联盟和产业链基本建成,产业的开发也得到进一步的推动,更多的设备制造商投入到 TD-SCDMA 产品的开发生产中来。中国移动在许多城市中开始运营,相信今后的 TD-SCDMA 会得到更好的发展。

4.4.2　TD-SCDMA 系统的帧结构

一个 TD-SCDMA 帧的长度为 10 ms,分成两个 5 ms 子帧,每一个子帧又分成长度为 675 μs 的 7 个常规时隙和 3 个特殊时隙,即 DwPTS(下行导频时隙)、G(保护间隔)和 UpPTS(上行导频时隙)。

TD-SCDMA 子帧结构如图 4.15 所示,每一个 5 ms 的子帧由 7 个常规时隙组成。在这 7 个常规时隙中,Ts0 总是分配给下行链路,而 Ts1 总是分配给上行链路。上行链路的时隙和下行链路的时隙之间由一个转换点分开,在 TD-SCDMA 系统中的每个 5 ms 的子帧中,有两个转换点(UL 到 DL 和 DL 到 UL)。TD-SCDMA 所提出的帧结构考虑了对一些新技术的支持,如智能天线(波束成形)技术和上行同步技术。图 4.16 分别给出了对称分配和不对称分配上下行链路的例子。

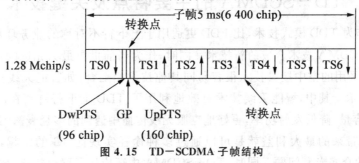

图 4.15　TD-SCDMA 子帧结构

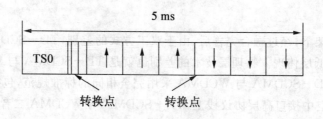

(a)DL/UL对称分配

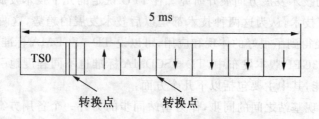

(b)DL/UL不对称分配

图 4.16 TD-SCDMA 帧结构示意图

(1)下行导频时隙(DwPTS)。每个子帧中的 DwPTS(SYNC-DL)是为下行导频和同步而设计的,由 Node B 以最大功率在全方向或在某一扇区上发射。这个时隙通常是由长为 64 chip 的 SYNC-DL 和 32 chip 的保护码间隔组成,其结构如图 4.17 所示。

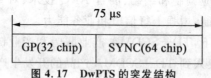

图 4.17 DwPTS 的突发结构

SYNC-DL 是一组 PN 码集。为了方便小区测量,设计的 PN 码集用于区分相邻小区,该 PN 码集在蜂窝网络中可以重复使用。

(2)上行导频时隙(UpPTS)。每个子帧中的 UpPTS(SYNC-UL)是为上行导频和同步而设计的,当 UE 处于空中登记和随机接入状态时,它将首先发射 UpPTS,当得到网络应答后,发射 RACH。这个时隙通常由长为 128 chip 的 SYNC-UL 和 32 chip 的保护周期间隔组成,其结构与图 4.17 所示的非常类似。

SYNC-UL 的内容是一组 PN 码集,设计该 PN 码是由于在接入过程中区分不同的 UE。

(3)保护间隔周期(G)。在 Node B 侧,由 Tx 向 Rx 转换的保护间隔为 75 μs(96 chip)。

4.4.3 TD-SCDMA 的主要特点及关键技术

TD-SCDMA 作为 TDD 模式技术,比 FDD 更适用于上下行不对称的业务环境,是多时隙 TDMA 与直扩 CDMA、同步 CDMA 技术合成的新技术。同时,作为当前世界最为先进的传输技术之一,TD-SCDMA 标准建议所采用的空中接口技术很容易同其他技术相融合,如智能天线技术、同步 CDMA 技术以及软件无线电技术。其中,智能天线技术有效地利用了 TDD 上下行链路在同一频率上工作的优势,可大大增加系统容量,降低发射功率,更好地克服无线传播中遇到的多径衰落问题。

良好的兼容性所带来的最大利益就是可以通过多种途径实现向 3G 的跨越,从而避免来自 FDD CDMA 技术领域内的众多专利问题。同时,TD-SCDMA 中还应用了联合检测、软件无线电、接力切换等技术,使系统的整体性能获得很大程度的提高,从而在硬件制造投资总成本控制上获得了更多优势。

1. 系统码道

TD-SCDMA 系统将工作于 ITU 规划的频段内,每一载波带宽为 1.6 MHz,扩频后码片速率大约为 1.354 2 Mchip/s,预留 200 kHz 作为频率合成器的步长。每个射频码道包括 10 个时隙,去除保护时隙后的时隙平均长度为 478 μs,而每一时隙又包含了 16 个 Walsh 区分的码道,这些时隙和码道通过使用直接扩频技术来共享同一射频信道。由每一时隙和码道确定的物理信道(Mux0d,Muxd,Mux0u,Muxu 和 Muxlu 等)可以作为资源单元,分配给任何一个用户。上、下行业务的保护时隙可保证手机和基站之间 20 km 的通信范围,在每一时隙单元之间,还有 8 chip 的保护时隙,以防止不同时隙之间的重叠。码道经过动态分配,可以支持多达 2 048 kbit/s 的数据业务,但此时至少要有一个码道用于上行的接入。

2. 同步码分多址技术

这是 TD-SCDMA 技术中非常重要的一种技术,采用这一技术意味着所有用户的伪随机码到达基站时都是同步的。由于伪随机码之间的同步正交性,这一系统可以有效地消除码间干扰,扩大系统容量。就目前来看,TD-SCDMA 将来的同类系统容量至少会是其他两种 CDMA 标准的四倍。

当 3G 移动终端(手机等)工作时,将接收来自基站的最强信号,进而获得接收同步,并且从公共控制物理信道中获得相关信息。接收同步建立之后,手机用户直接进行空中注册,基站通过接收注册信息搜寻发射的功率冗余度和同步,并将功率控制和同步偏移信息放入下行公共控制物理信道进行发送。在整个响应期间,手机将调整其发射功率和发射时间,以建立起初始同步。

同步的维持将依靠在每一个上行时隙中的 Empty 或 Sync 2 序列(上行的接入帧除外),而只有当这一时隙某一码道分配的 Walsh 数和现行的帧号相匹配时,Sync 2 才会获得功率发射,而其他手机虽然处于同一时隙,但由于被分配了不同的 Walsh 码,它们的 Sync 2 将转入 Empty 状态,不进行任何功率发射。这一设计可以使基站以较少的干扰来接收 Sync 2 序列,以维持手机与基站的同步,而在下行帧中,同步偏移和功率控制信息被传送给手机,以进行闭环的功率控制和同步控制。

3. 智能天线技术

TD-SDCMA 智能天线技术的测试早已完成,而在通信系统建设中也是采用这一无线技术。智能天线由一个环形的天线阵列和相应的发送接收单元组成,并由相应的算法来控制。与传统的全向天线只产生一个波束不同的是,智能天线系统可以给出多个波束赋形,而每一个波瓣对应于一个特别的手机用户,波束也可以动态地追踪用户。

在接收方面,这一技术允许进行空间选择接收,这样不但增加了接收灵敏度,而且还可将来自不同位置的手机的共码道干扰降至最小,以增加网络的整体容量。智能天线采用双向波束赋形,在消除干扰的同时增大了系统的容量,并且降低了基站的发射功率要求,即便出现单个天线单元损坏的现象,系统工作也不会因此受到重大影响。

4. 接力切换

与目前其他两种技术采用的硬切换和软切换不同,TD-SDCMA 采用了一种全新的切换技术,并将其命名为"接力切换"。

接力切换是基于同步码分多址和智能天线结合的技术。移动通信系统中如何对移动用户进行准确定位一直是用户关心的话题,TD-SDCMA 系统利用天线阵列和同步码分多址技术中码片周期的周密测定,可以得出用户位置,然后在手机辅助下,基站根据周围的空中传播条件和信号质量,将手机切换到信号更为优良的基站,通过这一方式,这一技术还可以对整个基站网络的容量进行动态优化分配,也可以实现不同系统之间的切换。

5. 软件无线电

在 TD-SDCMA 系统中,DSP(数字信号处理技术)将取代常规模式,完成众多原来通过 RF 基带模拟电路和 ASIC 实现的无线传输功能。这些功能主要包括智能 RF 波束赋形、RF 校正、载波恢复以及定时调整等。

采用软件无线电技术的主要优势在于，通过软件方式可以灵活地完成原本由硬件完成的功能，减轻网络负担；在重复性和精确性方面具有优势，错误率较小，容错性高；不像硬件方式那样容易老化和对环境具有较大的敏感性；可以通过较少的软件成本实现复杂的硬件功能，降低总投资。

在系统应用方面，TD-SCDMA 系统遵循 ITU 第三代移动通信系统的各项要求，相对于第二代移动通信系统而言，不仅容量和频谱利用率方面有极大的改进，在多媒体业务的提供方面，除了传统的语音业务，还能提供基于分组的数据业务。另外，在操作的灵活性方面，TD-SCDMA 也可以向下完全兼容 GSM 网。

6. 频谱利用率

频谱利用率是 ITU 对 3G 系统的要求之一，在当前的 2G 系统中，CDMA IS-95 技术具有目前最高的频谱利用率，但是 TD-SCDMA 技术通过扩频码之间的正交性，并且结合智能天线技术，所能提供的容量将达到 CDMA IS-95 系统的 4~5 倍。作为容量最大的 3G 网络系统，TD-SCDMA 系统的容量为 GSM 的 20 倍，是其他 3G 标准的 4 倍。由于系统采用了码分多址技术，TD-SCDMA 系统部署不需要频率规划，同时采用 TDD 工作方式，TD-SCDMA 不像基于 FDD 的第三代移动通信系统那样需要成对的频率源，因而在频率的利用方面具有更大的灵活性。

7. 多媒体业务

TD-SCDMA 标准下的通信系统，除了能提供基本的语音业务外，还将提供数字与分组视频业务。尽管采用的模式是所有用户共享同一频率资源，但是结合智能天线技术便可以根据业务质量的级别和要求，为不同的用户动态地分配功率，并且能保证干扰不超出上限。

TD-SCDMA 系统里的通信资源以由 Walsh 码道和时隙确定的资源单元为单位分配给每个用户，既可以是每个用户获得一个资源单元，也可以是单个用户占用多个资源单元，对同一用户的不同业务码道组合就形成了多媒体业务，这就使用户获得语音通信业务的同时，也可以进行数据通信，实现 Web 浏览与 E-mail 的收发等业务。对于 2 Mbit/s 的业务（室内数据传输），将有超过 90% 的码道分配给用户，同时也能保证部分语音通信业务的同步进行。

TD-SCDMA 系统要尽量接近 3GPP 制定的 3G 标准的物理层，直至与其保持一致，才能够在最大程度上获得应用，参与实现从 2G 向 3G 的过渡，并抢占更大的市场空间。

4.4.4 TD-SCDMA 系统的干扰分析

1. TD-SCDMA 系统与其他系统之间的干扰

1）不同运营商 TD-SCDMA 系统之间的干扰

如果相邻频段的两个 TD-SCDMA 运营商采用不同的 TDD 系统，两系统之间的帧结构就会不同，有可能导致一个系统处于上行时隙时，另外一个系统正好处于下行时隙，此时两系统的基站与基站之间、移动台与移动台之间会相互产生干扰，从而使每个系统的干扰更加严重，导致系统容量下降，性能变差。不过中国移动是目前唯一的 TD-SCDMA 运营商，应该不会发生上面的事情。

2）TD-SCDMA 系统与 GSM/GPRS 系统之间的干扰

从图 4.18 可以看出，GSM/GPRS1800 系统的下行工作频段与 TD-SCDMA 的 1 800~1 920 MHz 频段相邻，因此 GSM/GPRS1800 系统的下行可能与 TD-SCDMA 系统的上下行存在干扰，干扰的大小由不同系统基站之间的距离决定。

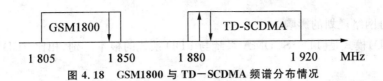

图 4.18　GSM1800 与 TD-SCDMA 频谱分布情况

3）TD-SCDMA 系统与 PHS 系统之间的干扰

图 4.19 为 PHS 与 TD-SCDMA 频谱分布图,从图 4.19 可以看出,PHS 系统与 TD-SCDMA 系统的频谱在 1 900～1 920 MHz 重叠,而且两系统均为 TDD 系统,因此两系统之间的干扰会很严重。

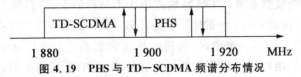

图 4.19　PHS 与 TD-SCDMA 频谱分布情况

4）TD-SCDMA 系统与 WCDMA 系统之间的干扰

当 TD-SCDMA 系统在 1 915～1 920 MHz 部署,而 WCDMA 系统在 1 920～1 980 MHz 部署时,需要考虑两系统邻频道干扰,TD-SCDMA 的上下行与 WCDMA 的上行信道互相干扰,TD-SCDMA 基站对 WCDMA 基站产生干扰,TD-SCDMA 移动台对 WCDMA 基站产生干扰,WCDMA 移动台对 TD-SCDMA 基站产生干扰,WCDMA 移动台对 TD-SCDMA 移动台产生干扰;当 TD-SCDMA 系统在 2 010～2 025 MHz 部署,而 WCDMA 系统在 1 920～1 980 MHz/2 110～2 170 MHz 部署,且两系统基站共站址时,需考虑两系统的共存问题,TD-SCDMA 基站对 WCDMA 基站的干扰为其中主要的干扰。

5）TD-SCDMA 系统与 CDMA2000 系统之间的干扰

当 TD-SCDMA 系统在 1 900～1 920 MHz 部署,而 CDMA2000 系统在 1 920～1 980 MHz/1 850～1 880 MHz 部署时,两系统将在 1 880 MHz 和 1 920 MHz 两个频点处邻频共存,主要为 TD-SCDMA 基站对 CDMA2000 基站的干扰,TD-SCDMA 移动台对 CDMA2000 基站的干扰,CDMA2000 移动台对 TD-SCDMA 基站的干扰,CDMA2000 移动台对 TD-SCDMA 移动台的干扰。其中 TD-SCDMA 基站对 CDMA2000 基站的干扰是主要的干扰,根据两系统基站之间的不同位置,干扰的强度和影响也不尽相同。

2．干扰消除

根据 TD-SCDMA 系统干扰情形的不同,降低和消除干扰的方法也不同,如增大站址之间的间隔、减小发射功率、提高系统设备（如滤波器）的精度、优化天线安装、增大保护带宽（频率间隔）,这些方法都可以有效地降低系统的干扰。它们在降低系统干扰的同时,能够增大系统的覆盖,改善系统的容量。从另外一个方面又提高了系统设备的造价,这两方面应综合起来权衡考虑。下面给出几种典型的干扰消除方法。

互调干扰分为发射互调干扰和接收互调干扰,增大发射天线之间的空间间隔到一定程度（如在超短波波段,垂直隔离 9 m,水平隔离 270 m）,或加装单项隔离器,不让其他天线的发射进入到本发射系统,或采用高 Q 值谐振腔都可以消除发射互调干扰;提高接收机的射频互调抗拒比（一般高于 70 dB）,或移动台发射机采用平方律特性器件,不出现或出现幅度很小的三次方,或在系统设计时采用三阶互调信道组,都可以消除接收互调产生的干扰。

同频干扰的消除主要是避免无线电台对频率资源的滥用而导致两个电台之间使用同一频率。邻频干扰的消除方法主要是控制发射机的最大发射频偏。选择合理的基站站址也是有效减少干扰的方法之一。

4.4.5　TD-SCDMA 网络规划的特点及流程

1．TD-SCDMA 关键技术对网络规划的影响

在了解 TD-SCDMA 关键技术后,我们要了解关键技术对网络规划的影响。

1) TDD 技术对网络规划的影响

时分双工(TDD)模式是 TD-SCDMA 系统与 FDD 系统的根本区别,相比 FDD 模式,TDD 具有下面优点:

①TDD 不需要使用成对的频率,各种频率资源在 TDD 模式下均能够得到有效的利用,分配频率来说要相对简单些。

②TDD 前向与反向信道的信息通过时分复用的方式来传送。在 3G 业务中,数据业务将占主要地位,尤其是不对称的 IP 分组数据业务,TDD 特别适用于不对称的上、下行数据传输,当进行对称业务传输时,可选用对称的转换点位置,当进行非对称业务传输时,可在非对称的转换点位置范围选择。

③TDD 上下行链路工作于同一频率,发射机根据接收到的信号就能知道多径信道的快衰落,对称的电波传播特性使之便于使用智能天线等新技术达到提高性能、降低成本的目的。

④由于信道是对称的,可以简化接收机结构。与 FDD 相比,无收/发隔离的要求,可使用单片 IC 来实现 RF 收/发信机。

虽然 TDD 在传播模式上具有以上优势,但也存在如下问题。

①移动速度与覆盖问题。由于 TDD 采用多时隙的不连续传输,对抗快衰落、多普勒效应能力比连续传输的 FDD 差。目前,ITU-R 对 TDD 系统的要求是达到 120 km/h,而对 FDD 系统则要求达到 500 km/h。另外,TDD 的平均功率和峰值功率的比值随时隙数增加而增加,考虑到耗电和成本因素,用户终端发射功率不可能太大。

②基站的同步问题。对 TDD-CDMA 系统来说,为减少基站间的干扰,基站间同步是必须的。这可以采用 GPS 接收机或其他公共时钟来实现,但这增加了基础设施的投入。

③干扰问题。TDD 系统中的干扰不同于 FDD 系统,因为 TDD 系统对同步的要求相当高,一旦不能同步,产生的干扰将让 TDD 系统工作受到影响。TDD 系统包括了许多形式的干扰,如 TDD 蜂窝系统内的干扰、TDD 蜂窝系统间的干扰、不同运营商间的干扰、TDD 与 FDD 系统间的干扰等。

2) 智能天线技术对网络规划的影响

智能天线的引入可以极大地提高系统性能,但在网络规划中增加了选址的难度,在天面上除了需要安装智能天线和馈线外,还需要安装功率放大器。目前智能天线主要分圆阵天线(全向天线)和面天线(或扇区天线)。全向天线比较典型的规格是高度约 800 mm,直径约 250 mm,质量约 8 kg;扇区天线比较典型的规格是长约 1 200 mm,宽 600 mm,厚 100 mm,重 15 kg。智能天线每个扇区需要 8 根 1/2 馈线,每个基站还需要安装 GPS 天线一根。功率放大器(TPA)一般采用冗余设计,两套放大器共支持 8 个射频通道,双路电源供电。因此,TD-SCDMA 系统中安装智能天线提高了对天面的要求。

①智能天线尺寸变大,同时需要在室外安装功率放大器,为保证天线安装的安全性,支撑杆需要更粗,斜支撑占地面积也相应增加。

②馈线数量增加了布线难度。

③智能天线在使用前需要校准,其迎风面积也比普通天线大,因此对智能天线的安装施工要求将更高。

④质量比普通天线增加,对天面负荷提出更高要求。

⑤智能天线相比普通天线更容易引起周围住户的注意,进行天线的美化难度和建站成本也相应提升。

3) 联合检测技术对网络规划的影响

TD-SCDMA 是一种时域 TDMA 方案,用户被分配在不同的时隙中,每个时隙中的用户数相对较少。另外,由于系统使用较短的 CDMA 码字,不同的用户数据流可以通过较低的计算检测出来,因此,在 TD-SCDMA 系统采用联合检测能够实现,并获得较高的效率。

联合检测利用了多址干扰中的有用信息,减弱了多址干扰、多径干扰、远近效应的不利影响,还可减少在无线传播环境中由于瑞利衰落所引起的信号抖动,简化功率控制,降低功率控制精度,弥补正交扩频码互相关性不理想带来的消极影响,使频谱利用率得到了提高,从而改善了系统性能,提高了系统容量,增大了小区覆盖范围。在 TD-SCDMA 中将智能天线和联合检测结合使用,可进一步抑制干扰,减弱小区呼吸效应,提升系统容量和频谱利用效率。

4)上行同步技术对网络规划的影响

在 TD-SCDMA 系统中,随着上行同步的引入,使得小区内同一时隙内的各个用户发出的上行信号在同一时刻到达基站,各终端信号与基站解调器完全同步,正交扩频码的各码道在解扩时完全正交,相互之间不产生多址干扰,克服了异步 CDMA 多址技术由于移动台发送的信号到达基站时间不同,造成码道非正交化带来的干扰,优化了链路预算,增加了小区覆盖范围,提高了系统容量,简化了硬件,降低了成本。

5)接力切换技术

接力切换是 TD-SCDMA 系统的核心技术之一,不同于传统的硬切换和软切换。接力切换是 TD-SCDMA 系统提出的一种崭新切换技术,主要原理是基于同步码分多址(SCDMA)与智能天线的结合。采用接力切换有如下特点:

①切换过程经历时间短,减少了切换时延。

②相比软切换节约了无线资源,间接提高了系统容量,降低了设备成本。

③相比硬切换提高了切换成功率,降低了掉话率,改善了系统性能。

④切换中上下行分别进行,可以实现无损失切换,使用该方法可以在使用不同载频的基站之间,甚至在 TD-SCDMA 系统与其他移动通信系统,如 GSM 的基站之间实现不中断通信、不丢失信息的越区切换。

2. TD-SCDMA 网络规划的特点

网络规划是无线网络建设运营之前的关键步骤,主要根据实际的无线传播环境、业务、社会等多方面因素,从覆盖、容量、QoS 三个方面对网络进行"宏观配置"。网络性能的这三个指标需要由无线系统中各种物理层关键技术、链路层控制协议、无线资源管理算法等各方面因素协同实现。TD-SCDMA 系统采用了时分码分多址、智能天线、联合检测、接力切换、动态信道分配等一系列新型关键技术和无线资源管理算法,为网络规划带来了很多新特点,极大地提高了系统的性能。

1)无线覆盖规划的特点

网络规划时,覆盖主要从上行链路预算入手。链路预算与收发端的天线增益、扩频增益、热噪声带宽等很多因素有关。TD-SCDMA 系统的较低码片速率(1.28 Mchip/s)有利于联合检测技术的使用。虽然 TD-SCDMA 系统的码片速率比 WCDMA 低,扩频增益也较低,但是在 TD-SCDMA 系统中通过引入智能天线和联合检测等先进技术带来了赋形增益和干扰抑制,理论上可以认为其覆盖不会像 WCDMA 那样受负荷影响明显。根据目前外场测试结果,TD-SCDMA 的覆盖和 WCDMA 是基本一致的。在同样的覆盖面积下,TD-SCDMA 的基站数更少,可以有效地降低成本。

2)网络容量规划特点

TD-SCDMA 系统容量规划需要结合 TD-SCDMA 关键技术特点。在对 TD-SCDMA 系统进行容量规划过程中,需要根据不同的时隙配置提供的上下行资源单元数量进行容量计算。在进行容量规划时,需要根据 3G 业务模型的情况,进行不同业务对资源单元的需求比例的折算,并通过对不同区域需求业务量的分析结果,最后进行该区域中基站所需容量能力的计算。

3)扩容规划特点

TD-SCDMA 采用时分与码分的多址方式,可以将用户干扰均匀地分布到不同时隙,有效地降低了干扰。它是码字受限系统,在用户占用了所有码道之后,系统干扰不是很重,业务质量可以保持在良好状态。因此对于 TD-SCDMA 系统来说,在基站功率足够的情况下,各种业务可以保持相当的覆盖半径。

4)业务规划特点

在面向业务的 3G 时代,TD-SCDMA 系统在业务规划方面有三个特点:一是各种业务覆盖半径基本相同;二是适应业务量的增加,可以对时隙结构进行调整实现调节上下行流量的比例,使语音和数据业务可以互相转化;三是可以方便地计算各种并发用户数和统计意义上的用户数。

在具体调节时隙结构时,可以根据业务发展状况进行灵活配置。在计算统计意义上的用户数时,由于每个时隙数据吞吐量是相对固定的,根据一定数据业务模型,不同时隙结构下的数据和语音用户数可以方便地得到。正是由于TD-SCDMA灵活的时隙结构和码字受限而非干扰受限的特点,为业务规划带来了极大的便利。

5) 切换规划特点

切换区域规划是网络的另一个重要方面。在TD-SCDMA系统中,覆盖半径的稳定和接力切换的应用使得切换规划更加简便,由于覆盖半径不会因为负载的变化而变化,接力切换区域稳定,网络建设初期就可以一次完成切换区域的合理规划,选择合理位置。接力切换没有采用宏分集,不易出现切换区域面积过大的情况,这样可以有效提高切换成功率和系统资源的利用率。TD-SCDMA系统的这些特点大大降低了切换规划的难度,明显节省了运营商的时间成本。

6) 呼吸效应

所谓呼吸效应就是随着小区用户数的增加,覆盖半径收缩的现象。这是CDMA系统的一个天生缺陷。由于TD-SCDMA系统中智能天线和联合检测技术能有效地抵抗干扰,它不是一个干扰受限系统,而是一个码道受限系统,覆盖半径基本不会随用户数的增加而改变,即呼吸效应不明显,因此在网络规划时可以把容量和覆盖分开考虑。

3. TD-SCDMA系统网络规划概述及其详细流程

1) 规划的必要性

网络规划是一个非常重要的过程,它的结果准确与否甚至会影响到网络运营商的运营成功与否。若网络规划不当,将会导致系统提供服务质量变差、呼叫中断概率变大、可能出现吞吐量的降低、高重传率和高阻塞率等不良影响。这样会导致用户的投诉增加和运营收入的降低,因此好的网络规划可以提高网络的服务质量等级并且能减少运营商的经营成本。

在TD-SCDMA系统中,需要调整的参数(主要为无线参数)数量比固定通信系统多得多。话务量、传播条件、用户移动性、业务等不断地变化对网络中各个小区产生各自特有的、独一无二的运营特性。因此,TD-SCDMA网络运营商为了确定各参数新的最佳值,必须不断地监视网络并且对网络中的这些变化有所反应。可以通过调整诸如寻呼、切换、功率控制、无线资源管理以及位置更新算法等相关参数,使无线资源的使用最优化。

2) TD-SCDMA网络规划的原则

网络规划必须要达到服务区内最大限度的时间、地点的无线覆盖,最大限度减少干扰,达到所要求的服务质量,最优化设置无线参数,最大限度发挥系统服务质量,在满足容量和服务质量前提下,尽量减少系统设备单元,降低成本。一个出色的组网方案应该是在网络建设的各个时期以最低代价来满足运营要求。网络规划必须符合国家和当地实际情况;必须适应网络规模滚动发展,系统容量以满足用户增长为衡量;要充分利用已有资源,应平滑过渡;注重网络质量的控制,保证网络安全、可靠;综合考虑网络规模、技术手段的未来发展和演进方向。

3) 网络规划的流程

简单地说,TD-SCDMA网络规划可以分为以下五个步骤:规划目标相关数据的采集、无线网络规模估算、网络站址规划与优化、详细规划以及规划输出。TD-SCDMA网络规划流程如图4.20所示。

图4.20 无线网络规划流程图

(1)规划数据采集。所谓规划目标数据采集,指的是网络规划前的需求分析。项目预研过程中需要了解客户对将要组建的网络的要求,了解现有网络运行状况以及发展计划,调查当地电波传播环境,调查服务区内话务需求分布情况,对服务区内近期和远期的话务需求做合理预测。

需求分析阶段要根据客户要求的业务区的覆盖区域划分,根据与之相对应的用户(数)密度分析,确定业务区域划分,从而规划设计所要达到的目标。还需要就客户提出的规划要求做客户需求分析,了解规划区的地物、地貌,研究话务量的分布,了解规划区的人口分布和人均收入,了解规划区的现网信息,提出满足客户提出的覆盖、容量、QoS等要求规划的策略。应对客户要求覆盖的重点区域实地勘测,利用GPS了解覆盖区域的位置,覆盖区域的面积。通过现网话务量分布的数据,指导待建网络的规划。根据提供的现网基站信息,做好仿真前的准备工作。需求分析需要考虑以下因素:

① 地形地貌环境和人口分布;
② 无线网络频点环境;
③ 客户的网络建设战略;
④ 系统设计参数要求;
⑤ 覆盖要求;
⑥ 客户可提供的站点信息;
⑦ 现有无线网络站点分布和话务分布信息;
⑧ 客户其他特殊要求。

对于规划目标数据采集,其中很重要的一项工作是业务的预测和规划。一般地,对未来两年或三年的用户进行预测,通过对目标群体分析和业务的定位,可按照主体用户分析法和类比分析法,其中要考虑到影响用户加入TD-SCDMA阵营的主要可能因素,包括国家、城市的总体发展战略、各区域经济发展水平及发展前景、运营商的策略等各种因素。预测的方法主要有人口普及率法、瑞利分析多因素法、曲线拟合法等。

根据对现有的以及未来的GSM大客户中不同消费层用户统计得到的数据,预测得到TD-SCDMA用户数中不同层次消费层的用户。将这些不同层次消费层的用户依据一定原则分别统计为高端用户、中端用户和低端用户。

在进行业务分析时,首先需要按照一定的规划对有效覆盖区进行划分和归类,不同区域类型的覆盖区采用不同的设计原则和服务等级,从而达到通信质量和建设成本的平衡,获得最优的资源配置。通常可以将覆盖目标区域划分为密集市区、市区、郊区和乡村。

语音的业务模型可以参照现有的2G网络取定。数据业务是休眠状态和激活状态的转换,用户每一次会话可以包含多次分组呼叫,而且不同业务类型和不同用户类型都具有不同的特点,数据以突发方式传输,分组呼叫所占用的资源随着数据的突发传输而随时变化。

(2)无线网络规划估算。在进行规划时,可以预先对无线网络规模进行估算,例如整个网络需要多少基站、多少小区等。网络规模估算是对目标覆盖区域进行覆盖和容量两方面的分析,在同时满足覆盖和容量要求的情况下,获得网络的建设规模(基站数目)。网络规模估算包括两部分,一部分是基于覆盖的规模估算,一部分是基于容量的规模估算。

① 覆盖规模的估算。进行规模规划时,覆盖主要是从上行链路预算入手。无线覆盖是对网络质量最重要的度量之一,覆盖范围的大小直接和网络基础设施投入的大小成比例。基于覆盖的规模估算主要步骤为使用现有模型(或进行传播模型与校正,得到当地无线传播模型)、使用链路预算工具,在校正后的传播模型的基础上,分别计算满足上下行覆盖要求条件下各区域的小区半径,根据站型计算小区面积,用区域面积除以小区面积就得到所需的基站个数。

② 容量规模的估算。网络的大小,以至于每个小区覆盖的大小,都决定于容量(话务负荷)的需求。对于上行链路而言,容量规划的主要目标是将其他小区的干扰限制在一个可以接受的范围内。网络规划可以通过减小其他小区干扰来增加上行负荷。可以通过使用建筑物、山体等屏蔽干扰小区,天线下倾也是控制干扰的有效方法。对于下行链路而言,应当考虑的问题有两个方面,即其他小区的干扰和基站

的功率。下行的负载等式与上行相似。然而,在下行的等式中有一个新参数——信道正交因子。在下行方向上,用户之间的正交性比上行好得多,因为基站对移动台发送扩频码的同步时间要精确得多。

因为 TD-SCDMA 网络是多业务并存的网络,对小区容量的估算不能简单沿用纯语音网络中对小区容量的估算方法,这是因为不同业务的业务速率和所需的 E_b/N_0 不同,因此对系统负荷产生的影响也不同。在 TD-SCDMA 网络规划中,容量估算是基于 Campell 理论的混合业务容量估算方法。通过将不同业务对系统负荷产生的影响等效为多个语音信道对系统负荷产生的影响,计算出混合业务条件下小区的负荷信道数和负荷厄朗数,并在此基础上进行容量规模估算。

估算话务负荷是 TD-SCDMA 网络运营应完成的关键任务。当规划网络、评估引入新业务或新计费标准的影响时,首先要估算容量。影响容量的因素有经济发展、行业政策、资费政策、运营商之间的市场竞争、移动业务的可利用性和对用户的重要性、销售策略等。

(3) 无线网络站址的规划和优化。无线网络站址的规划和优化包括以下几个主要步骤。

第一步:基站站址的选择。

基站站址的选择是一个复杂的工作,除去工程技术的因素,站址选择的可行性也是很重要的一个方面。由于实际的物理环境所限,从技术角度考虑最适宜建站的地方,并不一定能够安放基站设备,因此在网络的设计过程中,可行的方法是为拟订安放的基站设定基站搜索圈,然后通过实地勘察,在基站搜索圈中确定基站站址,安放基站设备。基站站址的选择在整个网络规划过程中起着非常关键的作用,站址选择的合理性,直接影响到后面的工作。站址选择合理,规划时只需要对参数进行稍微的调整就可以满足要求;反之,如果站址的选择不合理,常常会导致规划性能不佳,甚至需要重新选择站址,这时前一阶段的规划工作就要重新做。

站点布局阶段的任务是从运营商可提供站点或后选站点中选择合适的站点,确定站点的站型、网络整体结构。根据覆盖和容量的需要确定站点的站型,在此基站上搭建合理的网络拓扑结构。在站点分布规划中,根据综合的因素选择网络单元,这些因素包括地形、地貌、覆盖、容量、机房条件等,组网中常见的网元有宏蜂窝、微蜂窝、射频拉远、直放站等,在网络建设过程中,要充分灵活地运用,从而获得良好的组网效果。

第二步:预规划仿真。

所谓预规划仿真就是利用仿真软件对网络规模估算结果进行验证。通过仿真来验证估算的基站数量和基站密度能否满足规划区域对系统覆盖和容量的要求,得到混合业务可以达到的服务质量,大体上给出基站的布局和基站预选站址的区域和位置,为勘察工作提供勘察的指导方向。预规划仿真一般采用的仿真算法是 Monte-Carlo 算法。

第三步:站址的实地勘察。

进行无线网络勘察的目的就是确认预规划所选站址是否满足建站要求。具体要求包括无线方面的准则和非无线方面的准则。

无线方面的准则有:主瓣方向场景开阔,智能天线周围 40~50 m 内不能有明显的阻挡物,周围没有对覆盖区形成阻挡的高大物体,地形可见性高,有足够的天线安装空间,馈线应尽可能短。非无线方面的准则有:是否有合适的机房;是否可以建设机房;是否有天线安装的合适位置;天线安装位置距离机房小于 50 m;天线安装位置是否牢靠架设抱杆,对覆盖区方向视野是否开阔。进行实地勘察时需要记录的信息包括经纬度、建筑物高度、站面站址、覆盖区描述、地形归类等数据。

第四步:基站调整。

根据仿真得到的基站数量和基站密度等结果,以及对基站情况的勘察结果,对基站进行调整。调整包括:发射功率、改变下倾角、改变扇区方向角、降低天线挂高、更换天线类型、增加基站或微蜂窝和直放站、改变站址。对基站进行调整时要针对具体情况采取相应的调整措施。

(4) 详细规划。详细规划的内容主要包括网络仿真和无线参数规划两个方面。网络仿真,是按照前面进行的无线网络勘察的结果以及天线调整的结果,重新进行仿真分析,调整方案。无线参数规划包括邻小区规划、频率规划和码资源规划。

(5)无线网络规划输出。详细无线网络规划输出是无线网络规划成果的直接体现,规划水平的反映,输出内容主要包括规划区域类型划分、规划区域用户预测、规划区域业务分布、网络规划目标、网络规划规模估算、无线网络规划方案、无线网络仿真、无线网络建设以及相关无线设备(天线配置、基站硬件配置等)的输出等。

4. GSM、CDMA 以及 WCDMA 网络规划的特点

通过比较我们更好理解 TD-SCDMA 网络所具有的特点,下面简单介绍 GSM、CDMA 以及 WCDMA 网络规划。

1)GSM 网络规划

GSM 系统采用的是时分多址技术,不同的用户用不同的频率和时隙来区分,因此影响 GSM 系统容量的主要因素是频率资源和频率复用技术。GSM 网络在频率规划良好和没有外部网络干扰的情况下,其覆盖范围只与最大发射功率有关,而容量只和可用的业务信道总数有关。容量和覆盖本身没有关系。因此,在 GSM 系统中,质量、覆盖、容量三者之间没有直接的联系,可以独立分析,独立设计。网络设计的难点主要在频率规划。GSM 系统容量基本上由硬资源决定,一个载波有 8 个时隙,可用的载波数和复用方式决定了最大能同时连接的数目。覆盖范围由上下行发射功率决定。通话质量则由干扰情况决定,通过网络设计(复用方式、复用距离、跳频等)来控制干扰,保证通信质量。

2)CDMA 网络规划

CDMA 网络与 GSM 网络完全不同。CDMA 系统采用 1×1D 的频率复用方式,通过扰码以及正交码字来区分小区和用户。其容量与覆盖直接受到网络干扰的影响,规划人员在设计时需要充分考虑如何减少干扰。CDMA 系统是一个干扰受限的系统,其覆盖不仅取决于最大发射功率,还与系统负荷有相当的关系,而在设计时要充分考虑覆盖和容量之间的相互关系,以确保系统所需的性能指标。在 CDMA 系统的规划过程中,应特别注意容量、覆盖、质量三者之间的密切相关性。在满足运营商建网目标的前提下,达到容量、覆盖、质量和成本的良好平衡,从而实现最优化设计。

下面介绍这三个因素的相互制约关系。

①容量—覆盖。设计负载增加,容量增大,干扰增加,覆盖减少。

应用实例:小区呼吸。一个小区的业务量越大,小区面积就越小。因为在 CDMA 系统中,业务量增多就意味着干扰的增大。这种小区面积动态变化的效应称为小区呼吸。

②容量—质量。通过降低部分连接的质量要求,可以提高系统容量。

应用实例:目标误码率(BER)值提高可换取一定的系统容量。

③覆盖—质量。通过降低部分连接的质量要求,同样可以增加覆盖能力。

另外,由于多媒体业务的引入,使得 CDMA 网络中的业务量呈现非对称性特点。即上行链路和下行链路的数据传输量有所不同,在网络规划时必须分别计算两个方向的值,然后把两者适当地结合起来,这样网络规划就会非常复杂。实际上,CDMA 网络必须同时满足各种不同业务的需求。所以网络规划要综合考虑各种业务的覆盖范围。对通信质量要求不高的业务,CDMA 小区有着较大的覆盖范围。反之,对一些通信质量要求很高的业务,其小区覆盖范围就很小。这样,网络规划过程中不可能只考虑单一的 CDMA 小区半径,因为不同的业务对应不同的小区半径。

3)WCDMA 网络规划

该系统采用类似于 CDMA 的码分多址接入技术,频率复用为 1,载频间隔为 5 MHz,支持从语音业务到速率高达 384 kbit/s 的分组数据的多业务承载,与 2G 网络相比,WCDMA 无线网络规划更加复杂。网络覆盖设计需要以高速率、多业务的服务质量作为设计目标,多业务由不同的无线承载支持,无线承载可以根据业务的需要采用对称或非对称的形式设计。

在 WCDMA 系统中,容量规划和覆盖规划是个比较复杂的过程,一般地,容量是受下行链路限制的,而覆盖是受上行链路限制的,但是两者关系密切。由于 WCDMA 系统需要承载多种不同的业务类型,因此业务估计相对困难。而容量除了和覆盖相关外,还与业务数及业务类型有关,因此,只能在已有

的数据基础上结合相关的经验公式进行预测和计算。同时,在 WCDMA 系统中还存在所谓的"软容量"。软容量的存在给 WCDMA 网络规划带来了困难,容量规划是整个规划中最困难的一步。

对于 WCDMA 系统覆盖规划,一般主要是从最大允许的上行损耗中除掉路径损耗以外的其他损耗和增益,从而得到最大允许的路径损耗,再将最大允许的路径损耗值带入传输模型中,得到预期的小区覆盖半径和覆盖面积。这样得出的小区半径是无负载情况下的最大的小区半径。加入负载和临近小区干扰后,小区半径就会做相应的收缩。在 WCDMA 的链路中,要引入一个参数负载因子,在网络设计中给所有小区均匀加入负载余量,使得系统在实际上非均匀的负载运行状态下仍能通过小区呼吸调整维持平衡。

WCDMA 网络的复杂性同样体现在多业务的业务质量、容量、覆盖的相互关联上。若没有仿真工具,是无法找到它们之间的最佳平衡点的。WCDMA 分析中的上下行覆盖分析、容量分析、质量分析、软切换分析、导频污染及干扰分析等,也是通过仿真从各个角度分析预测它们的相互作用,不断进行站址、站高、站距、天线角度、基站及载频配置等优化调整,最终产生一个优化的规划。

4.4.6 TD-SCDMA 网络优化

对于 TD-SCDMA 网络运营商而言,如何经济有效地建设一个 TD-SCDMA 网络,保证网络建设的高性价比是运营商所关心的问题。概括地讲,就是在支持多种业务,并满足一定 QoS 条件下,获得良好的网络容量,满足一定的无线覆盖要求,同时通过调整容量、覆盖、质量之间的均衡关系并提供最佳的服务。为了达到提高性能,TD-SCDMA 采用很先进的技术,现有网络规划和优化方法都不能为 TD-SCDMA 服务,必须考虑新的规划和优化方法。

1. TD-SCDMA 网络优化的特点

由于 TD-SCDMA 系统采用了一些新技术,因此在对 TD-SCDMA 网络进行优化时,在 CDMA 系统优化的基础上,还必须考虑下面因素的影响。

(1)时分双工的影响。
(2)智能天线的影响。
(3)上行同步的影响。
(4)联合检测的影响。
(5)接力切换的影响。
(6)动态信道分布的影响。

2. TD-SCDMA 网络优化的过程

图 4.21 是 TD-SCDMA 网络优化流程图。

3. TD-SCDMA 网络优化的主要性能指标

由于用户的位置和流量行为一直在随着用户的移动而不断地变化着,因此 TD-SCDMA 系统网络需要持续不断地监测和优化,以达到容量和质量的均衡。下面给出了一些在检测和优化中的重要指标,如流量、流量变化、流量混合比、软切换比例、平均发射功率、平均接收功率、掉话率、干扰分析、每个小区的切换数、系统间变换、吞吐量、BER、SER、FER 等。上面这些指标大多是以小区和业务为单位进行统计和监测的,这是因为这些数据可以提示如何优化参数,以增强网络性能。TD-SCDMA 小区优化的重要方面是流量负载平衡和切换开销管理。

1)流量负载平衡

流量负载的主要问题是小区流量在网络的不同地理区域内是不均衡的,在同一小区内部,流量在扇区间的分布也是不均匀的,这样不均匀的分布导致有些扇区干扰非常小,有些扇区的负载则特别大,甚至导致严重阻塞。在扇区间均衡流量负载可以减轻阻塞并为流量的增加提供冗余量,从而使整个小区负载均衡,进而达到增加小区容量的目的,并且可以更加有效地利用整个网络的设备和频谱资源。在工程实现中,通过改变天线方向和各个扇区角波束的宽度来控制流量的均衡,这也是智能天线的另一重要作用。

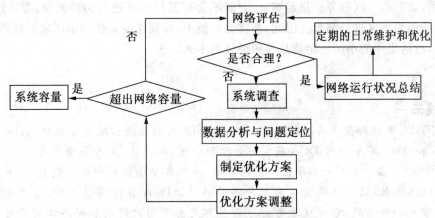

图 4.21　TD-SCDMA 网络优化流程图

2）切换开销管理

在 TD-SCDMA 网络中，由于采用了接力切换的方式，大大改善了系统的容量和质量，但同时也占用着系统的控制信令进行测量信息报告和判决信息通知等。在测量该小区的导频强度以后，应该适当地减少小区覆盖相互重叠部分的切换区域，而且切换区域的范围应当从高流量区域移动到低流量区域。

4. TD-SCDMA 网络优化的主要特征

TD-SCDMA 网络优化的主要特征是与 TD-SCDMA 网络采用的关键技术密切相关的。由于 TD-SCDMA 系统在物理层上采用了 TDD 双工、智能天线、联合检测、接力切换、动态信道分配以及特殊的帧结构，因此该系统的无线资源管理（RRM）的设计比较灵活。其中最具有代表性的是 TD-SCDMA 的无线资源管理算法中采用了接力切换和动态信道分配（DCA）技术，并且智能天线对于各个算法都有很大的影响。

对于一般 CDMA 网络优化而言，优化的主要任务就是最佳的系统覆盖，最少的掉话，最佳的通话质量和最小的接入失败，合理快速的切换，均匀合理的基站负荷，最佳的导频分布。而对于 TD-SCDMA 网络优化来说，除了一般的 CDMA 网络优化的任务以外，还有自己特殊化的优化任务，即信道的合理分配和智能天线的合理应用。下面简单地分析一下 TD-SCDMA 与 WCDMA 的差异点。

TD-SCDMA 采用智能天线以后，带来了诸多方面的影响。在进行 TD-SCDMA 网络优化时，必须首先评估该环境下智能天线的性能，预测在服务区内相应的到达方向（DOA）估计精确度、角度扩展大小和波束赋形算法的性能，然后再根据智能天线性能的估计估测系统的容量，从而确定基站的数目和位置。在进行网络优化时，需要重点评估切换算法以及切换参数的设置，尽力避免发生乒乓效应，减少因为切换而导致掉话和通话质量的下降。

对于任何一个蜂窝系统来说，切换过程的优化都是十分重要的，因为从网络效率来说，网络用户终端如果处于不适合的服务小区，不仅会影响到本身的通信质量，同时还会增加整个网络的负荷，甚至增大对其他用户的干扰，移动用户应当使用网络中最优化的通信链路和相应的基站建立连接。在 WCDMA 系统中，同频之间一般采用软切换，而 TD-SCDMA 采用的是介于硬切换和软切换之间的接力切换，因此在接力切换优化工程中，要注意几点差异。

（1）切换测量的范围差异。传统的切换方式中都不知道用户终端的准确位置，因而需要对所有相邻小区进行测量，而接力切换是在知道用户终端的精确位置的情况下进行切换测量。因此在多数情况下就没有必要对所有的相邻小区进行测量，而只对与用户终端移动方向一致的靠近移动终端一侧的少数小区进行测量。优化时，需要对测量范围的确定，如果测量范围过大，则接力切换就会趋于普通的软切换，测量的时间变长，工作量变大，时延加大，用户掉话率和不满意率也会上升；若测量范围过小，则会遗漏可能的候选小区。

（2）切换目标小区的信号强度滞后较大。切换目标在与目标基站建立通信连接后要断开与原来基站的通信，因此它的判决相对于软切换来说更加严格，尽可能地降低切换功率。终端用户注重处理对本小区的测量结果,如果本小区服务质量足够好,它就不会对其他小区进行切换测量;如果服务质量不够好,才会对周围的相邻小区进行测量。因此,在接力切换中,导频强度最强的小区未必就是服务小区,而在 WCDMA 中,激活集中的小区一定就是导频最强的小区。

> **技术提示:**
> TD—SCDMA 系统即使在同一载频中,也要利用 DCA 算法使信道更合理分配,DCA 算法分为慢速 DCA 和快速 DCA,慢速 DCA 将资源分配到小区,而快速 DCA 将资源分配到承载业务。在实际运行中 RNC 集中管理一些小区可用的资源,提供各个小区的网络性能指标、系统负荷情况和业务的 QoS 参数,动态地将信道分配给用户终端。DCA 算法有很多种,基于干扰测量的 DCA 是普遍研究和使用的,它对信道的排序调整都是基于用户终端和网络侧的实时干扰测量的。DCA 算法的合理应用可以灵活地分配信道资源,可以提高频带利用率,不需要信道预规划,可以自动适应网络中负载和干扰的变化,若分配不当,就会使系统干扰增加,系统容量也会随之下降。

重点串联

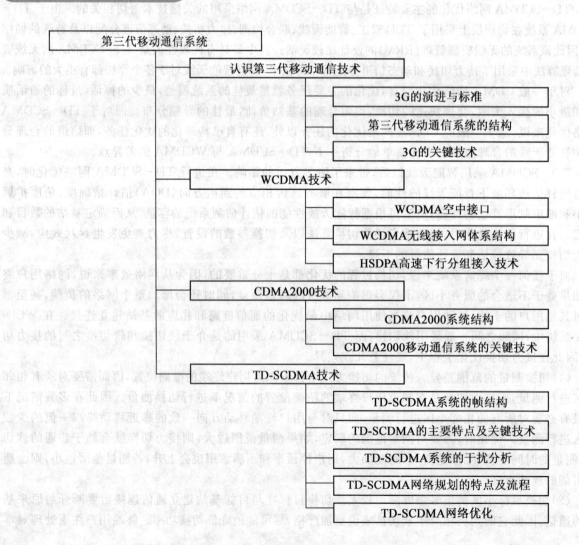

- 第三代移动通信系统
  - 认识第三代移动通信技术
    - 3G的演进与标准
    - 第三代移动通信系统的结构
    - 3G的关键技术
  - WCDMA技术
    - WCDMA空中接口
    - WCDMA无线接入网体系结构
    - HSDPA高速下行分组接入技术
  - CDMA2000技术
    - CDMA2000系统结构
    - CDMA2000移动通信系统的关键技术
  - TD-SCDMA技术
    - TD-SCDMA系统的帧结构
    - TD-SCDMA的主要特点及关键技术
    - TD-SCDMA系统的干扰分析
    - TD-SCDMA网络规划的特点及流程
    - TD-SCDMA网络优化

拓展与实训

▶ 基础训练

1. 填空题
   (1) 第三代移动通信系统的特点有_____。
   (2) 国际电联公认的3G主流标准有_____、_____和_____；中国有_____、_____和_____运营商获得3G牌照。
   (3) 3G标准的演进策略是_____。
   (4) WCDMA关键技术有_____、_____和_____。
   (5) WCDMA/UMTS系统由_____、_____和_____三大部分构成。

2. 单项选择题
   (1) 以下哪个标准明确规定了使用自适应智能天线技术　　　　　　　　　　　　　(　　)
   　　A. WCDMA　　　B. TD－SCDMA　　　C. CDMA2000　　　D. UWC－136
   (2) 什么是软切换　　　　　　　　　　　　　　　　　　　　　　　　　　　　(　　)
   　　A. 移动台由同一基站的一个扇区进入另一个具有同一载频的扇区时发生的过境切换
   　　B. 移动台从一个小区进入相同载频的另外一个小区时采用的过境切换
   　　C. 移动台从一个小区的两个扇区进入相同载频的另外一个小区的扇区采用的过境切换
   　　D. 移动台从一个小区进入不同载频的另外一个小区时采用的过境切换
   (3) TD－SCDMA系统的多址方式是　　　　　　　　　　　　　　　　　　　　(　　)
   　　A. TDMA　　　　　　　　　　　　　　B. CDMA
   　　C. FDMA　　　　　　　　　　　　　　D. A、B、C的混合应用
   (4) WCDMA系统下行信道调制使用的是　　　　　　　　　　　　　　　　　　(　　)
   　　A. QPSK　　　　B. BPSK　　　　C. OQPSK　　　　D. MPSK
   (5) 以下哪个标准是由3GPP2制定的　　　　　　　　　　　　　　　　　　　　(　　)
   　　A. WCDMA　　　B. TD－SCDMA　　　C. CDMA2000　　　D. GSM
   (6) 下面对频分双工的表述正确的是　　　　　　　　　　　　　　　　　　　　(　　)
   　　A. 收发信各占一个频率(段)，使用不同时隙
   　　B. 收发信各占一个频率(段)，收发频率为固定间隔
   　　C. 收发信用同一个频率，使用不同时隙
   　　D. 收发信用同一个频率，收发频率为固定间隔
   (7) 我国提出的国际3G标准是　　　　　　　　　　　　　　　　　　　　　　(　　)
   　　A. WCDMA　　　C. TD－SCDMA　　　B. CDMA2000　　　D. UWC－136
   (8) WCDMA移动通信系统是由哪个系统为基础　　　　　　　　　　　　　　　(　　)
   　　A. 窄带CDMA　　B. GSM　　　　C. PDC　　　　D. D－AMPS
   (9) 在3G移动通信系统中的主要数字调制方法是　　　　　　　　　　　　　　(　　)
   　　A. ASK　　　　B. PSK　　　　C. FSK　　　　D. GMSK

3. 判断题
   (1) 远近效应存在于上行和下行链路中。　　　　　　　　　　　　　　　　　　(　　)
   (2) 开环功率控制是根据用户接收功率与发射功率之积为常数测量接收功率的大小，由此确定发射功率的大小。　　　　　　　　　　　　　　　　　　　　　　　　　　(　　)
   (3) 解决边缘问题的一个方法是要求当前小区基站增加对小区边缘地区的发射功率。(　　)

(4)CDMA下行功率控制是调整基站向移动台的发射功率。（ ）
(5)链状网主要用于覆盖公路、铁路、海岸等。（ ）
(6)蜂窝网主要用于覆盖城镇等面状服务地区。（ ）
(7)基站放在每个小区中央,用全向天线形成圆形覆盖,就是"中心激励"。（ ）
(8)FDMA和CDMA的频率复用技术中,相邻小区使用相同的频谱。（ ）
(9)CDMA系统容量具有软容量的特性。（ ）

4.简答题

(1)比较3G与2G技术有什么本质的区别,简述各自特点。
(2)WCDMA信道的分类有哪些？各信道的功能如何？
(3)WCDMA的扩频编码分为哪些过程？如何实现？
(4)简述WCDMA功率控制是如何实现的。
(5)CDMA2000系统结构与IS—95相比,有哪些不同？
(6)描述CDMA2000软切换过程。
(7)简述TD—SCDMA主要技术有哪些。
(8)介绍TD—SCDMA的帧结构。
(9)叙述TD—SCDMA系统与其他系统的干扰,如何消除这些干扰？
(10)叙述TD—SCDMA网络规划的特点。
(11)叙述TD—SCDMA网络优化的过程,并描述优化的主要特征。
(12)描述HSDPA技术的演进。
(13)智能天线技术主要包括哪些主要技术？简述各技术的功能与特点。
(14)列举功率控制的分类,简述实现的基本原理。
(15)简述初始同步与Rake多径分集接收技术的实现过程。

技能实训

实训　CDMA移动通信系统

实训目的

(1)掌握CDMA(码分多址)的基本原理。
(2)了解DS—CDMA(直扩码分多址)移动通信系统原理及组成。
(3)测量单信道DS—CDMA通信系统发射机和接收机各点波形,了解发射机扩频调制及接收机相关检测的原理。
(4)测量2信道DS—CDMA通信系统发射机和接收机各点波形,进一步了解发端扩频调制、收端相关检测及码分多址逻辑信道形成原理。

实训原理

1. DS—CDMA移动通信系统

图4.22为DS—CDMA移动通信系统原理框图。系统中采用包含N个码序列的正交码组c_1，c_2，…，c_N作为地址码,分别与信码d_1，d_2，…，d_N相乘或模2加实现扩频调制。信码速率f_b(单位:bit/s,比特/秒)、周期$T_b=1/f_b$;地址码速率f_p(单位:chip/s,子码/秒或码片/秒)、周期$T_p=1/f_p$,地址码序列每周期包含p个子码元,序列周期。通常设置

$$f_p = Kpf_b \tag{4.1}$$

即

$$T_b = KpT_p = KT \quad (4.2)$$

式中 K——正整数。

式(4.1)、(4.2)表明,地址码速率 f_p 是信息速率 f_b 的 Kp 整数倍,1 个信码周期 T_b 对应 K 个地址码序列周期 T。信息码与地址码相乘后占据的频谱宽度扩展了 Kp 倍。由 N 个正交地址码在一对双工载频上构成 N 个逻辑信道,可供 N 对用户同时通信。图中画出发端的 N 个用户及收端第 1 个用户。

DS-CDMA 系统的载波调制方式可采用调频或调相,以调相方式应用最广。以 2PSK 调制为例,发端用户 1 发射的信号为

$$S_1(t) = d_1(t)c_1(t)\cos\omega_c t \quad (4.3a)$$

上式中,$d_1(t)c_1(t)$ 是 $(-1,+1)$ 域二元数据,则 $S_1(t)$ 是 $0 \sim \pi$ 调相的 2PSK 信号。故载波调制器就是模拟乘法器。式(4.3a)可写成如下形式

$$S_1(t) = d_1(t)c_1(t)\cos\omega_c t = [d_1(t)c_1(t)]\cos\omega_c t \quad (4.3b)$$

或

$$S_1(t) = d_1(t)c_1(t)\cos\omega_c t = [d_1(t)\cos\omega_c t] \cdot c_1(t) \quad (4.3c)$$

上式表明,发端的 DS-CDMA 射频信号,可通过先扩频调制再载波调制(式(4.3b))或先载波调制再扩频调制(式(4.3c))得到,二者是等效的。与此对应,收端也有两种等效的解调方案。本实验系统采用的方案是:发射机先扩频调制再载波调制,接收机先解扩再解调。

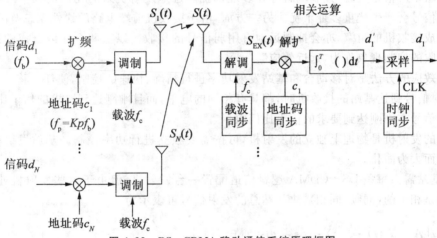

图 4.22 DS-CDMA 移动通信系统原理框图

发端 N 个用户发射在空中的信号在时域、频域完全混叠在一起,收端每一个用户都可收到。下面我们以接收机先解调再解扩的次序来推导码分多址的原理:

收端第 1 个用户天线收到的信号

$$S(t) = \sum_{i=1}^{n} S_1(t) = \sum_{i=1}^{n} A_i d_i(t) c_i(t) \cos\omega_c t \quad (4.4)$$

解调后的信号

$$S_{EX}(t) = \sum_{i=1}^{n} A'_i d_i(t) c_i(t) \quad (4.5)$$

经过与本地地址码 $c_1(t)$ 相关检测后输出信号

$$d'_1 = \int_0^{T_b} S_{EX}(t) c_1(t) dt = \sum_{i=1}^{N} A'_i \cdot d_i(t) \cdot K \int_0^T c_i(t) c_1(t) dt$$

上式中,T_b 为信码周期,故积分号中信码 $d_i(t)$ 是常数可提出,得

$$d'_i = \sum_{i=1}^{N} A'_i d_i(t) \int_0^{T_b} c_i(t) c_1(t) dt = \sum_{i=1}^{N} A'_i \int_0^{T_b} d_i(t) c_i(t) c_1(t) dt$$

根据地址码的正交性关系

$$Ri,j(\tau)=\int_0^T c_i(t)\cdot c_j(t-\tau)\mathrm{d}t=0,\qquad i\neq j$$

可得

$$d'_1=A'_1 d_1(t)KR_1(0)=A''_1 d_1(t) \tag{4.6}$$

上式中 $R_1(0)=\int_0^T c_1(t)\cdot c_1(t)\mathrm{d}t$ 为 $c_1(t)$ 的自相关函数峰值。经采样后得到方波形式的信码 $d_1(t)$。收端用户 1 从发端 N 个用户发射在空中，在时域及频域完全混叠的 DS-CDMA 信号中，接收到发端用户 1 的信码。

2. DS-CDMA 移动通信的关键技术

(1) 正交码序列的研究、选择及配置。

(2) 为克服远近效应，要进行精确、快速的发射功率控制。

由前面式(4.4)~式(4.6)的分析可见，如果地址码组严格正交，则不存在多址干扰，即式(4.6)所示相关运算输出只包含有用信息，而不包含其他地址的信息，但实际情况并不是如此理想：

① 实际使用的地址码一般都不是严格正交，或者只在指定的相对相位关系下才是严格正交；

② 理论上严格正交的地址码经过实际信道传输后波形发生畸变，在收端成为不严格正交。

③ 收端地址码同步精度不高，地址码正交性恶化。

当地址码组不严格正交时，接收端就存在多址干扰。近地发射机来的无用的强信号对远地发射机来的有用的弱信号会产生严重多址干扰。另一方面，由于接收机前端电路的线性动态范围有限，近地强干扰信号会造成接收机的阻塞，亦会抑制远地有用弱信号的接收。以上两个原因造成的近地强信号对远地弱信号接收的抑制现象称为"远近效应"。

克服远近效应的方法是对移动台和基站发射功率进行精确、快速的控制，使任一移动台无论处于什么位置，其发射信号到达基站的接收机时，都具有相同的电平，而且刚刚达到要求的信干比门限；而收到基站发射来的信号亦刚刚达到要求的信干比门限。

各移动台的发射机是物理上独立的发射机，可按需要独立进行功率控制。基站发射机及功率控制由于下述原因而大为简化。

原则上，基站需为每条 DS-CDMA 逻辑信道配置一台发射机，但由于这些发射机处于同一基站，所以发射载频是相干的（同频、同相），故基站总的发射信号可表示为

$$S(t)=\sum_{i=1}^{N}[A_i\cdot d_i(t)\cdot c_i(t)\cdot \cos\omega_c t]=$$
$$\sum_{i=1}^{N}[A_i\cdot d_i(t)\cdot c_i(t)2\cos\omega_{\mathrm{IF}}t\cdot \cos(\omega_c-\omega_{\mathrm{IF}})t]_{\text{上变频(取和频)}}=$$
$$\left[\sum_{i=1}^{N}2A_i\cdot d_i(t)\cdot c_i(t)\cdot \cos\omega_{\mathrm{IF}}t\right]\cdot \cos(\omega_c-\omega_{\mathrm{IF}})t|_{\text{上变频(取和频)}} \tag{4.7}$$

由式(4.7)可见，基站各信道发射的射频信号，可先在中频 ω_{IF} 实现扩频调制及载波调制，经线性叠加后由 1 台发射机上变频到射频再功率放大后发射出去。调整各信道中频信号幅度，就调整了各信道射频信号幅度(功率)。

基站发射的多路射频信号另外一种形式为

$$S(t)=\sum_{i=1}^{N}[A_i\cdot d_i(t)\cdot c_1(t)\cdot \cos\omega_c t]=\left[\sum_{i=1}^{N}A_i d_i(t)c_i(t)\right]\cos\omega_c t \tag{4.8}$$

即可先将各信道扩频调制后的基带信号线性叠加，再对同一载波进行调制后发射出去。调整各信道扩频基带信号的幅度，就调整了各信道射频信号幅度。

(3) 地址码同步。

3. 实现方法

发射机实现框图如图 4.23 所示。

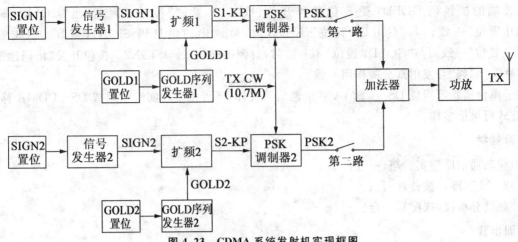

图 4.23 CDMA 系统发射机实现框图

两路信息码均在发射机的 CPLD 中产生,周期为 8,分别由两个 8 位拨码开关"SIGN1 置位"和"SIGN2 置位"进行置位。码速率 1K/2K 可变,由拨位开关"信码速率"控制,拨码开关拨上时码速率为 2K,拨下时为 1K。两路扩频码为在 CPLD 中产生的 127 位 Gold 序列,分别受两个 8 位开关"GOLD1 置位"和"GOLD2 置位"控制,可以任意改变。码速率 100K/200 可变,由拨位开关"扩频码速率"控制,拨码开关拨上时码速率为 200K,拨下时为 100K。

两路信息码分别与 GOLD1 和 GOLD2 进行扩频后,再进行 PSK 调制。当拨位开关"第一路"、"第二路"均连接时,发射机输出点 TX 输出的信号为两路信号的叠加。

接收机实现框图如图 4.24 所示。

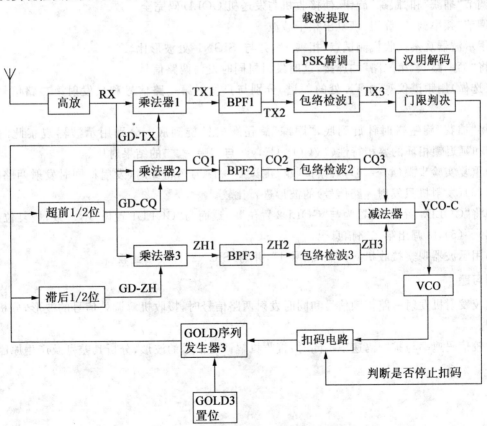

图 4.24 CDMA 系统接收机实现框图

接收端的扩频码 GOLD3 受 8 位拨码开关"GOLD3 置位"控制。因此,当"GOLD3 置位"与"GOLD1 置位"一致而与"GOLD2 置位"不一致时,解调出的信息码 SIGN1;当"GOLD3 置位"与"GOLD2 置位"一致而与"GOLD1 置位"不一致时,解调出的信息码 SIGN2。拨位开关"信码速率"、"扩频码速率"、"解码"与发射部分的作用一致。

除了单台实验箱组成 DS-CDMA 移动通信系统外,还可由多台实验箱组成 DS-CDMA 移动通信系统,方式可灵活多样。

实验器材

(1)移动通信原理实验箱,一台;

(2)20 M 双踪示波器,一台;

(3)频谱分析仪(选配),一台。

实训步骤

(1)安装好发射天线和接收天线。

(2)插上电源线,打开主机箱右侧的交流开关,再按下开关 POWER301、POWER302、POWER401 和 POWER402,对应的发光二极管 LED301、LED302、LED401 和 LED402 发光,CDMA 系统的发射机和接收机均开始工作。

(3)发射机拨位开关"信码速率"、"扩频码速率"、"扩频"、"编码"均拨下,拨码开关"GOLD1 置位"和"GOLD2 置位"设置为不同。接收机拨位开关"信码速率"、"扩频码速率"、"跟踪"、"解码"均拨下,"调制信号输入"拨上。此时系统的信码速率为 1 kbit/s,扩频码速率为 100 kbit/s。将"第一路"连接,"第二路"断开,这时发射机发射的是第一路信号。将拨码开关"GOLD3 置位"拨为与"GOLD1 置位"一致。

(4)调节"捕获"和"跟踪"旋钮,使接收机与发送机 GOLD 码完全一致。

(5)调节"频率调节"旋钮,恢复出相干载波。

(6)用示波器观察接收机测试点"相乘 1",并与"SIGN1"处波形比较。

(7)将"第一路"、"第二路"均连接,这时发射机同时发射两路信号。

(8)(选做)用频谱仪观测 TX 处的频谱,分别与只发射第一路信号和只发射第二路信号的频谱对比。

(9)将"捕获"旋钮逆时针旋到底,"跟踪"旋钮顺时针旋到底。分别用示波器观察此时的相关峰("TX3")和延迟锁相环的鉴相特性("VCO-C"),并与实验一、二的结果对比。

(10)重复实验步骤(4)~(6),观察接收机测试点"相乘 1",将此时(发射机同时发射两路信号)的波形与步骤(6)(发射机只发射一路信号)的波形进行比较。

(11)将"GOLD3 置位"设置为与"GOLD2 置位"一致而与"GOLD1 置位"不一致,按复位键,重复实验步骤(4)~(5),解调出第二路信息码。

(12)用示波器观察接收机测试点"相乘 1",并与"SIGN2"处波形比较。

实训习题

1.比较发射机发射一路扩频信号和同时发射两路信号时,接收机解调处信号的波形,分析其差别及产生原因。

2.比较信码速率与扩频码速率不同时,接收机解调处信号的波形,分析其差别及产生原因。

模块 5
其他移动通信系统

知识目标
- ◆ 了解数字集群移动通信系统的特点；
- ◆ 掌握数字集群移动通信系统的关键技术；
- ◆ 了解 IDEN 和 TETRA 两种典型的数字集群移动通信系统；
- ◆ 掌握 TETRA 数字集群系统在移动通信系统中的应用；
- ◆ 掌握数字集群通信系统与 GSM 移动通信系统的区别。

技能目标
- ◆ 熟练掌握数字集群移动通信系统的语音编码、信道编码及数字调制技术；
- ◆ 熟练掌握 TETRA 集群系统的多址方式、调制方式、带宽以及双工间隔。

课时建议
8 课时

课堂随笔

5.1 数字集群移动通信系统

集群(Trunking)是一种多用户共用一组通信信道而不互相影响的技术,即使用多个无线信道为众多的用户服务,就是将有线电话中继线的工作方式运用到无线电通信系统中,把有限的信道动态地、自动地、迅速地和最佳地分配给整个系统的所有用户,以便在最大限度上利用整个系统的信道的频率资源。相对传统第一代模拟移动通信系统与第二代 GSM 数字移动通信系统,它有诸多优势,作为有着巨大用户群体的一个移动通信系统,我们先来认识一下该系统的特点。

5.1.1 认识数字集群移动通信系统

数字集群通信系统是主要用于指挥调度的专用移动通信系统,其特点是用户动态共享无线信道,频谱利用率高,通话具有私密性。由于集群通信系统具备特有的调度功能、组呼功能、快速呼叫建立、高可用性和安全性等特点,在专业通信领域发挥着巨大的作用,其主要应用范围包括对指挥调度功能要求较高的部门和企业,此外,随着经济的发展,出租、物流、物业管理和工厂制造业也越来越需要集群通信。根据应用方式的不同,可以分为共网集群系统和专网集群系统。集群专网是指由某一部门单独建设和维护,并仅在本部门内部使用的集群网络。集群共网则有运营商负责建设和维护,多个集团或部门可以通过 VPN 等方式共同使用网络,并实现一定的服务质量保证和优先级功能。如图 5.1 所示,一个典型的集群通信系统包括线交换机、管理终端、调度台、手持对讲机等设备,集群控制中心和集群基站是核心设备。

(1)基站。它由若干基本无线收发信机、天线共用器、天馈线系统和电源等设备组成。天线共用器包括发信合路器和接收多路分路器。天馈线系统包括接收天线、发射天线和馈线。

(2)移动台。用于运行中或停留在某未定地点进行通信的用户台,它包括车载台、便携台的手持台,由收发信机、控制单元、天馈线(或双工台)和电源组成。

(3)调度台。它是能对移动台进行指挥、调度和管理的设备,分有线和无线调度台两种,无线调度台由收发机、控制单元、天馈线(或双工台)、电源和操作台组成。有线调度台只有操作台。

(4)控制中心。控制中心包括系统控制器、系统管理终端和电源等设备,它主要控制和管理整个集群通信系统的运行、交换和接续。它由接口电源、交换矩阵、集群控制逻辑电路、有线接口电路、监控系统、电源和微机组成。

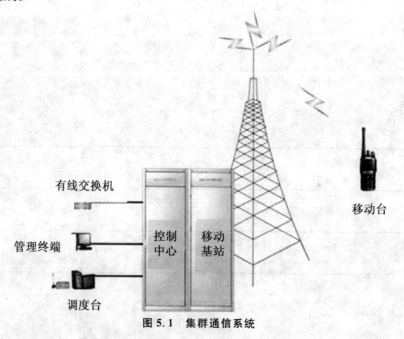

图 5.1 集群通信系统

数字集群通信系统有诸多优势,集中体现在以下五个方面。

1. 频谱利用率高

模拟集群移动通信网可实现频率复用,从而提高了系统容量,但是随着移动用户数量急剧增长,模拟集群网所能提供的容量已不再能满足用户需求,问题的关键是模拟集群系统频谱利用率低,模拟调频技术很难进一步压缩已调信号频谱,从而就限制了频谱利用率的提高。与此相比,数字系统可采用多种技术来提高频谱利用率,如果用低速语音编码技术,这样在信道间隔不变的情况下就可增加话路,还可采用高效数字调制解调技术,压缩已调信号带宽,从而提高频谱利用率。另外,模拟网的多址方式只采用频分多址(FDMA),即一个载波话路传一路语音。而数字网的多址方式可采用时分多址(TDMA)和码分多址(CDMA),即一个载波传多路语音。尽管每个载波所占频谱较宽,但由于采用了有效的语音编码技术和高效的调制解调技术,总的看来,数字网的频谱利用率比模拟网的利用率提高很多。数字系统在提高频谱利用率方面有着不可低估的前景,因为低速语音编码技术和高效数字调制解调技术仍不断发展着。频谱利用率高,可进一步提高集群系统的用户容量。对于集群移动通信来说,系统容量一直是首要问题,所以不断提高系统容量以满足日益增长的移动用户需求是集群移动系统从模拟网向数字网发展的主要原因之一。

2. 信号抗信道衰落的能力提高

数字无线传输能提高信号抗信道衰落的能力。对于集群移动系统来说,信道衰落特性是影响无线传输质量的主要原因,须采用各种技术措施加以克服。在模拟无线传输中主要的抗衰落技术是分集接收,在数字系统中,无线传输的抗衰落技术除采用分集接收外,还可采用扩频、跳频、交织编码及各种数字信号处理技术。由此可见,数字无线传输的抗衰落技术比模拟系统要强得多。所以数字网无线传输质量较高,也就是说数字集群移动通信网比模拟集群移动通信网的语音质量要好。

3. 保密性好

数字集群移动通信网用户信息传输时的保密性好。由于无线电传播是开放的,容易被窃听,无线网的保密性比有线网差,因此保密性问题一直是长期以来无线通信系统设计者重点关心的问题。在模拟集群系统中,保密问题难以解决。当然模拟系统也可以用一些技术实现保密传输,如倒频技术或是模/数/模方式,但实现起来成本高、语音质量受影响。由此,模拟系统保密非常困难。利用目前已经发展成熟的数字加密理论和实用技术,对数字系统来说,极易实现保密。

采用数字传输技术,才能真正达到用户信息传输保密的目的。

4. 多种业务服务

数字集群移动通信系统可提供多业务服务。也就是说除数字语音信号外,还可以传输用户数字、图像信息等。由于网内传输的是统一的数字信号,容易实现与综合数字业务网ISDN的接口,这就极大地提高了集群网的服务功能。

在模拟集群网中,虽然可传输数字,但是占用一个模拟话路进行传输的。首先在基带对数据信息进行数字调制形成基带信号,然后再调制到载波上形成调频信号进行无线传输,用这种二次调制方式,数据传输速率一般在1 200 bit/s或是2 400 bit/s。这么低的速率远远满足不了用户的要求。在目前,计算机网及各种数字网已经十分发达,用户的数据服务要求日益增加。

5. 网络管理和控制更加有效和灵活

数字集群移动通信网能实现更加有效、灵活的网络管理与控制。对任何一种通信系统网络管理与控制都是至关重要的,它影响到是否能有效地实现系统所提供的各种服务。在模拟集群系统中,管理与控制依靠网内所传输的各种信令来实现,而模拟集群网的管理与控制信令是以数字信号方式传输的,而网的用户信息是模拟信号,这种信令方式与信号方式的不一致,增加了网管理与控制的难度。在数字集群网中,用户语音比特源中插入控制比特是非常容易实现的,即信令和用户信息统一成数字信号,这种一致性克服模拟网的不足,给数字集群系统带来极大的好处。总而言之,全数字系统能够实现高质量的网络管理与控制。

5.1.2 数字集群通信系统的关键技术

数字集群通信系统的关键技术主要有:数字语音编码,数字调制技术,多址技术,抗衰落技术等。

1. 数字语音编码

在数字通信中,信息的传输是以数字信号形式进行的,因而在通信的发送端和接收端,必须相应地将模拟信息转换为数字信号或将数字信号转换成模拟信号。在通信系统中使用的模拟信号主要是语音信号和图像信号,信号的转换过程就是语音编码/语音解码和图像编码/图像解码。

在集群移动通信中,使用最多的信息是语音信号,所以语音编码的技术在数字集群移动通信中有着极其重要的关键作用。语音编码为信源编码,是将模拟语音信号变成数字信号以便在信道中传输。这是从模拟网到数字网至关重要的一步。高质量、低速率的语音编码技术与高效率数字调制技术同时为数字集群移动通信网提供了优于模拟集群移动通信网的系统容量。语音编码方式可直接影响到数字集群移动通信系统的通信质量、频谱利用率和系统容量。语音编码技术通常分为波形编码、声源编码和混合编码三类。混合编码能得到较低的比特速率。在众多的低速率压缩编码中,比如:子带编码 SBC、残余激励线性预测编码 RELP、自适应比特分配的自适应预测编码 SBC-AB、规则激励长时线性预测编码 RPE-LTP、多脉冲激励线性预测编码以及码本线性预测编码 CELP 等。欧洲 GSM 选择了 RPE-LTP 编码方案,码率为 8 kbit/s;美国和日本的数字蜂窝也选用了矢量和线性预测(VSELP)作为标准的数字编码方式,VSELP 使用 4.8 kbit/s 数字信息可提高语音质量。语音编码技术发展多年,日趋成熟,形成的各种实用技术在各类通信网中得到了广泛应用。

1) 波形编码

波形编码是将时间域信号直接变换成数字代码,其目的是尽可能精确地再现原来的语音波形。其基本原理是在时间轴上对模拟语音信号按照一定的速率来抽样,然后将幅度样本分层量化,并使用代码来表示。解码即将收到的数字序列经过解码和滤波恢复到原模拟信号。脉冲编码调制(PCM)以及增量调制(AM)和它们的各种改进型均属于波形编码技术。对于比特速率较高的编码信号(16~64 kbit/s),波形编码技术能够提供相当好的语音质量,对于低速语音编码信号(16 kbit/s),波形编码的语音质量显著下降。因而,波形编码在对信号带宽要求不太严的通信中得到应用,对于频率资源相当紧张的移动通信来说,这种编码方式显然不适合。

2) 声源编码

声源编码又称为参量编码,它是对信源信号在频率域或其他正交变换域提取特征参量,并把其变换成数字代码进行传输。其反过程为解码,即将收到的数字序列变换后恢复成特征参量,再依据此特征参量重新建立语音信号。这种编码技术可实现低速率语音编码,比特速率可压缩 2~4.8 kbit/s。线性预测编码 LPC 及其各种改进型都属参量编码技术。

3) 混合编码

混合编码是一种近几年提出的新的语音编码技术,它是将波形编码和参量编码相结合而得到的。以达到波形编码的高质量和参量编码的低速率的优点。规则码激励长期预测编码 RPE-LPT 即为混合编码技术。混合编码数字语音信号中包括若干语音特征参量,又包括部分波形编码信息,它可将比特率压缩到 4~16 kbit/s,其中在 8~16 kbit/s 内能够达到的语音质量良好,这种编码技术最适于数字移动通信的语音编码技术。

在众多的低速率压缩编码中,除上述规则码激励长期预测编码 RPE-LTP 外,还有如子带编码

SBC、残余激励线性预测编码 RELP、自适应比特分配的自适应预测编码 SBC-AB、多脉冲激励线性预测编码以及码本激励线性预测编码 CELP 等。欧洲 GSM 选择了 RPE-LTP 编码方案,码率为 13 kbit/s;北美 DAMPS 和日本拟采用 CEIP 方案,码率为 8 kbit/s;美国和日本的数字蜂窝网(USDC 和 JDC)选用了矢量和激励线性预测(VSELP)为标准的数字编码方式,它使用 4.8 kbit/s 数字信息可提供高语音质量。

在数字通信发展的大力推动之下,语音编码技术的研究开发迅速,提出了许多编码方案。无论哪一种方案其研究的目标主要有两点:第一是降低语音编码速率,其二是提高语音质量。前一目的是针对语音质量好但速率高的波形编码,后一目的是针对速率低但语音质量却较差的声源编码。由此可见,目前研制的符合发展目标的编码技术为混合编码方案。

由于无线移动通信的移动信道频率资源十分有限,又考虑到移动信道的衰落会引起较高信道误比特率,因而编码应要求速率较低并应有较好的抗误码能力。对于用户来说,应要求较好的语音质量和较短的迟延。归纳起来,移动通信对数字语音编码的要求有如下几条:

①速率较低,纯编码速率应低于 16 kbit/s。
②在一定编码速率下语音质量应尽可能高。
③编解码时延应短,应控制在几十毫秒之内。
④在强噪声环境中,应具有较好的抗误码性能,从而保证较好的语音质量。
⑤算法复杂程度适中,应易于大规模电路集成。

2. 数字调制技术

数字调制技术是集群移动通信系统中接口的重要组成部分,在不同的小区半径和应用环境下,移动信道将呈现不同的衰落特性。数字调制技术应用于集群移动通信需要考虑的因素有:

①在瑞利衰落条件下误码率应尽量低;
②占用频带尽量地窄;
③尽量用高效率的解调技术,以降低移动台的功耗和体积;
④使用的 C 类放大器失真要小;
⑤提供高传输速率。

在给定信道条件下,寻找性能优越的高效调制方式一直是重要的研究课题。数字移动通信系统有两类调制技术,一是线性调制技术,另一类是恒定包络数字调制技术,前者如 PSK、16QAM,后者如 MSK、GMSK 等(也称连续相位调制技术)。

目前国际上选用的数字蜂窝系统中的调制解调技术有正交振幅调制(QAM)、正交相移键控(QPSK)、高斯最小频移键控(QMSK)、四电平频率调制(4L-FM)、锁相环相移键控(PLL-QPSK)、相关相移键控(COR-PSK)、通用软化频率调制(GTFM)等。西欧 GSM 采用 GMSK 调制技术,北美和日本采用较先进的 π/4-QPSK。APCD(联合公安通信官方机构)和 NASTD(国家电信局国防联合会)选择正交相移键控兼容(QPSK-C)作为项目 25 数字通信标准的调制技术。QPSK-C 频谱效率高并且具有灵活性,它使用调制技术在 12.5 kHz 带宽的无线信道上发送 9.6 bit/s 信息,同时提供与未来线性技术的正向兼容性,这将使系统达到更高的频谱效率。

美国摩托罗拉(MOTOROLA)新研制生产的 800M 数字集群移动通信系统,在 16QAM 调制技术基础上,自己研发的 M16QAM 技术。

3. 多址方式

在蜂窝式移动通信系统中,有许多移动用户要同时通过一个基站和其他移动用户进行通信,因而必须对不同移动用户和基站发出的信号赋予不同的特征,使基站能从众多移动用户的信号中区分出是哪一个移动用户发来的信号,同时各个移动用户又能识别出基站发出的信号中哪个是发给自己的信号,解决上述问题的办法就称为多址技术。

数字通信系统中采用的多址方式有：

①频分多址(FDMA)。

②时分多址(TDMA 有窄带 TDMA 和宽带 TDMA)。

③码分多址(CDMA)。

④它们组合而成的混合多址(时分多址/频分多址 TDMA/FDMA、码分多址/频分多址 CDMA/FDMA)等。

以往的模拟通信系统一律采用 FDMA。TDMA 避免了使用价格昂贵的多信道腔体合并器，便于利用现代大规模集成技术实现低成本的硬件设计，便于实现信道容量动态分配，提高信道利用率。TDMA 的缺点是可实现的载波信道数有限。西欧 GSM 和美国较成熟的用户都采用 FDMA/TDMA 相结合的窄带体制。CDMA 因具有更多的优点而被各国注意。CDMA 用于移动信道，具有抗信道色散和抗干扰性能，美国已建立了几个 CDMA 的试验系统。FCC 已验收批准 Qualcomm 公司生产的 CDMA 数字式电话系统的第一批电话机 CD-3000。Pactel 和 Bell 公司将提供这项 CDMA 数字通信服务。

频分多址是把通信系统的总频段划分成若干个等间隔的频道(也称信道)分配给不同的用户使用。这些频道互不交叠，其宽度应能传输一路数字语音信息，而在相邻频道之间无明显的串扰。

时分多址是把时间分割成周期性的帧，每一帧再分割成若干个时隙(无论帧或时隙都是互不重叠的)，再根据一定的时隙分配原则，使各个移动台在每帧内只能按指定的时隙向基站发送信号，在满足定时和同步的条件下，基站可以分别在各时隙中接收到各移动台的信号而不混扰。同时，基站发向多个移动台的信号都按顺序安排。在预定的时隙中传输，各移动台只要在指定的时隙内接收，就能在合路的信号中把发给它的信号区分出来。

TDMA 与 FDMA 比较：

①TDMA 系统的基站只用一部发射机，可以避免像 FDMA 系统那样因多部不同频率的发射和同时工作而产生的互调干扰。

②TDMA 系统不存在频率分配问题，对时隙的管理和分配通常要比对频率的管理与分配简单而经济。所以，TDMA 系统更容易进行时隙的动态分配。如果采用语音检测技术，实现有语音时分配时隙，无语音时不分配时隙，这样还有利于提高系统容量。因移动台只在指定的时隙中才接收基站发给的信息，因而在一帧的其他时隙中，可以测量其他基站发送的信号强度，或检测网络系统发送的广播信息和控制信息，这对于加强通信网络的控制功能和保证移动台的越区切换都有利。

③TDMA 系统必须有精确的定时和同步，保证各移动台发送信号不会在基站发生重叠或混淆，并且能准确地在指定的时隙中接收基站发给它的信号。同步技术是 TDMA 系统正常工作的重要保证，它也是非常复杂的技术问题。

码分多址系统中，不同用户传输信息所用的信号不是靠频率不同或时隙不同来区分，而是用各自不同的编码序列来区分，也可以说是靠信号的不同波形来区分。CDMA 通信系统既不分频道又不分时隙，无论传送何种信息的信道都靠采用不同的码型来区分。这种信道属于逻辑信道，逻辑信道无论从频域或者时域来看都是相互重叠的，也可以说它们均占用相同的频段和时间。

5.1.3 典型数字集群移动通信系统

1. IDEN 系统

美国 MOTOROLA 公司生产的 800M 数字集群移动通信系统简称 MIRS，在它的产品国际化后改称 IDEN(Integrated Digital Enhanced Networks)，这个系统是利用先进的 M-16QAM、TDMA、VSELP 及越区跟踪等技术，能在 25 kHz 的信道内容纳 6 个语音信道，在现有的 800 MHz 模拟集群信道上增容6倍,再加之频率复用技术和蜂窝组网技术,从而使得有限频点的集群通信网具有大容量、大覆盖区、高保密和高通话清晰度的特点。该系统具有蜂窝无线电话、调度通信、无线寻呼台及无线数据传输功能。

IDEN系统是摩托罗拉公司最新推出的集数字语音传输为一体的综合数字集群通信系统,采用TDMA技术,使得在25 kHz信道上可以同时传送6路数字语音信号,并可动态分配带宽。

1)系统结构和设备

IDEN系统的结构如图5.2所示。其主要设备有运行维护中心(OMC)、移动交换中心(MSC)、来访位置登记器(VLR)、归属位置登记器(HLR)、短信业务服务中心(SMS-SC)、网间互联功能(IWF)、调度应用处理器(DAP)、分组交换(MPS)、语音信箱、基站控制器(BSC)、移动台(MS)和数字交叉器(DACS)等。

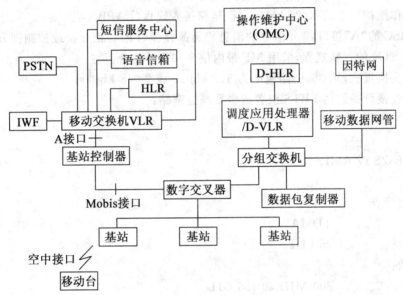

图5.2 IDEN的结构图

运行维护中心是中央网络设备,执行系统的日常管理,并且为长期的网络工程系统监控和规划工具提供数据库资料。

移动交换中心是公用电话网(PSTN)与IDEN系统之间的一个接口,是处理IDEN系统内所有主叫和被叫的移动电话业务的电话交换局。每个MSC为位于某一地理覆盖区中的移动用户提供服务,整个网络可能有多个MSC。

归属位置登记器是一种面向数据库的网络设备,包含系统用户的主数据库。

来访位置登记器也是一种面向数据库处理的网络设备,临时保存那些漫游于给定位置区中的移动用户信息,一般都与MSC集成在一起。

短信业务服务中心为系统提供短消息服务,借此可以从几种信息源向移动台传送长达140个字符的信息。这些信息包括话务员输入的字母数字留言、来自PSTN的消息以及从相连的语音信箱系统来的语音邮件指示。

网间互联功能负责匹配IDEN系统与PSTN间的数据速率,用于支持移动台数据和传真业务。调度应用处理器控制调度呼叫分配和路由接续。

快速分组交换处理所有的调度服务功能。在调度服务中,MPS为受DAP控制的基站提供语音和控制信息的高速分组交换,并为群呼提供语音分组的复制和分发。

语音编码器将来自PSTN的64 kbit/s的PCM语音信号变换为射频接口使用的压缩声码器格式信号及其相反过程。

基站控制器是介于 EBTS 和 MSC 之间的控制设备。BSC 通过"A"接口给一个或多个基站以及由它们控制的移动用户提供控制和交换功能,包括过网数据的采集和准备。

增强型基站收发信系统由基站中的无线收发信机组、控制设备和天线组组成,它提供一个覆盖特定地理区域的无线区。由它负责无线链路的格式化、编码、定时、差错控制、成帧和基站无线电收发。每个基站的 EBTS 可以为 3 个扇区服务。EBTS 能支持多路无线频率。

数字交叉连接系统提供填充和修整功能以便进行干线传输的可用组合带宽的管理,取代了独立的多路复用器和人工交叉连接。

移动台是移动用户用来获取系统服务的无线设备和人机接口。

2) 网络中各设备的接口界面

(1) 所有到计费中心和短消息业务中心的接口,RS—232 接口。

(2) 基站到操作维护中心的 X.25 接口,平衡链路接入规程(LAPB)。

(3) 基站到 MSC 的"A"接口,7 号信令的消息传递部分(MTP)和信令接续控制部分(SCCP)。

(4) MSC 与 PSTN 的互联规程,采用 MF 带内信令和 7 号信令。

(5) 快速分组交换规程,V.35,链路速率为 512 kbit/s 或 2 048 kbit/s。

(6) 经过交叉连接设备到达 EBTS 位置的多重高速链路:

① 支持 T1/E1 接口。

② 线路编码。

③ T1 接口。B8ZS 或 AMI。

④ E1 接口。HDB3。

3) 系统的性能特点

多址方式:	TDMA
信道宽度:	25 kHz
每信道时隙数:	6
适用频段:	800 MHz 和 1.5 GHz
带宽:	15 MHz
收发双工间隔:	45 MHz
调制方式:	M—16QAM
语音编码	4.2 kbit/s 的 VSELP 声码器
信道检错编码:	循环冗余校验码 CRC
信道纠错编码:	多码率格形前向纠错码
调制信道比特率:	64 kbit/s

支持多业务机制:包括调度、电话互联、电路数据/传真、短消息、分组数据等业务。

4) 系统的网络管理

IDEN 系统的网络管理由操作维护中心(OMC)来执行。它支持以下的网络管理应用功能:

(1) 配置管理。

① 提供系统关于软件版本和配置数据库的改变控制。

② 其他网络设备可以从 OMC 上下载软件。

③ 跟踪由 OMC 管理的实体上正在运行的软件版本。

(2) 差错管理。

① 允许网络设备人工或自动地退出或恢复服务。从 OMC 上可以检查网络设备的状态,能对各种设备进行检测和诊断。

② 提供报告和记录告警的装置以提醒 OMC 处维护人员的注意。

③当某些测量值超出设定值的界限时,OMC将自动发出告警。

(3)性能管理。

①从不同的网络实体收集话务统计信息。

②将统计数据存在磁盘上供显示和分析用。

③OMC操作人员可以选择收集某些统计数据。

④用基站监视器管理和测量位于每一小区基站的射频信息。

(4)保密管理。

①为网络操作者提供保密环境。

②含有口令和授权数据库来规定每个操作人员的操作权限。

(5)事件/告警管理。

①提供基站和系统的告警和记录功能。

②积累信息对系统操作和维护的设备统计分析。

5)系统的关键技术

(1)时分多址 TDMA 技术。时分多址是把时间分割成周期性的帧,每一帧再分割成若干个时隙,然后根据一定的时隙分配原则,使各个移动台在每帧内只能按指定的时隙向基站发送信号,在满足定时和同步的条件下,基站可以分别在各时隙中接收各移动台的信号而不混扰。同时,基站发向多个移动台的信号都按顺序安排在预定的时隙中传输,各移动台只要在指定的时隙内接收,就能在合路的时隙中把发给它的信号区分出来。

IDEN 系统把每个 25 kHz 信道分割为 6 个时隙,每个时隙占时 15 ms。在每时隙之始设置同步码作时隙同步用,采用频分双工方式。

(2)VSELP 语音编码技术。IDEN 数字集群系统使用的语音编码技术是先进的矢量和激励线性预测编码技术(VSELP)。它将 30 ms 的语音作为一个编码子帧,得到 126 bit 的语音编码输出,即信源编码速率为 4.2 kbit/s,再加上 3.2 kbit/s 采用多码率格形前向纠错码,形成 7.4 kbit/s 的数据流,使信号电平在较高或较低的输出情况下,都可改善音频质量,得到高质量的语音输出信号。在系统覆盖范围的边缘地区,VSELP 改善语音信号的效果更好。

(3)M－16QAM 调制技术。调制技术是数字移动通信系统射频接口的重要组成部分。IDEN 系统采用 M－16QAM 调制技术。它是专门为数字集群系统开发的一种调制技术。这种调制方式具有线性频谱,使 25 kHz 信道能传输 64 kbit/s 的信息。该种调制方式还可以克服时间扩散所产生的不利影响。

M－16QAM 的基本特征是将传送的信息比特首先分为 $M(=4)$ 个并联的频分复用子信道,然后再经编码变换成为 16QAM 的信号,同时插入导引和同步信号符号。每个合成的信息流经过脉冲滤波,与分路载波一起调制,并在频分复用器中与其他的负载波信号混合,合成的总信号形成 M－16QAM 信号。M－16QAM 的接收方则执行相反的操作,分别解调和检测每个信道的标志号,从总的信号中经过检测挑选和时域分割获得所需的语音或数据信号。

M－16QAM 调制方式有以下特点:

①采用线性功率放大器。

②不需要信道均衡器。

③有 60 dB 的邻道保护。

(4)差错控制技术。数据在射频信道中传输的误码率要比用电话线传输时高,为了保证数据的准确传输,必须进行差错控制。方法之一是采用前向纠错(FEC)技术,在译码时自动地纠正传输中出现的错误;方法之二是选择自动请求重发(ARQ)技术,在某一帧的数据严重丢失时,用 FEC 不能重新产生数据,而 ARQ 能确认没有收到的数据,并要求重新发送丢失的数据。

IDEN 系统同时采用了这两种方法。对控制或信令信息帧,在有效控制消息之后,首先根据其特点加上 16～29 bit 的 CRC 校验码,再采用格形前向纠错码。对语音或数据信息,则直接采用多码率格形前向纠错码。

6) IDEN 系统准备改善的业务

(1) 优先权队列。IDEN 系统把业务分为 8 个优先等级 0～7,紧急呼叫优先权最高(=0),政府部门的通话群次之(=1),然后是私人呼叫/公用事业通话群(=2),其他的通话群业务优先权为 4。在现存业务中,电话互连业务的优先权最低(=5),如图 5.3 所示。

图 5.3　电话互连业务的优先权

优先权队列允许要求高的调度用户在系统忙时可根据需要分段接入。在基站忙时,通信信道将根据提供给每一通话群或业务的优先权来排队。

但是,多级优先权仅对调度群呼有效,对私人呼叫、电话互连和电路数据等业务而言,所有用户具有同样的优先权。

(2) 分组数据业务。分组数据业务在每一信道的总速率为 64～128 kbit/s。并将按要求/适应性来安排带宽,与目前大多数网络的分组数据兼容,而且采用开放的接口。

为适应 128 kbit/s 的带宽,物理层将采用自适应速率的调制方案,并可动态分配带宽。而链路层将把数据打包成每 15 ms 包含 36～108 个字节的帧,并且,每一用户可根据其带宽占用一个 RF 信道的 1～6 个时隙。

(3) 紧急呼叫。紧急呼叫提供直接的通话群接入,在繁忙的基站上优先权最高。可以由现存的通话群升级为紧急呼叫。紧急呼叫时,发起者和接收者的终端上都有相应的指示。

紧急呼叫可由发起者或者特别指定的群体成员来取消,也可以由系统管理者清除。在取消之前都处于紧急模式。

(4) 状态消息。IDEN 系统将为繁忙的通信应用提供一个状态消息来提高其调度能力。任意通话群中的用户都可以发一个状态码(1～255)给现行通话群的调度员,调度员可观察到发送者的移动台 ID 和数字状态码或其别名。状态码和发送者 ID 在调度射频的 RS—232 接口传送。

2. TETRA 系统

TETRA 标准由欧洲电信标准协会(ETSI)下的 RES06 分会负责制定,旨在满足集群用户在不断发展环境中的多种需求。TETRA 是 ETSI 标准化工作中的最新范例,于 1995 年公布第一个核心标准,1998 年开始接受商用系统订货,目前已先后制定了 3 批 100 多个标准。TETRA 整套设计规范可提供集群、非集群以及具有语音、电路数据、短数据信息、分组数据业务的直接模式(移动台对移动台)的通信。TETRA 可支持多种附加业务,其中大部分是 TETRA 独有的。TETRA 系统是一种非常灵活的数字集群标准,它的主要优点是兼容性好、开放性好、频谱利用率高、保密功能强,是目前国际上制定得最周密、开放性好、技术最先进、参与生产厂商最多的数字集群标准。

1) TETRA 标准族

TETRA 可看成是 TETRA 语音＋数据(V＋D)、TETRA 分组数据优化(PDO)和 TETRA 直接模

式通信(DMO)3个普通标准的集合。所研制的设备可以包含上述一个或多个标准功能,也可以根据用户的需求对标准进行变通处理,从而使 TETRA 更加灵活,功能也更强。此外,还有语音编码器、符合性试验、法律交叉问题、TBR 和 SIM 卡等辅助性标准。

(1) TETRA(V+D)。使用 25 kHz 信道的 TDMA 系统,每射频信道分 4 个时隙,能同时支持语音、数据和图像的通信。与单个移动台相结合,可减少阻塞及互调干扰问题,数据传输速率最高可达 28.8 kbit/s。

(2) TETRA(PDO)。使用 25 kHz 信道的 TDMA 系统,每射频信道分 4 个时隙,主要面向宽带、高速数据传输。

TETRA PDO 只能支持数据业务,TETRA V+D 则数话兼容。它们的技术规范都基于相同的物理无线平台(调制相同,工作频率也可以相同),但物理层实现方式不太一样,所以不能实现互操作,预计在 ISO 第 3 层可实现互操作。

(3) TETRA (DMO)。当移动台处于网络覆盖范围外,或即使在覆盖范围之内,但需要安全通信时,可采用 TETRA DMO 方式,实现移动台对移动台的通信。如果终端处于网络覆盖范围之内,通过入网终端,就可以在 ISO 第 3 层上提供集群方式与直通方式的相互转换。

2) TETRA 的技术体制

(1) 主要技术特性。TETRA 系统主要技术特性如下:

信道间隔	25 kHz
调制方式	π/4 DQPSK
调制信道比特率	36 bit/s
语音编码速率	4.8 bit/s(ACELP)
接入方式	TDMA(4 个时隙)
用户数据速率	7.2 bit/s(每时隙)
数据速率可变范围	2.4~28.8 bit/s
接入协议	时隙 ALOHA

(2) 集群方式。TETRA 标准支持消息集群、传输集群和准传输集群 3 种集群方式。

消息集群是在调度通话期间,控制系统始终给用户分配一条固定的无线信道。从用户最后一次讲完话并松开 PTT 开关开始,系统将等待 6~10 s 的"信道保留时间"后"脱网",完成消息集群,再将该信道分配给别的通话对使用。若在保留时间内,用户再次按 PTT 开关继续通话,则双方仍在该信道上通话(即保持原来的信道分配)。消息集群采用按需分配方式,频谱利用率不高。

3) TETRA 系统的业务功能及特点

TETRA 系统的业务包括基本电信业务和附加业务。其中,根据接入点的不同,基本电信业务又分为承载业务和电信业务。承载业务提供终端网络接口之间的通信能力(不包括终端功能),具有较低层属性的特征(OSI 的第 1~3 层)。电信业务提供两用户之间相互通信的全部能力(包括终端功能),除具有较低层的属性外,也具有较高层的属性(OSI 的第 4~7 层)。附加业务是对承载业务或电信业务的改进或补充。

4) 应用范围

从应用角度看,移动通信可分为公用移动通信网(PLMN)、专用移动通信网(PMRS)和无线寻呼系统(RPS)3 大类。专用移动通信网是指某部门(如公安、铁路、内河航运、电力系统等)内部使用的移动通信网,可与公用交换电话网(PSTN)或专用有线交换机(PABX)互联。

采用 TETRA 标准的用户按性质可分为公共安全部门、民用事业部门和军事部门等,具体包括公众无线网络运营商、紧急服务部门、公众服务部门及运输、公用事业、制造和石油等行业。

技术提示：

数字集群系统可采用多种技术来提高频谱利用率,如果用低速语音编码技术,这样在信道间隔不变的情况下就可增加话路,还可采用高效数字调制解调技术,压缩已调信号带宽,从而提高频谱利用率。TETRA 标准由 ETSI 下的 RES06 分会负责制定,旨在满足集群用户在不断发展环境中的多种需求。TETRA 是 ETSI 标准化工作中的最新范例,于 1995 年公布第一个核心标准,1998 年开始接受商用系统订货,目前已先后制定了 3 批 100 多个标准。TETRA 整套设计规范可提供集群、非集群以及具有语音、电路数据、短数据信息、分组数据业务的直接模式（移动台对移动台）的通信。TETRA 可支持多种附加业务,其中大部分是 TETRA 独有的。TETRA 系统是一种非常灵活的数字集群标准,它的主要优点是兼容性好、开放性好、频谱利用率高、保密功能强,是目前国际上制定得最周密、开放性好、技术最先进、参与生产厂商最多的数字集群标准。

5.2 移动卫星通信技术

移动卫星通信是当今主要的通信方式之一。移动卫星通信与其他通信手段相比,具有哪些优点？特别是国际通信卫星、国际移动卫星通信等是近年来的研究热点。那么移动卫星通信的主要技术有哪些？它的三种表现形式是怎么样的？什么是低、中、高轨道卫星及同步静止卫星？卫星移动通信系统今后的发展方向是什么？让我们先来认识一下移动卫星通信的基本概念。

5.2.1 移动卫星通信概况

移动卫星通信是宇宙无线电通信的形式之一。通常以宇宙飞行体或通信转发体为对象的无线电通信称为宇宙通信,但按国际电信联盟(International Telecommunication Union)的规定,它被正式称为宇宙无线电通信。共同进行宇宙无线电通信的一组宇宙站和地球站称为宇宙系统。它包括三种形式：

(1)地球站与宇宙站之间的通信；

(2)宇宙站之间的通信；

(3)通过宇宙站的转发或反射进行地球站之间的通信。

这里所说的宇宙站是指设在地球的大气层以外的宇宙飞行体(如人造通信卫星、宇宙飞船等)或其他天体(如行星、月球等)上的通信站。地球站是指设在地球表面的通信站,包括陆地上、水面上、空中的移动或固定的地球站。移动卫星通信属于宇宙无线电通信中的第三种方式。

在移动卫星通信系统中,通信卫星实际上就是一个悬挂在空中的通信中继站。它居高临下,视野开阔,只要在它的覆盖照射区以内,不论距离远近都可以通信,通过它转发和反射电报、电视、广播和数据等无线信号。

通信卫星工作的基本原理如图 5.4 所示。从全部使用"地球站"1 发出无线电信号,这个微弱的信号被卫星通信天线接收后,首先在通信转发器中进行放大,变频和功率放大,最后再由卫星的通信天线把放大后的无线电波重新发向全部使用"地球站"2,从而实现两个全部使用"地球站"或多个地球站的远距离通信。举一个简单的例子：如天津市某用户要通过卫星与大洋彼岸的另一用户打电话,先要通过长途电话局,由它把用户电话线路与卫星通信系统中的天津全部使用"地球站"连通,全部使用"地球站"把电话信号发射到卫星,卫星接到这个信号后通过功率放大器,将信号放大再转发到大西洋彼岸的全部使用"地球站",全部使用"地球站"把电话信号取出来,送到受话人所在的城市长途电话局转接用户。

电视节目的转播与电话传输相似。但是由于各国的电视制式标准不一样,在接收设备中还要有相应的制式转换设备,将电视信号转换为本国标准。电报、传真、广播、数据传输等业务也与电话传输过程相似,不同的是需要在地球站中采用相应的终端设备。

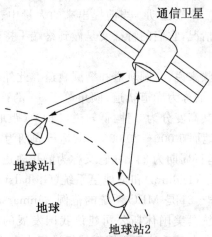

图 5.4 卫星工作的基本原理

随着航天技术日新月异的发展,通信卫星的种类也越来越多。按服务区域划分,有全球、区域和国内通信卫星。按用途分,有一般通信卫星、广播卫星、海事卫星、跟踪和数据中继卫星以及各种军用卫星。

1. 移动卫星通信的分类

卫星移动通信系统的分类可按其应用来分,也可以按它们所采用的技术手段来分。

1)按应用分类

按应用分类可分为海事卫星移动系统(MMSS)、航空卫星移动系统(AMSS)和陆地卫星移动系统(LMSS)。海事卫星移动系统主要用于改善海上救援工作,提高船舶使用的效率和管理水平,增强海上通信业务和无线定位能力。航空卫星移动系统主要用于飞机和地面之间为机组人员和乘客提高语音和数据通信。陆地卫星移动系统主要用于为行驶的车辆提供通信。

2)按轨道分类

通信卫星的运行轨道有两种,一种是低或中高轨道,在这种轨道上运行的卫星相对于地面是运动的。它能够用于通信的时间短,卫星天线覆盖的区域也小,并且地面天线还必须随时跟踪卫星。另一种轨道是高达 36 000 km 的同步定点轨道,即在赤道平面内的圆形轨道,卫星的运行周期与地球自转一圈的时间相同,在地面上看这种卫星好似静止不动,称为同步定点卫星。它的特点是覆盖照射面大,三颗卫星就可以覆盖地球的几乎全部面积,可以进行二十四小时的全天候通信。

3)按频率分类

按照该卫星所使用的频率范围将卫星划分为 L 波段卫星、Ka 波段卫星等等。

4)按服务区域分类

随着航天技术日新月异的发展,通信卫星的种类也越来越多。按服务区域划分,有全球、区域和国内通信卫星。顾名思义,全球通信卫星是指服务区域遍布全球的通信卫星,这常常需要很多卫星组网形成。而区域卫星仅仅为某一个区域的通信服务。而国内卫星范围则更窄,仅限于国内使用,其实各种分类方式都是想将卫星的某一特性更强地体现出来,以便人们更好地区分各种卫星。

5)以卫星为基础的移动通信的应用和研制情况分

(1)卫星不动(同步轨道卫星)。目前已经广泛应用的 INMAR-SAT 以及正积极开发中的 AMSC(美国)、CELESTA(美国)、MSS(加拿大)、Mobile sat(澳大利亚)等移动通信系统均属于这种情况。这些系统已经实现到车、船和飞机等移动体上的通信。

(2)卫星动(非同步轨道卫星),终端不动。它是通过非同步轨道卫星实现到较大终端(例如移动通信网的基站)的通信,而以后再连接到手持机的用户。Calling(美国)系统大体上属于这种情况。移动用户通过关口站上的卫星进行通信也基本属于这种情况。

(3)卫星动(非同步轨道卫星),终端也动。当前提出来的大量中、低轨道系统(如铱星系统、全球星系统、奥迪赛系统)极化均属这种情况,它们的特征就是做到终端手持化,实现了卫星通信适应未来个人移动通信的需求。

就卫星在空间运行的轨道形状来说,有圆轨道和椭圆轨道。此外,卫星轨道与地球赤道可以构成不同的夹角(称为倾角),倾角等于零的称为赤道轨道;倾角等于90°的称为极轨道;倾角在0°～90°之间的称为倾斜轨道。圆轨道又可以按其高度分为3种:低轨道(LEO)(距地面数百千米至5 000 km,运行周期为2～4 h);中轨道(MEO)(距地面5 000～20 000 km,运行周期为4～12 h);高(同步)轨道(GEO)如图5.5所示(距地面35 800 km,运行周期为24 h),它又称为静止轨道。由此,卫星移动通信系统基本上可以分为高、中、低三种。铱星系统(Iridium)和全球星系统(Globalstar)是LEO系统发展最快的范例。奥迪赛系统(Odyssey)、InmarsatP－21是MEO系统的范例。Inmarsat系统、氚(Tritium)系统、亚洲卫星移动通信系统(ASMTS)(该系统是美国休斯公司建议我国发展的)是GEO系统的范例。其网络基本上与固定业务卫星系统相同。这三种系统都要用手持机进行个人通信。它们除了具有语音通信功能外,还应具有传送数据、传真、寻呼、静态图像和定位等功能。这3种不同轨道系统用手持机进行个人通信,各有优劣,其性能比较见表5.1。

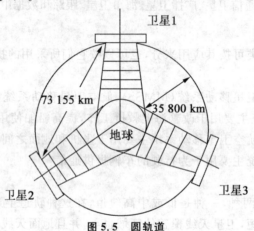

图 5.5 圆轨道

表 5.1 三种卫星系统性能比较

项目	低轨道	中轨道	高轨道
轨道高度	700～1 200 km	8 000～13 000 km	35 800 km
波束数	6～48	19～150	58～200
天线直径	约1 m	约2 m	8 m以上
卫星信道数	500～1 500	1 000～4 000	3 000～8 000
射频功率	50～200 W	200～600 W	600～900 W
卫星成本合计	高	低	中
卫星寿命	3～7年	12～15年	12～15年
地球站投资	高	低	中
高仰视角时间率	低	高	中
卫星可视域通过时间	短(10～12 min)	中(约90 min)	长
使用情况	复杂	普通	容易
卫星切换	频繁	频度小	无
地面网连接	差	好	容易
轨道展开时间	慢	普通	快

(1)低轨道卫星通信系统(LEO)。LEO距地面500～2 000 km,传输时延和功耗都比较小,但每颗星的覆盖范围也比较小,典型系统有Motorola的铱星系统。低轨道卫星通信系统由于卫星轨道低,信号传播时延短,所以可支持多跳通信;其链路损耗小,可以降低对卫星和用户终端的要求,可以采用微型或小型卫星和手持用户终端。

但是低轨道卫星系统也为这些优势付出了较大的代价:由于轨道低,每颗卫星所能覆盖的范围比较小,要构成全球系统需要数十颗卫星,如铱星系统有66颗卫星、Globalstar有48颗卫星、Teledisc有288颗卫星。同时,由于低轨道卫星的运动速度快,对于单一用户来说,卫星从地平线升起到再次落到地平线以下的时间较短,所以卫星间或载波间切换频繁。因此,低轨系统的系统构成和控制复杂,技术风险大,建设成本也相对较高。

(2)中轨道卫星通信系统(MEO)。MEO距地面2 000～20 000 km,传输时延要大于低轨道卫星,但覆盖范围也更大,典型系统是国际海事卫星系统。中轨道卫星通信系统可以说是同步卫星系统和低轨道卫星系统的折中,中轨道卫星系统兼有这两种方案的优点,同时又在一定程度上克服了这两种方案的不足之处。中轨道卫星的链路损耗和传播时延都比较小,仍然可采用简单的小型卫星。如果中轨道和低轨道卫星系统均采用星际链路,当用户进行远距离通信时,中轨道系统信息通过卫星星际链路子网的时延将比低轨道系统低。而且由于其轨道比低轨道卫星系统高许多,每颗卫星所能覆盖的范围比低轨道系统大得多,当轨道高度为10 000 km时,每颗卫星可以覆盖地球表面的23.5%,因而只要几颗卫星就可以覆盖全球。若有十几颗卫星就可以提供对全球大部分地区的双重覆盖,这样可以利用分集接收来提高系统的可靠性,同时系统投资要低于低轨道系统。因此,从一定意义上说,中轨道系统可能是建立全球或区域性卫星移动通信系统较为优越的方案。当然,如果需要为地面终端提供宽带业务,中轨道系统将存在一定困难,而利用低轨道卫星系统作为高速的多媒体卫星通信系统的性能要优于中轨道卫星系统。

(3)高轨道卫星通信系统(GEO)。GEO距地面35 800 km,即同步静止轨道。理论上,用三颗高轨道卫星即可以实现全球覆盖。传统的同步轨道卫星通信系统的技术最为成熟,自从同步卫星被用于通信业务以来,用同步卫星来建立全球卫星通信系统已经成为了建立卫星通信系统的传统模式。但是,同步卫星有一个不可克服的障碍,就是较长的传播时延和较大的链路损耗,这严重影响到它在某些通信领域的应用,特别是在卫星移动通信方面的应用。

首先,同步卫星轨道高,链路损耗大,对用户终端接收机性能要求较高。这种系统难于支持手持机直接通过卫星进行通信,或者需要采用12 m以上的星载天线(L波段),这就对卫星星载通信有效载荷提出了较高的要求,不利于小卫星技术在移动通信中的使用。

其次,由于链路距离长,传播延时大,单跳的传播时延就会达到数百毫秒,加上语音编码器等的处理时间则单跳时延将进一步增加,当移动用户通过卫星进行双跳通信时,时延甚至将达到秒级,这是用户、特别是语音通信用户所难以忍受的。为了避免这种双跳通信就必须采用星上处理使得卫星具有交换功能,但这必将增加卫星的复杂度,不但增加系统成本,也有一定的技术风险。目前,同步轨道卫星通信系统主要用于VSAT系统、电视信号转发等,较少用于个人通信。

2. 移动卫星通信的优点

移动卫星通信与其他通信手段相比,具有以下优点:

(1)通信距离远,通信覆盖面积大。通信距离、通信覆盖面积是衡量现代各种通信手段的一个非常重要的性能指标。同其他通信手段相比,移动卫星通信这方面的优点尤为突出。利用静止卫星,最大通信距离达18 000 km左右,这在远距离通信上,比地面微波中继、电缆、光缆、短波通信等有明显的优势。另外,由于一颗静止通信卫星能覆盖地球总面积的1/3左右,在此区域内的地球站都可利用卫星转发信号进行通信。这就使得移动卫星通信成为国际通信、国内或区域通信(尤其是边远地区通信)、军事通信以及广播电视等极有效的现代通信传输手段。

(2)通信机动灵活,可进行多址通信。一般的通信类型(如电缆、地面微波中继、短波通信等),通常只能实现点对点通信。而移动卫星通信由于是大面积覆盖,只要在卫星天线波束覆盖的整个区域内的任何一点设置地球站,这些地球站可共享一颗通信卫星来实现双边或多边通信,即进行多址通信。同时在这个范围内的任何地球站基本上不受地理条件或通信对象的限制,有一颗在轨道上的卫星,就相当于铺设了一条可以通过任何一点的无形的电路,因此使通信具有高度的灵活性。

移动卫星通信不仅能作为大型固定地球站之间的远距离通信,而且还能在车载、船载、机载等移动地球站之间进行通信,还可为个人手机提供通信。

(3)通信频带宽,传输容量大。由于移动卫星通信使用微波频段,信号所用带宽和传输容量要比其他频段大得多。卫星带宽一般在 500~1 000 MHz 之间,适合传送大容量电话、电报、数据及宽带电视等多种业务。目前,一颗卫星的通信容量已可达同时传输数千路以至上万路电话和 3 路电视信号以及其他数据。

(4)传播稳定可靠,通信质量高。由于移动卫星通信的无线电波主要是在大气层以外的宇宙空间中传输,而宇宙空间是接近理想的真空状态,可看作是均匀介质,因此,电波传播比较稳定。同时它不受天气、季节等自然条件的影响,且不易受自然或人为干扰以及通信距离变化的影响,故通信稳定可靠,通信质量高。

(5)成本与通信距离无关。移动卫星通信的建站费用和运行费用不因通信站之间的距离远近及两站之间地面上的自然条件恶劣程度而变化。这跟任何其他地面上的远距离、大容量通信方式相比,优势是很明显的。

3. 移动卫星通信的缺点

移动卫星通信也存在一些缺点,主要有以下几个方面:

(1)移动卫星通信有较大的传输时延和回波干扰。在静止移动卫星通信中,从地球站发射的信号经过卫星转发到另一地球站时,单程传播时间约为 270 ms,进行双向通信时,往返传播延迟约为 540 ms。所以通过通信卫星通话时给人一种不自然的感觉。此外,由于电波传输的时延较长,如果不采取特殊措施,由于混合网络不平衡等因素还会产生"回波干扰",即发话者经过 540 ms 以后会听到反射回来的自己的讲话回声,成为一种干扰。这是移动卫星通信的明显缺点。为了消除或抑制回波干扰,地球站需要增设回波抵消设备或回波抑制设备。

(2)存在临时中断现象。当太阳穿过面向卫星的地球站天波波束时,太阳产生的噪声将与来自卫星的信号一同被接收。有时受太阳的辐射干扰,会出现临时中断现象。

(3)10 GHz 以上的频带受降雨的影响。

(4)移动卫星通信技术复杂。静止通信卫星的制造、发射和测控需要先进的空间技术和计算机技术。这也是目前只有少数国家能自行研制和发射静止通信卫星的主要原因。由于卫星与地面相距数万千米,电磁波的传播损耗很大,一般上、下行线路的传输损耗均高达 200 dB 左右。因此,为了保证通信质量,需要采用高增益天线,大功率发射机,高灵敏度、低噪声接收机和先进的调制解调设备等,要求高,技术复杂。另外,要实现多址连接,还必须解决"多址技术"问题。

移动卫星通信系统网络体系结构分为两个部分:空间部分和地面部分。空间部分是由在轨卫星组成的动态卫星星座(Dynamic Satellite Canopy,DSC),它包括卫星和星座对地面的覆盖;地面部分又分为两个部分:用户部分和控制部分。用户通信终端(UT)提供了用户经由卫星接续地球站的手段。

①对网络的要求。在一个移动卫星通信系统中,需要提供多种不同的业务,其基本要求:一是终端的可移动性;二是提供信令信道;三是提供用户业务信道;四是网络间的互通性。

②网络控制。假设星座里的每颗卫星都能够提供有限数量信道的资源。为了避免重复,每颗卫星

的容量分配由一个特别的控制中心实施,这个控制中心的方案有两种:一是集中式,全球使用一个单独的控制中心;二是分布式,使用分布在世界各地的一组控制中心。

因为卫星必须处于地球站可"看到"的范围内,卫星还必须受地面网络的控制,所以地球站应分为两类:一是控制主地球站,它至少控制一颗卫星的资源;二是主地球站,它没有分配卫星信道的权利。

多个地球站,不论相互距离多么远,只要位于一颗卫星天线波束的覆盖区内,它们都可以同时利用这颗卫星的信道进行双边或多边的通信。多址技术是指系统内多个地球站以何种方式各自占用信道接入卫星和从卫星接收信号。目前实用的多址技术主要有频分多址(FDMA)、时分多址(TDMA)和码分多址(CDMA)。详细内容在模块1已经讲述,在此不再赘述。

5.2.2 几种典型移动卫星通信系统

1. 全球卫星定位系统

全球卫星定位系统(Global Positioning System,GPS)是一种结合卫星及通信发展的技术,利用导航卫星进行测时和测距的系统。全球卫星定位系统是美国从 20 世纪 70 年代开始研制,历时 20 余年,耗资 200 亿美元,于 1994 年全面建成,具有海陆空全方位实时三维导航与定位能力的新一代卫星导航与定位系统。经过近些年我国测绘等部门的使用表明,全球卫星定位系统以全天候、高精度、自动化、高效益等特点,成功地应用于大地测量、工程测量、航空摄影、运载工具导航和管制、地壳运动测量、工程变形测量、资源勘察、地球动力学等多种学科,取得了良好的经济效益和社会效益。

自 1978 年以来已经有超过 50 颗 GPS 和 NAVSTAR 卫星进入轨道,GPS 系统的前身为美军研制的一种子午仪卫星定位系统(Transit),1958 年研制,1964 年正式投入使用。该系统用 5~6 颗卫星组成的星网工作,每天最多绕地球 13 次,并且无法给出高度,在定位精度方面也不尽如人意。然而,子午仪系统使得研发部门对卫星定位取得了初步的经验,并验证了由卫星系统进行定位的可行性,为 GPS 系统的研制埋下了铺垫。由于卫星定位显示出在导航方面的巨大优越性及子午仪系统存在对潜艇和舰船导航方面的巨大缺陷。美国海陆空三军及民用部门都感到迫切需要一种新的卫星导航系统。为此,美国海军研究实验室(NRL)提出了名为 Tinmation 的用 12~18 颗卫星组成 10 000 km 高度的全球定位网计划,并于 1967 年、1969 年和 1974 年各发射了一颗试验卫星,在这些卫星上初步试验了原子钟计时系统,这是 GPS 系统精确定位的基础。而美国空军则提出了 621-B 的以每星群 4~5 颗卫星组成 3~4 个星群的计划,这些卫星中除 1 颗采用同步轨道外其余的都使用周期为 24 h 的倾斜轨道,该计划以伪随机码(PRN)为基础传播卫星测距信号,其强大的功能,当信号密度低于环境噪声的 1%时也能将其检测出来。伪随机码的成功运用是 GPS 系统得以取得成功的一个重要基础。海军的计划主要用于为舰船提供低动态的二维定位,空军的计划能够提供高动态服务,然而系统过于复杂。由于同时研制两个系统会造成巨大的费用而且这里两个计划都是为了提供全球定位而设计的,所以 1973 年美国国防部将二者合二为一,并由国防部牵头的卫星导航定位联合计划局(JPO)领导,还将办事机构设立在洛杉矶的空军航天处。该机构成员众多,包括美国陆军、海军、海军陆战队、交通部、国防制图局、北约和澳大利亚的代表。

最初的 GPS 计划在联合计划局的领导下诞生了,该方案将 24 颗卫星放置在互成 120°的三个轨道上。每个轨道上有 8 颗卫星,地球上任何一点均能观测到 6~9 颗卫星。这样,粗码精度可达 100 m,精码精度为 10 m。由于预算压缩,GPS 计划不得不减少卫星发射数量,改为将 18 颗卫星分布在互成 60°的 6 个轨道上。然而这一方案使得卫星可靠性得不到保障。1988 年又进行了最后一次修改:21 颗工作星和 3 颗备份星工作在互成 30°的 6 条轨道上。这也是现在 GPS 卫星所使用的工作方式。

GPS 计划的实施共分三个阶段:

第一阶段为方案论证和初步设计阶段,从 1978 年到 1979 年,由位于加利福尼亚的范登堡空军基地采用双子座火箭发射4颗试验卫星,卫星运行轨道长半轴为26 560 km,倾角64°,轨道高度20 000 km。这一阶段主要研制了地面接收机及建立地面跟踪网,结果令人满意。

第二阶段为全面研制和试验阶段,从1979年到1984年,又陆续发射了7颗称为BLOCKI的试验卫星,研制了各种用途的接收机。实验表明,GPS定位精度远远超过设计标准,利用粗码定位,其精度就可达14 m。

第三阶段为实用组网阶段,1989年2月4日第一颗GPS工作卫星发射成功,这一阶段的卫星称为BLOCKII和BLOCKIIA。此阶段宣告GPS系统进入工程建设状态。1993年底使用的GPS网即(21+3)GPS星座已经建成,今后将根据计划更换失效的卫星。

GPS全球卫星定位系统由三部分组成:空间部分——GPS星座(GPS星座是由24颗卫星组成的星座,其中21颗是工作卫星,3颗是备份卫星);地面控制部分——地面监控系统;用户设备部分——GPS信号接收机。

1)空间部分

GPS的空间部分是由24颗工作卫星组成,它位于距地表20~200 km的上空,均匀分布在6个轨道面上(每个轨道面4颗),轨道倾角为55°。此外,还有4颗有源备份卫星在轨运行。卫星的分布使得在全球任何地方、任何时间都可观测到4颗以上的卫星,并能保持良好定位解算精度的几何图像。这就提供了在时间上连续的全球导航能力。GPS卫星产生两组电码,一组称为C/A码(Coarse/Acquisition Code 11 023 MHz);一组称为P码(Procise Code 10 123 MHz),P码因频率较高,不易受干扰,定位精度高,因此受美国军方管制,并设有密码,一般民间无法解读,主要为美国军方服务。C/A码人为采取措施而刻意降低精度后,主要开放给民间使用。

2)地面控制部分

地面控制部分由1个主控站、5个全球监测站和3个地面控制站组成。监测站均配装有精密的铯钟和能够连续测量到所有可见卫星的接收机。监测站将取得的卫星观测数据,包括电离层和气象数据,经过初步处理后传送到主控站。主控站从各监测站收集跟踪数据,计算出卫星的轨道和时钟参数,然后将结果送到3个地面控制站。地面控制站在每颗卫星运行至上空时,把这些导航数据及主控站指令注入卫星。这种注入对每颗GPS卫星每天一次,并在卫星离开注入站作用范围之前进行最后的注入。如果某地球站发生故障,那么在卫星中预存的导航信息还可用一段时间,但导航精度会逐渐降低。

3)用户设备部分

用户设备部分即GPS信号接收机。其主要功能是能够捕获到按一定卫星截止角所选择的待测卫星,并跟踪这些卫星的运行。当接收机捕获到跟踪的卫星信号后,即可测量出接收天线至卫星的伪距离和距离的变化率,解调出卫星轨道参数等数据。根据这些数据,接收机中的微处理计算机就可按定位解算方法进行定位计算,计算出用户所在地理位置的经纬度、高度、速度、时间等信息。接收机硬件和机内软件以及GPS数据的后处理软件包构成完整的GPS用户设备。GPS接收机的结构分为天线单元和接收单元两部分。接收机一般采用机内和机外两种直流电源。设置机内电源的目的在于更换外电源时不中断连续观测。在用机外电源时机内电池自动充电。关机后,机内电池为RAM存储器供电,以防止数据丢失。目前各种类型的接收机体积越来越小,质量越来越轻,便于野外观测使用。

4)功能介绍

精确定时:广泛应用在天文台、通信系统基站、电视台中。

工程施工:道路、桥梁、隧道的施工中大量采用GPS设备进行工程测量。

勘探测绘:野外勘探及城区规划中都有使用。

武器导航:精确制导导弹、巡航导弹。

车辆导航:车辆调度、监控系统。

船舶导航:远洋导航、港口/内河引水。

飞机导航:航线导航、进场着陆控制。

星际导航:卫星轨道定位。

个人导航:个人旅游及野外探险。

5)六大特点

(1)全天候,不受任何天气的影响;

(2)全球覆盖(高达98%);

(3)七维定点定速定时高精度;

(4)快速、省时、高效率;

(5)应用广泛、多功能;

(6)可移动定位。

经济型方案是我们把服务中心直接转移到客户的手机上,客户直接用手机查看到定位短信息(GPS度、分、秒数据格式),如果使用城际通电子地图软件,它直接支持输入GPS度、分、秒数据定位的功能,如果用北京灵图的"天新者5",可以借助我们的GPS定位大师专用软件中的手动输入经纬度功能进行定位,这个方案比较适合低频率查询或定位,例如:家庭汽车、单位的自备车。

增强型方案是客户可以购买我们的专用卫星定位管理主机,它不但可以自动接收多辆汽车定位短消息,而且自动分类保存在电脑内,每台车辆都建立一个数据库,轻点鼠标就能调出某辆车的全部定位记录,只要点击目标数据就能自动切换到电子地图上显示车辆的位置,点击前进或者后退按钮还能在电子地图上演示汽车的行驶轨迹,每台车辆都可以取不同的名称,便于管理多辆汽车,非常方便,便于多车频繁查询,例如:物流公司、汽车租赁公司、车队。

2."铱"星系统

铱(Iridium)系统的诞生源于摩托罗拉(Motorola)卫星部的一位工程师在荒岛度假时,欲与家人通话而不能的遗憾后产生的天才设想,即设计一个在全球任何一个地方可以和任何人取得通信联系的通信系统。当时,整个科技界和电信领域都认为这是一个美丽的神话,美国版的"天方夜谭"。但摩托罗拉(Motorola)公司技术部门的工作人员在此天才设想的基础上,经过不懈的努力,终于在1998年创造了这一神话——铱系统成功诞生了。铱系统的成功给整个科技界和电信领域带来了巨大的震惊和兴奋,同时科技界也毫不吝啬地将各种荣誉给了铱系统。我国科学院和工程院也在当年将铱系统工程的建设完成列为当年度世界十大科技新闻。客观地说,在这一点上铱系统是当之无愧的。即使在今天,铱系统在技术上的先进性仍然是不可置疑的。

"铱星"电话系统于1998年11月正式投入运营时,被誉为科技的创举、通信的先锋;然而还没风光上一年,1999年8月,铱星公司便在纽约南区根据《美国破产法》的规定提出了破产重组的申请,并于2000年3月终止所有业务。铱星历经11年努力、耗资50亿美元开发成功的由66颗卫星组成的通信网几乎成了一堆昂贵的太空玩具。

2000年底,从破产法庭传来好消息:剥离沉重债权负担的铱星系统被一家私人公司收购,66颗周游天际的卫星又将重振威风。新铱星公司于2001年3月28日宣布,在3月30日重新开始新的卫星通信业务。正值早春天气,"借壳出世"的新"铱星"看上去洋溢着勃勃生机。

新"铱星"能够借壳出世,与美国国防部的鼎力相助有着密切关系。如果没有五角大楼的大笔订单,66颗卫星现在还可能"命运未卜"。

早在2000年年底,新铱星公司接洽收购事宜之际,美国国防部为了促成这笔交易,一口气签下了7 200亿美元的订单,比交易金额足足多出两倍多。这笔订单为新"铱星"的重生提供了最初的资金和用户的保障。根据合同,国防部2万名工作人员在新铱星公司开业之后两年内能够享有无限时通话的便利。

同样，在铱星"复活"过程中，一些大企业也给予了重要支持。原铱星系统的主要投资者摩托罗拉公司承担了新"铱星"手机的研制工作；美国波音公司则承担起卫星的维护和运营的责任。

有了强大的后盾，难怪克鲁西对新"铱星"的前景充满信心。他说，他相信"通过仔细研究顾客的需求，新'铱星'一定能够获得商业上的成功"。克鲁西说："我们现在的系统能够提供价格低廉、效果清晰的通话和数据传输业务，并且保证在短期内收回成本。依托'铱星'系统的独特优势，我们完全能够比市场上任何同类的经营商提供的服务都好。"

新公司对"铱星"这个名字也十二分地中意。尽管"铱星"几乎成了最令人大跌眼镜的现代科技的代名词，许多人还把它与巨额债务和破产联系在了一起，但新公司仍然继续沿用了这一名字。新铱星公司的首席营销官然热·沃什伯恩认为，"铱星"仍是一个赢得全世界认同的知名品牌，具有相当的号召力。

新公司不仅要经营好原铱星公司留下的 66 颗卫星和 8 颗备用卫星，还计划在 2002 年底再发射 7 颗卫星，把"铱星"通信系统建设得更加完善。

铱（Iridium）系统是由 66 颗低轨卫星组成的全球卫星移动通信系统。66 颗低轨卫星分布在 6 个极地轨道上，另有 6 颗备份星。铱系统最初设计是 77 颗在轨卫星。其结构正好和金属元素铱的结构相同，因而得名铱系统。虽然后来设计中将铱系统整个星系卫星数量减少到 66 颗，但仍然保留了原来的铱系统的名称。星上采用先进的数据处理和交换技术，并通过星际链路在卫星间实现数据处理和交换、多波束天线。铱系统最显著的特点就是星际链路和极地轨道。星际链路从理论上保证了可以由一个关口站实现卫星通信接续的全部过程。极地轨道使得铱系统可以在南北两极提供畅通的通信服务。铱系统是唯一可以实现在两极通话的卫星通信系统。铱系统最大的优势是其良好的覆盖性能，可达到全球覆盖，基本上能做到用手机实现任何人（Whoever）在任何时间（Whenever）、任何地方（Wherever），可以以任何方式（Whatever）与任何人（Whomever）进行通信。可为地球上任何位置的用户提供带有密码安全特性的移动电话业务。低轨卫星系统的低时延给铱系统提供了良好的通信质量。铱系统可提供电话、传真、数据和寻呼等业务。它的用户终端有双模手机、单模手机、固定站、车载设备和寻呼机。

3. 北斗卫星定位系统

北斗卫星定位系统是由中国建立的区域导航定位系统。该系统由三颗（两颗工作卫星、一颗备用卫星）北斗定位卫星（北斗一号）、地面控制中心为主的地面部分、北斗用户终端三部分组成。北斗定位系统可向用户提供全天候、二十四小时的即时定位服务，定位精度可达数十纳秒（ns）的同步精度，其精度与 GPS 相当。北斗一号导航定位卫星由中国空间技术研究院研究制造。三颗导航定位卫星的发射时间分别为：2000 年 10 月 31 日；2000 年 12 月 21 日；2003 年 5 月 25 日，第三颗是备用卫星。2008 年北京奥运会期间，它在交通、场馆安全的定位监控方面，和已有的 GPS 卫星定位系统一起，发挥"双保险"作用。2012 年 10 月 25 日，第十六题北斗导航卫星发射成功，2012 年 12 月 27 日，北斗卫星导航系统开始向我国及周边地区提供导航服务。

1) 系统工作原理

"北斗一号"卫星定位系统算出用户到第一颗卫星的距离，以及用户到两颗卫星距离之和，从而知道用户处于一个以第一颗卫星为球心的一个球面，和以两颗卫星为焦点的椭球面之间的交线上。另外中心控制系统从存储在计算机内的数字化地形图查询到用户高程值，又可知道用户处于某一与地球基准椭球面平行的椭球面上。从而中心控制系统可最终计算出用户所在点的三维坐标，这个坐标经加密由出站信号发送给用户。

"北斗一号"的覆盖范围是北纬 5°～55°，东经 70°～140° 之间的心脏地区，上大下小，最宽处在北纬 35° 左右。其定位精度为水平精度 100 m，设立标校站之后为 20 m（类似差分状态）。工作频率为 2 491.75 MHz。系统能容纳的用户数为每小时 540 000 户。

2)与GPS系统对比

(1)覆盖范围。北斗导航系统是覆盖我国本土的区域导航系统。覆盖范围为东经70°～140°，北纬5°～55°。GPS是覆盖全球的全天候导航系统，能够确保地球上任何地点、任何时间能同时观测到6～9颗卫星(实际上最多能观测到11颗)。

(2)卫星数量和轨道特性。北斗导航系统是在地球赤道平面上设置2颗地球同步卫星，卫星的赤道角距约60°。GPS是在6个轨道平面上设置24颗卫星，轨道赤道倾角为55°，轨道面赤道角距60°。卫星为准同步轨道，绕地球一周需11小时58分。

(3)定位原理。北斗导航系统是主动式双向测距二维导航。地面中心控制系统解算，供用户三维定位数据。GPS是被动式伪码单向测距三维导航。为了弥补这种系统易损性，GPS正在发展星际横向数据链技术，使万一主控站被毁后GPS卫星可以独立运行。而"北斗一号"系统从原理上排除了这种可能性，一旦中心控制系统受损，系统就不能继续工作了。

(4)实时性。"北斗一号"用户的定位申请要送回中心控制系统，中心控制系统解算出用户的三维位置数据之后再发回用户，其间要经过地球静止卫星走一个来回，再加上卫星转发，中心控制系统的处理，时间延迟就更长了，因此对于高速运动体，就加大了定位的误差。此外，"北斗一号"卫星导航系统也有一些自身的特点，其具备的短信通信功能就是GPS所不具备的。

综上所述，北斗导航系统具有卫星数量少、投资小、用户设备简单价廉、能实现一定区域的导航定位、通信等多用途，可满足当前我国陆、海、空运输导航定位的需求。缺点是不能覆盖两极地区，赤道附近定位精度差，只能二维主动式定位，且需提供用户高程数据，不能满足高动态和保密的军事用户要求，用户数量受一定限制。但最重要的是，"北斗一号"导航系统是我国独立自主建立的卫星较少的初步起步系统。此外，该系统并不排斥国内民用市场对GPS的广泛使用。相反，在此基础上还将建立中国的GPS广域差分系统。可以使受SA干扰的GPS民用码接收机的定位精度由百米级修正到数米级，可以更好地促进GPS在民间的利用。当然，我们也需要认识到，随着我军高技术武器的不断发展，对导航定位的信息支持要求越来越高。

3)双星定位不同于"多星"定位

"北斗一号"只用双星定位，比GPS等投资小、建成快，范本尧说这是我国国情决定的，也对一代"北斗"的技术路线提出了特殊的要求，所以我们的定位系统具有自己的特点。美国的GPS和俄罗斯的GLONASS，都是使用24颗卫星(GPS还另有3颗备份卫星，GLONASS则因经费问题损失了几颗卫星)组成网络。这些卫星不中断地向地球站发回精确的时间和它们的位置。GPS接收器利用GPS卫星发送的信号确定卫星在太空中的位置，并根据无线电波传送的时间来计算它们间的距离。计算出至少3～4颗卫星的相对位置后，GPS接收器就可以用三角学来算出自己的位置。每个GPS卫星都有4个高精度的原子钟，同时还有一个实时更新的数据库，记载着其他卫星的现在位置和运行轨迹。当GPS接收器确定了一个卫星的位置时，它可以下载其他所有卫星的位置信息，这有助于它更快地得到所需的其他卫星的信息。一代"北斗"采用的基本技术路线最初来自于陈芳允先生的"双星定位"设想，正式立项是在1994年。北斗卫星导航系统由空间卫星、地面控制中心站和用户终端等3部分即可完成定位。一代"北斗"与GPS系统不同，对所有用户位置的计算不是在卫星上进行，而是在地面中心站完成的。因此，地面中心站可以保留全部北斗用户的位置及时间信息，并负责整个系统的监控管理。

所谓有源定位就是用户需要通过地面中心站联系及地面中心站的传输，通信就不必通过其他的通信卫星了，一星多用符合我国国情。GPS和GLONASS没有设计通信功能，主要原因就在于不需要地球站中转服务的无源定位不能提供通信服务。一代"北斗"是区域卫星导航系统，只能全天候、全天时用于中国及其周边地区；而GPS和GLONASS都是全球导航定位系统，在全球的任何一点，只要卫星信号未被遮蔽或干扰，都能接收到三维坐标。区域性是由我国双星定位的技术特点、水平以及国家需求决定的。GPS和GLONASS的空间部分是高度在20 000 km左右的卫星组成的网络。GPS的卫星平均分布在6个轨道平面上,GLONASS卫星平均分布在3个轨道平面上,不停地绕地球旋转。这样,在全球的任何位置、任何时间都可同时观测到4颗以上的卫星,通过它们就可以获得高精度的三维定位数据。

"北斗"一号是双星定位,轨道偏高,距离地面3万6千千米,是地球同步静止轨道卫星。之所以要在这么高的高度是因为我们只有两颗定位卫星,不能覆盖整个地球,如果在较低轨道上绕地运行,每天就要有一定时间不能监控我国所在区域。

4)二代"北斗"可称"中国的GPS"

"北斗"一号备份卫星上新装载了用于卫星定位的激光反射器,能够参照其他星,把自身位置精确定格在几个厘米的尺度以内。这颗卫星已定位成功,表明这种技术是有效而可靠的。这样,当我们不断发射新的卫星构建二代"北斗"体系时,众多卫星就会找准自己的位置,构成符合标准的网络。此外,"北斗"一号的3颗星寿命都是8年,专家正不断研究,预计下一次发射的卫星寿命就能达到10年左右了;而目前GPS卫星的寿命都是12年左右,GLONASS卫星的寿命则是3~5年。

目前的原子钟主要有3种:铷钟、铯钟和氢钟。结构紧凑、可靠性高、寿命长的原子钟正是发展全球定位系统必需的。在结构方面,铷钟最小体积已达到6 cm^3;在频率稳定度方面,氢钟最好;而在长期频率稳定度和准确度方面,则以铯钟最佳。目前,设在中国计量科学研究院的国家授时中心使用的就是被称为"激光冷却-铯原子喷泉频率基准"的铯钟,我国的授时基准UTC(NIM)都是由它提供并不断同国际基准校正的,而"北斗"将于2016年建成,届时,国民经济各领域都将从中获得更大的效益。

北斗卫星导航系统可以为船舶运输、公路交通、铁路运输、野外作业、水文测报、森林防火、渔业生产、勘察设计、环境监测等众多行业以及其他有特殊调度指挥要求的单位提供定位、通信和授时等综合服务。

2000年,北斗导航定位系统两颗卫星成功发射,标志着我国拥有了自己的第一代卫星导航定位系统,这对于满足我国国民经济、国防建设的需要,促进我国卫星导航定位事业的发展,具有重大的经济和社会意义。北斗导航定位系统由北斗导航定位卫星、地面控制中心为主的地面部分、北斗用户终端三部分组成。

北斗导航定位系统服务区域为中国及周边国系统,可广泛应用于船舶运输、公路交通、铁路运输、海上作业、渔业生产、水文测报、森林防火、环境监测等众多行业,以及军队、公安、海关等其他有特殊指挥调度要求的单位。

5)北斗系统功能以及优势

快速定位:北斗系统可为服务区域内用户提供全天候、高精度、快速实时定位服务,定位精度20~100 m;短报文通信:北斗系统用户终端具有双向报文通信功能,用户可以一次传送40~60个汉字的短报文信息;精密授时:北斗系统具有精密授时功能,可向用户提供20~100 ns时间同步精度。

同时具备定位与通信功能,无需其他通信系统支持;覆盖中国及周边国家和地区,24小时全天候服务,无通信区;特别适合集团用户大范围监控与管理,以及无依托地区数据采集用户数据传输应用;独特的中心节点式定位处理和指挥型用户机设计,可同时解决"我在哪"和"你在哪"问题;自主系统,高强度加密设计,安全、可靠、稳定,适合关键部门应用。

5.2.3 移动卫星通信系统展望

为了实现用户使用一个唯一的号码(称个人通信号码)在任何时间、任何地点与任何人通信的目标,其中一个必要条件是要有一个采用多种技术手段、多个网综合成的无缝网。所谓"无缝"即不论用户在哪里都能进网,同时又能被找到。要实现无缝网当然少不了移动卫星通信系统,在CCIR设想的未来公众陆地移动通信系统(FPLMTS)中,把移动卫星通信系统放到了相当重要的位置,尤其是飞机、火车、船舶的移动通信必须靠卫星来解决。

移动卫星通信对人类社会、经济和军事发展具有十分重要的意义,已日益引起许多国家的高度重视,正纷纷投入巨资,开展研究开发和经营,一个国际性的竞争热潮正在出现。1992 年世界无线电行政大会(WARC)给低轨移动卫星通信分配专门频段(1 610~1 626.5 MHz 及 2 483.5~2 500 MHz),大大加速了移动卫星通信的发展进程,目前主要发展趋势是:

(1)在继续发展静止(同步)轨道移动卫星通信的同时,重点发展低轨移动卫星通信系统。

(2)发展能实现海事、航空、陆地综合移动卫星通信业务的综合移动卫星通信系统。

(3)未来的移动卫星系统的功能不仅具有语音、数据、图像通信功能,还具有导航、定位和遇险告警、协调救援等多种功能。

(4)将移动卫星系统与地面有线通信网、蜂窝电话网、无绳电话网连接成为个人通信网。

(5)移动卫星通信系统大多是全球通信系统,要求与各个国家的通信网连接,所以必须制订统一的国际标准和建议,并解决与每个不同用户国、不同地面接口兼容等问题。

(6)移动卫星通信系统面向全球,系统复杂,投资巨大,单凭公司或集团难以单独完成开发经营,需要在全球寻找用户和投资者,因此开展国际合作开发和合作经营势在必行。

(7)在卫星及其技术方面,主要趋向是采用低轨道小型卫星,发展高增益多波束天线和多波束扫描技术,星上处理技术,开发更大功率固态放大器,和更高效的太阳能电池,开展星间通信技术研究等。

(8)移动终端及其技术方面,重点开展与地面移动通信终端(手机、CT-2 等)兼容和与地面网络接口技术的研究,开展终端小型化技术研究,包括小型高效天线的研究开发和采用单片微波集成电路,以减少终端的体积、质量和功耗,同时研究进一步减少系统成本和降低移动终端的价格。

(9)频率资源利用方面,将进一步开展移动卫星通信新频段和频谱有效利用技术的研究。

我国同步轨道(GEO)移动卫星通信系统是一个区域性的语音和数据通信系统,其主要任务是:

(1)解决占国土面积 50% 左右、光缆、蜂窝等通信手段难以覆盖的稀路由通信业务地区的通信;如我国的西部地区、边缘地区及沿海岛屿等。

(2)解决大量的货运、海运、航空、野外勘探、抢险救灾及国防等移动载体的"动中通"业务的迫切需求。

(3)解决全国的乡村通信问题,如解决占 40%~60% 的行政村无电话、通信和交换信息极为困难的问题;利用手持机或便携机组成农村电话亭即可提供质优、价廉的通信和信息数据交换业务。

该系统不仅支持便携机、船载站、机载站、车载站等终端站业务,同时为了降低时延,提供质优、价廉的通信服务,以适应激烈的市场竞争,卫星将采用星上处理技术,可支持手持机一跳通信(即用户手持机←→卫星←→用户手持机)。

从业务方式上,该系统可以提供语音、电路交换数据、电传及卫星分组等双向、低速率业务;语音编码为改进型的多带激活方式(IMBE),可支持 2.4~4.8 kbit/s 码速率,并可以通过关口站连接 PSTN 和蜂窝、专用网等;地面系统由各类移动通信卫星馈电链路地球站和用户终端组成,如网络控制中心(NOC)、卫星运行中心(SOC)、关口站(FES)(或称 MTU 更合适)、远程监视站和移动终端站(包括陆地、海洋、空中用户终端,如用户机、便携机、船载站、机载站、车载站)等等。移动式终端天线增益为 5 dB,可搬动移动终端天线增益为 8 dB;手持用户机,增益 1~1.5 dB,功率为 0.5 W,抗衰减能力为 12 dB,电池供电,可连续工作 1 h,24 h 充电一次。

卫星系统将采用频分多址(FDMA)体制。手持机的设计可以支持双模或三模工作方式,与卫星之间的通信为 FDMA 方式,与地面蜂窝网的通信,可采用另外通信体制。关口站的设计应该包括各种体制的变换功能。整个系统与地面 PSTN、蜂窝等通信网的体制的变换与兼容均应该由关口站来完成。

根据信道链路概算可知,用户机功率小于或等于 0.5 W、天线增益 1 dB,可实现移动用户间的一跳通信;Ku 频段地球站天线直径大于 3 m 以上时,可实现手持机以上的移动用户终端与固定用户之间的通信。整个系统可支持手持机电话 4 000 条,用户电路 5 880~6 714 条,系统电路 8 667~9 664 条。

重点串联

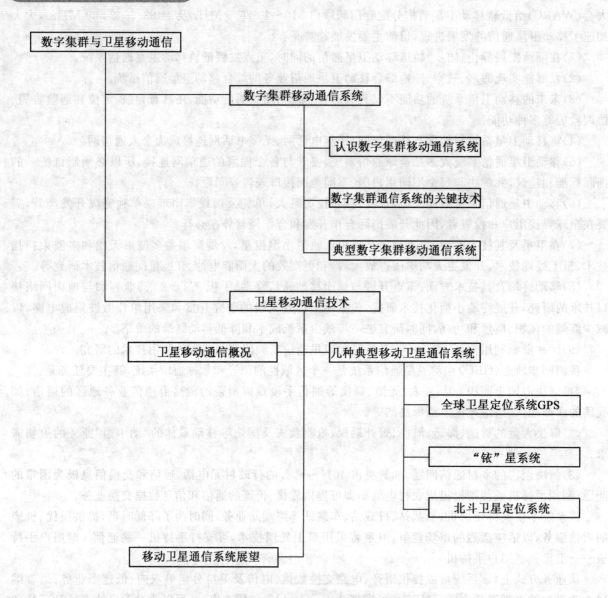

拓展与实训

基础训练

1. 填空题

(1) 卫星通信系统由 _____、_____、_____、_____ 组成。

(2) VSAT 网络主要由 _____、_____、_____、_____ 组成。

(3) 卫星通信的多址连接方式包括 _____、_____、_____、_____。

(4) 在卫星通信的 VSAT 网中，地球站的室内设备包括 _____、_____、_____。

(5) 在卫星通信的 VSAT 网中，地球站的室外设备包括 _____、_____、_____。

(6) 13.5 GHz 属于 _____ 波段。

(7)受通信卫星体积的限制,卫星通信的通信频带较_____,传输容量较_____。
(8)卫星通信线路的使用费与地面的通信_____无关。
(9)由于微波的传播速度等于光速,所以卫星信号的传输时延_____。
(10)如果卫星的运行方向与地球的自转方向相同,且卫星环绕地球一周的时间约为_____小时,则称这种卫星为同步卫星。

2. 单项选择题
(1)在卫星通信的多址连接中,采用不同工作频带来区分不同地球站的方式称为 (　　)
　　A. FDMA　　　　B. TDMA　　　　C. SDMA　　　　D. CDMA
(2)在卫星通信的多址连接中,采用不同的工作时隙来区分不同地球站的方式称为 (　　)
　　A. FDMA　　　　B. TDMA　　　　C. SDMA　　　　D. CDMA
(3)在卫星通信系统中,通信卫星的作用是 (　　)
　　A. 发射信号　　B. 接收信号　　C. 中继转发信号　　D. 广播信号
(4)静止轨道卫星距离地球表面 (　　)
　　A. 300 km 左右　　B. 36 000 km 左右　　C. 15 000 km 以下　　D. 50 000 km 以上
(5)位于静止轨道上的通信卫星 (　　)
　　A. 相对于地球表面是绝对静止的
　　B. 相对于地心是绝对静止的
　　C. 相对于地球的重心是绝对静止的
　　D. 相对于地球并不静止,会在轨道上几千米至几十千米的范围内漂移
(6)由地球站发射给通信卫星的信号常被称为 (　　)
　　A. 前向信号　　B. 上行信号　　C. 上传信号　　D. 上星信号
(7)由通信卫星转发给地球站的信号常被称为 (　　)
　　A. 下行信号　　B. 后向信号　　C. 下传信号　　D. 下星信号
(8)GPS 系统使用的 1 200/1 500 MHz 左右的微波信号属于 (　　)
　　A. L 波段　　　B. S 波段　　　C. C 波段　　　D. Ku 波段
(9)属于 Ku 波段的频率范围是 (　　)
　　A. 1～2 GHz　　B. 4～6 GHz　　C. 12.5～15 GHz　　D. 28～30 GHz
(10)地球站天线跟踪卫星时,要进行的指向调节有 (　　)
　　A. 方位　　　　B. 水平　　　　C. 俯仰　　　　D. 垂直

3. 判断题
(1)静止卫星相对于地球并不静止。 (　　)
(2)调整好地球站天线的指向是保证卫星通信质量的关键之一。 (　　)
(3)卫星通信是微波中继传输技术和空间技术的结合,是微波中继通信的一种特殊方式。 (　　)
(4)在卫星通信网的各种多址连接方式中,"信道"的含义是相同的。 (　　)
(5)卫星通信系统工作在 Ku 频段或 C 频段上。 (　　)
(6)卫星通信系统只可以进行单向的数据、语音、视频、传真等信息的传输。 (　　)
(7)通信卫星起中继作用,转发器是通信卫星的主要部分。 (　　)
(8)卫星通信系统的地球站是不可移动的。 (　　)
(9)地球站天线系统中的双工器是用来解决地球站收、发各用一副天线的问题。 (　　)
(10)8.5 GHz 属于 C 波段。 (　　)

4. 简答题
(1)移动卫星通信的特点有哪些?

(2) 移动卫星通信是如何分类的？其波束覆盖分哪几种？

(3) 移动卫星通信常用的工作频段有哪几种？国际通信卫星现使用什么频段？

(4) 移动卫星通信系统是由哪几部分组成的？各部分功能是什么？

(5) 移动卫星通信信号传输技术主要分哪几项？

(6) 语音压缩编码技术分哪两大类？有哪些主要编码技术？

(7) 简要叙述 FDMA、TDMA、CDMA、SDMA、ALOHA 等多址方式是怎么回事？它们之间有什么区别？各有何特点？

(8) 卫星信道分配方式有哪几类？它们分别适用于什么场合？

(9) 国际通信卫星组织主要由哪几个机构组成？分别起什么作用？

(10) 国际通信卫星已经发展到第几代？简要叙述其发展过程。

(11) 国际移动卫星组织是什么时候正式成立的？现在已发展到第几代卫星？

(12) 我国移动卫星通信系统的发展方向有哪些？

(13) 移动卫星通信系统是如何分类的？有几种轨道卫星系统？

(14) 简述数字集群移动通信的出现背景和意义。

(15) 集群通信系统数字化的关键技术主要有哪些？

(16) 简述 TETRA 标准的特点以及相关应用。

技能实训

实训　GPS 测量

实训目的

(1) 熟练掌握 GPS 仪器设备的使用方法，学会使用 GPS 仪器进行控制测量的基本方法，培养学生的实际动手能力。

(2) 培养学生 GPS 控制测量的组织能力、独立分析问题和解决问题的能力。

实训原理

GPS 定位的基本原理是根据高速运动的卫星瞬间位置作为已知的起算数据，采用空间距离后方交会的方法，确定待测点的位置。假设 t 时刻在地面待测点上安置 GPS 接收机，可以测定 GPS 信号到达接收机的时间 Δt，再加上接收机所接收到的卫星星历等其他数据可以确定以下四个方程式：

$$[(x_1-x)^2+(y_1-y)^2+(z_1-z)^2]^{1/2}+c(V_{t1}-V_{t0})=d_1$$
$$[(x_2-x)^2+(y_2-y)^2+(z_2-z)^2]^{1/2}+c(V_{t2}-V_{t0})=d_2$$
$$[(x_3-x)^2+(y_3-y)^2+(z_3-z)^2]^{1/2}+c(V_{t3}-V_{t0})=d_3$$
$$[(x_4-x)^2+(y_4-y)^2+(z_4-z)^2]^{1/2}+c(V_{t4}-V_{t0})=d_4$$

四个方程式中各个参数意义如下：

x、y、z 为待测点坐标的空间直角坐标。

x_i、y_i、z_i ($i=1,2,3,4$) 分别为卫星1、卫星2、卫星3、卫星4 在 t 时刻的空间直角坐标，可由卫星导航电文求得。

V_{ti} ($i=1,2,3,4$) 分别为卫星1、卫星2、卫星3、卫星4 的卫星钟的钟差，由卫星星历提供。

V_{t0} 为接收机的钟差。由以上四个方程即可解算出待测点的坐标 x、y、z 和接收机的钟差 V_{t0}。

目前 GPS 系统提供的定位精度是优于 10 m，而为得到更高的定位精度，我们通常采用差分 GPS 技术：将一台 GPS 接收机安置在基准站上进行观测。根据基准站已知精密坐标，计算出基准站到卫星的距离改正数，并由基准站实时将这一数据发送出去。用户接收机在进行 GPS 观测的同时，也接收到基准站发出的改正数,并对其定位结果进行改正,从而提高定位精度。

载波相位差分技术又称RTK(Real Time Kinematic)技术,是实时处理两个测站载波相位观测量的差分方法。即是将基准站采集的载波相位发给用户接收机,进行求差解算坐标。载波相位差分可使定位精度达到厘米级。

实训器材

(1)动态GPS一套;

(2)对讲机两个;

(3)写字板一张;

(4)钢卷尺一把。

实训步骤

(1)将基准站GPS接收机安置在开阔并且相对较高的地方,电台和天线架设好,连上电缆后开机,先启动基准站,在TSC1控制器中进行。

(2)建立新工程:给工程起一个文件名。选择工程管理并确认;在选择坐标系统窗口中选用手工键入参数;在键入参数窗口中选设置投影参数;在键入参数窗口中再选输入转换参数。

(3)启动基准站:在显示连接接收机后,输入基准站的点名,输入天线高,若控制器中有该点的点名可直接按软键(F1)后显示(控制器可以离开接收机)。若控制器中不存在该点或该点是未知点,则按F3键求得该点的WGS-84坐标(伪距),显示后,一直按回车键,直到高度变化趋于稳定为止,再按F1键。

(4)启动流动站。

(5)野外开始测量。

实训习题

1.测量误差有没有?这些误差产生的原因有哪些?

注意:

(1)实训中,各小组长应切实负责,合理安排小组工作。实训的各项工作每人都应有机会参与,得到锻炼。

(2)由于GPS仪器较少,实训中,小组内各成员之间应团结协作,提高工作效率,保证一周实训的顺利完成。

(3)实训中要特别注意仪器设备的安全,各小组要指定专人负责保管。每次出工和收工应清点仪器和工具,发现问题应及时向指导老师报告。

参 考 文 献

[1] 郭俊强,李成.移动通信[M].北京:北京大学出版社,2008.
[2] 魏红.移动通信技术[M].北京:人民邮电出版社,2010.
[3] 郑祖辉.数字集群移动通信系统[M].北京:电子工业出版社,2002.
[4] 孙龙杰.移动通信与终端设备[M].北京:电子工业出版社,2005.
[5] 孙青卉.移动通信技术[M].北京:机械工业出版社,2007.
[6] 祁玉生,邵世祥.现代移动通信系统[M].北京:人民邮电出版社,1999.
[7] 胡捍英,杨峰义.第三代移动通信系统[M].北京:人民邮电出版社,2001.
[8] 丁龙刚,马虹.卫星通信技术[M].北京:机械工业出版社,2009.
[9] 郑智华.移动通信工程[M].北京:人民邮电出版社,2007.
[10] 钟苏.移动通信原理与应用[M].上海:上海交通大学出版社,2007.